Andreas Roloff
Bäume in der Stadt

Andreas Roloff

Bäume in der Stadt

Besonderheiten – Funktion – Nutzen – Arten – Risiken

unter Mitarbeit von
Rolf Kehr, Sten Gillner, Britt Grundmann,
Sandra Korn, Ulrich Pietzarka

152 Abbildungen

12 Tabellen

Ulmer

Inhaltsverzeichnis

1 Einführung

Verschiedene deutsche Großstädte werben damit, dass sie zu den grünsten Städten Deutschlands oder gar Europas gehören. Stadtbäume sind schon lange wichtig für die Gesundheit, das Wohlbefinden, das Naturerleben, das Stadtklima und vieles mehr. Ihre Bedeutung nimmt in letzter Zeit weiter zu wegen des Klimawandels, des ansteigenden Anteils der Stadtbevölkerung, der fortschreitenden Naturentfremdung der Stadtmenschen und der steigenden Wertschätzung von Stadtgrün. Inzwischen wird Stadtgrün sogar schon als Vitamin G bezeichnet. Aber auch die Ansprüche an Stadtbäume nehmen zu: sie sollen ihre Funktionen möglichst umfassend, möglichst lange und mit möglichst wenig Aufwand und Kosten erfüllen.

Daher hat dieses Buch zum Ziel, interessierten Praktikern, Planern, Stadtbaum-Verantwortlichen und -Liebhabern den aktuellen Stand des Wissens aus neueren Untersuchungen und Studien anwendungsorientiert vorzustellen. Dabei gibt es keinerlei Überschneidungen zu anderen Büchern des Autors, die sich insofern ideal ergänzen (z. B. Baumkronen 2001, Flora der Gehölze 2008, Baumpflege 2008, Lexikon der praktischen Baumbiologie 2010).

Hierbei sind mit Stadtbäumen gemeint: Solitäre, Baumgruppen und -reihen im öffentlichen städtischen Raum und in Privatgärten, Alleen, Parkanlagen, Brachflächen in der Stadt und Stadtwälder. Es geht also nicht nur um Straßenbäume, wie gelegentlich missverstan-

Abb. 1.1. Verstümmelung von Bäumen und unterbliebene/wirkungslose Schutzmaßnahmen an Baustelle.

den wird. Zudem sei darauf hingewiesen, dass der Begriff Stadt auch Kleinstädte mit einschließt, die nach offizieller Definition z. T. nur 2000 Einwohner, also auch dörflichen Charakter haben können, ebenso wie einzelne ländliche Stadtteile von Großstädten.

Wenn man sich intensiver mit den positiven Wirkungen und dem Nutzen von Stadtbäumen befasst (Kap. 2), ist man beeindruckt von der Vielfalt und letztlich enormen Bedeutung von Bäumen für Menschen in der Stadt. Erschreckend ist dagegen die heutige geringe Lebenserwartung von Stadtbäumen (etwa 50 % ihrer potenziellen Altersspanne), und vor allem von Straßenbäumen (nach eigenen Erhebungen nur etwa 25 % der potenziellen Altersspanne, auf Grund von vorzeitiger Alterung, Standortproblemen, Baumaßnahmen, Schäden/Krankheiten/Stress, falscher Baumartenwahl und Verkehrssicherungsmaßnahmen). Es wird noch zu wenig für den Schutz und Erhalt der Stadtbäume getan (Abb. 1.1) – die meisten der heute gepflanzten Bäume werden daher wohl nicht mehr das Alter jetziger Altbäume derselben Art erreichen.

Der hohe Stellenwert der emotionalen Beziehung von Menschen zu Bäumen wird z. B. aus der hohen und weiter steigenden Popularität vom 'Baum des Jahres' deutlich (www.baum-des-jahres.de) sowie aus der Tatsache, dass die meisten Bildkalender über Naturobjekte Kalender über Bäume sind (für 2012: über 60 verschiedene). Zwar können Stadtbäume auch Ärger und Probleme bereiten, die Bilanz einer Bewertung positiver Wirkungsfaktoren und negativer Effekte dürfte aber meist deutlich positiv ausfallen. Wenn man das Bewusstsein dafür verbessert, erlangen Bemühungen um Baumschutz und Aufwand für

Tab. 1.1 Anzahl Stadtbäume in Städten mit ca. 500 000 Einwohnern am Beispiel von Dresden und Bremen (Schätzungen/Hochrechnungen nach eigenen Erhebungen, für Straßenbäume nach Angaben der Ämter)

	Anzahl Dresden	Bremen
Bäume in Privatgärten	600 000	750 000
Bäume in öffentlichen Parks und Grünanlagen		
Großer Garten Dresden, Bürgerpark Bremen	1 200 000	1 500 000
sonstige (z. B. Friedhöfe, Wohnblockviertel	500 000	600 000
Bäume in Stadtwäldern (z. B. Dresdner Heide, Bremer Stadtwald)	1 500 000	750 000
Straßenbäume	60 000	70 000
Bäume auf Brachflächen	800 000	400 000
Summe	**~ 4 700 000**	**~ 4 500 000**

Pflege mehr Zustimmung und sind die damit verbundenen Kosten eher akzeptabel. Die vielen positiven Aspekte lassen sich allerdings nicht alle in monetären Beträgen bewerten. Hier ist dringend weiterer Forschungsbedarf vorhanden und verstärkte Überzeugungsarbeit notwendig.

Wie viele Bäume gibt es eigentlich in einer Stadt mit ca. 500 000 Einwohnern? Dieser Frage wurde beispielhaft in Dresden und Bremen durch Erhebungen, Schätzungen und Hochrechnungen nachgegangen. Dabei sind alte und junge, dicke und dünne, große und kleine, frei wachsende und beschnittene Bäume, an natürlichen, naturnahen und naturfernen Standorten, zu berücksichtigen, was die Kalkulation nicht ganz einfach macht. Das Ergebnis ist für das Anliegen und die Zielgruppe dieses Buches sehr wichtig und beeindruckend. Denn zu den Stadtbäumen zählen alle in Tabelle 1.1 genannten.

Das heißt, es kommen auf jeden Einwohner etwa 10 Bäume.

Um alle diese Bäume geht es in diesem Buch.

2 Über positive Wirkungen und Nutzen von Stadtbäumen

Bäume geraten schnell und häufig in die negativen Schlagzeilen: „4 Tote durch umstürzende Platane“, „21-Jähriger erhängte sich an Eiche“, „Wieder zwei Verkehrstote an Alleebäumen“, „Mann schlägt Nachbarn wegen Birke krankenhausreif“ (Überschriften aus Tageszeitungen). Es wird viel über Probleme und negative Auswirkungen von Stadtbäumen diskutiert, da sie in der Regel auffälliger und einschneidender sind als die positiven Wirkungen und der Nutzen. Diese sind zudem schwierig zu erfassen und zu bewerten und werden daher seltener berücksichtigt. So sind ausführlichere Abhandlungen über positive Aspekte bisher selten.

Daher sollen hier – ohne Anspruch auf Vollständigkeit – die positiven Wirkungen und der Nutzen von Stadtbäumen sowie die Bedeutung für uns Menschen in der Stadt mehr ins Bewusstsein gerückt werden (Abb. 2.1, 2.2). Es wird nachfolgend zunächst auf Wirkungsfaktoren eingegangen und anschließend auf den Nutzen von Bäumen für Lebensqualität und Wohlbefinden der städtischen Bevölkerung. Diese Aspekte erlangen wegen der zunehmenden Urbanisierung eine steigende Bedeutung.

„Wenn ich wüsste, dass die Welt morgen unterginge, pflanzte ich doch heute noch einen Baum.“
MARTIN LUTHER

Abb. 2.1. Kalter, harter, abweisender, im Sommer überhitzter Platz ohne Bäume.

Abb. 2.2. Gegliederter, warmer, einladender Platz mit Bäumen und Schatten (Schmalblättrige Esche).

2.1 Ästhetik, Sinneseindrücke

Bäume sind für viele Menschen ein Inbegriff von **Schönheit**, vor allem einzeln stehende ältere Exemplare. Sie sind durch ihre Phänologie (äußere Veränderungen im Jahreslauf) gerade in der Stadt entscheidend für das **Erleben der Jahreszeiten**, z. B. durch Austrieb und Blüte im Frühjahr, Fruchtreife im Spätsommer, Laubfärbung im Herbst und Raureif im Winter. Auch der Geruch vieler Baumarten ändert sich im Jahreslauf charakteristisch. Stadtteile ohne Bäume sind Stadtteile ohne Jahreszeiten.

Visuelle Eindrücke wie Farbnuancen (z. B. der Blätter im Sommer und Herbst), unterschiedliche Strukturen (z. B. Blattformen und Kronenarchitektur), Design (z. B. Säulen-Pappeln, Alteiche) und Ästhetik (wie wirkt ein Baum?) tragen zum positiven Empfinden und Erleben bei. Um die Unterschiede zwischen der **ästhetischen Wirkung** verschiedener Baumarten zu veranschaulichen, braucht man sich nur einen lichten, jungen Birkenhain gegenüber einem dunklen, dichten Fichtenstangenholz im Frühjahr vorzustellen. In einer aktuellen Befragung von Hauseigentümern wurden als häufigster Grund für positive Empfindungen zu Hausbäumen ästhetische Gesichtspunkte genannt: „sieht schön aus“, „Blüte“, „Laubfärbung“. Da dieser Aspekt zum einen besonders wichtig, andererseits aber besonders schwierig erfassbar und bewertbar erscheint, wird in Tabelle 2.1 der Versuch unternommen, die positiven Wirkungen verschiedener Baumarten zu veranschaulichen. Diese Bewertung ist natürlich subjektiv und soll nur beispielhaft verdeutlichen, dass man so zu einem Ranking wichtiger Stadtbaumarten nach ästhetischen Gesichtspunkten kommen kann – danach würden von den bewerteten Baumarten (Kap. 5)

Tab. 2.1. Bewertung der positiven Wirkungen wichtiger Stadtbaumarten (◐ Kriterium trifft eingeschränkt zu, ● trifft zu, ●● trifft sehr stark zu).

Baumart	Acer platanoides	Acer pseudoplatanus	Aesculus hippocastanum	Ailanthus altissima	Alnus glutinosa	Betula pendula	Carpinus betulus	Castanea sativa	Corylus colurna	Fagus sylvatica	Fraxinus excelsior	Ginkgo biloba	Gleditsia triacanthos	Juglans regia	Larix decidua	Liquidambar styraciflua	Malus domestica	Picea pungens
Positive Aspekte																		
attraktiver Habitus	◐	◐	◐	●	◐	●	◐	◐	●	◐	◐	●	●	◐	●	◐	●	●
lichte Krone				◐	●	●●			◐		●	●	●	◐	●	◐	◐	
wintergrün																		●
attraktiver Austrieb (früh)	●●					●	◐			●					●			
später Austrieb/ Schatten				●				●			●		●	●		●		
attraktive Herbstfärbung	●●	●	◐			●	●	◐		●		●			●	●●	◐	
attraktive Rinde		●	◐	●		●●	◐	◐	◐	◐		◐	◐	●	●	●	◐	◐
attraktive Blattform	●	●	●	●	●			●	●		●	●	◐	●		●		●
auffällige Blüten	●		●●					●●	◐				●●			●	●●	
Blüten duftend			●										◐				●	
attraktive Früchte/ Zapfen			●					●	●				●	●	●	●	●	●
Früchte nutzbar			●					●	●	●				●			●	
Ökologischer Wert (für Tiere und Pilze)	●	●	●	◐	●	●	◐	◐	●	◐	◐	◐	◐	◐	◐	◐	●●	
Summe	**7,5**	**4,5**	**8,5**	**5,0**	**3,5**	**8,0**	**3,0**	**7,0**	**6,5**	**4,5**	**4,0**	**5,0**	**8,0**	**6,5**	**6,5**	**8,5**	**9,5**	**4,5**
Ranking (1–5)			**4.**			**5.**							**5.**			**4.**	**3.**	

Tab. 2.1. Fortsetzung

Baumart	Pinus nigra	Platanus × acerifolia	Populus tremula	Prunus avium	Pyrus communis	Quercus petraea	Quercus robur	Quercus rubra	Robinia pseudoacacia	Salix alba	Sophora japonica	Sorbus intermedia	Taxus baccata	Tilia cordata	Tilia platyphyllos	Ulmus glabra	Ulmus laevis
Positive Aspekte																	
attraktiver Habitus	●	◐	◐	◐	●	●	●	●	●	●	●	●	●	●	●	●	●
lichte Krone	●		●	●	●	◐	◐	◐	●	●	●	●					
wintergrün	●												●				
attraktiver Austrieb (früh)			◐		●					●●							
später Austrieb/ Schatten		●				●	●	●	●		●	●				●	●
attraktive Herbstfärbung			●	●	●	◐	◐	●				◐		●	●	◐	◐
attraktive Rinde	●	●	◐	●	●	◐	◐	◐	●	◐	◐	◐	●	◐	◐	◐	◐
attraktive Blattform	●	●	●			◐	◐	●	◐	●	◐	●		◐	◐	◐	◐
auffällige Blüten			◐	●●	●●				●●		●	●		●	●		
Blüten duftend				●					●●					●●	●●		
attraktive Früchte/ Zapfen	●	●		●	●	◐	◐	◐			●	●●	●	◐	◐		
Früchte nutzbar				●	●							◐					
Ökologischer Wert (für Tiere und Pilze)	◐		●	●●	●	●	●	◐	●	●	●	●●	●	●●	●●	◐	◐
Summe	**6,5**	**4,5**	**6,0**	**10,5**	**10,0**	**5,5**	**5,5**	**6,0**	**9,5**	**6,5**	**7,0**	**10,5**	**5,0**	**8,5**	**8,5**	**4,0**	**4,0**
Ranking (1–5)				**1.**	**2.**				**3.**			**1.**		**4.**	**4.**		

Kirschbaum, Schwedische Mehlbeere, Birnbaum, Apfelbaum und Robinie auf den ersten Rängen landen. Diese Wirkungen werden z. B. im Arboretum Alnarp (Südwest-Schweden) in sog. „Einart-Hainen" eindrucksvoll verdeutlicht. Auch die besondere Gestaltung/Beachtung von Bestandesrändern ist hier zu nennen. Neben visuellen Eindrücken spielen auch Geruch (Blüten, Herbstlaub), Geräusche (Windrauschen der Krone, herbstliches Blätterrascheln), Geschmack (Früchte, junge Blätter) und Fühlen (Früchte, behaarte Blätter) eine Rolle.

2.2 Psychologie und Wohlbefinden/Gesundheit

„Nichts ist heiliger, nichts ist vorbildlicher als ein schöner starker Baum" schrieb Hermann Hesse 1920. Bäume begleiten uns durchs Leben.

Die Beziehungen zwischen Baum und Mensch sind sehr vielschichtig und noch wenig untersucht. Besonders deutlich wird das Potenzial dieser Beziehung beim **Hausbaum**: es gab und gibt bis heute nicht wenige Familien, die am Haus einen Baum pflanzen, z. B. als Schutzpatron, um von der Krone im Sommer Schatten zu erhalten, als Windschutz oder aber um Früchte, Honig u. Ä. zu ernten (Abb. 2.3). Hausbäume werden z. T. sogar als Familienmitglieder bezeichnet – die Beziehung ist besonders stark, wenn sie vom Hauseigentümer selbst oder zu einem besonderen Anlass gepflanzt wurden. Der Baumbestand in privaten Gärten umfasst oft ein Vielfaches vom Straßen- und Parkbaumbestand einer Stadt, z. B. für Dresden etwa 600 000 Bäume in privatem Grün gegenüber fast 60 000 Straßenbäumen (s. Kap. 1).

Für die **Gesundheit** haben Bäume heute eine hohen Stellenwert, der derzeit und in naher Zukunft deutlich zunehmen wird: in Parkan-

Abb. 2.3. Zählt bisweilen mit zur Familie: Hausbaum (Walnuss).

lagen (Stadt-, Kur-, Bürgerpark), im Garten, beim Spazierengehen und Wandern, auf der Bank am Baum oder beim Picknick unter Bäumen, was in anderen Ländern z. T. noch viel ausgeprägter zelebriert wird als bei uns. Parkanlagen werden daher auch als 'therapeutic landscape' bezeichnet, und derzeit ist die sog. 'Gartentherapie' im Kommen. Der Garten (auch Schrebergarten) wird zunehmend als Wellness-Center verstanden, als Wohlfühlraum – Gärtnern als private Gesundheitsprävention.

Auch für den **Immissionsschutz** in der Stadt haben Bäume große Bedeutung, dies betrifft vor allem die Senkung der Konzentrationen von Ozon, Stickoxiden, SO_2 und Kohlenmonoxid. Parkanlagen werden daher auch als „grüne Lungen" der Städte bezeichnet.

In der Diskussion um die Lebensqualität in der Stadt steht seit Jahren die **Feinstaubminderung** im Fokus – hier geht es insbesondere um die Eigenschaften der Bindung von Mikropartikeln an Blättern von Bäumen und Fassaden-/Dachbegrünungen. Dafür sind raue, klebrige und behaarte Laubblätter und nadelförmige Blätter günstig. Man unterscheidet Akkumulierer und Selbstreiniger: während sich bei ersteren der Feinstaub zunehmend auf der Blattoberfläche ansammelt (z. B. bei Jungfernrebe) und schließlich zur Schädigung des Gehölzes führen kann, wird er bei Letzteren regelmäßig durch Niederschläge wieder abgewaschen (z. B. bei Platane). Für die Wirkungen spielt auch die Anordnung der Bäume im Straßenraum und die Breite der Straße eine Rolle.

Friedhöfe, Kur-, Heim- und Krankenhaus-Parkanlagen werden von Bäumen dominiert, da ihre positiven Wirkungen auf die Psyche und die Gesundheit bekannt sind und nachgewiesen ist, dass sie die **Ge-**

Abb. 2.4. Erholung unter einem Baum (Ess-Kastanie) in einer Parkanlage.

nesung bzw. Erholung beschleunigen und Stress abbauen. Zudem ist in Parkanlagen der Schatten im Sommer wichtig, die mentale Wirkung des Grüns, die Geräuschdämpfung und die verbesserte Luftqualität (Abb. 2.4), und sie sind ein beliebter Ort für körperliche Aktivitäten (Ballspiele, Walken/Joggen etc.). Aktuelle Forschungsprojekte zeigen den hohen Stellenwert von Natur für Wohnumgebung und Naherholung, es handelt sich um den von der Bevölkerung höchstbewerteten Aspekt. Psychische, physische und soziale Wirkungen von Aufenthalt und Arbeit im Grünen, also z. B. in Gärten und Parkanlagen, werden in Tabelle 2.2 zusammengefasst.

Die **medizinische Bedeutung** von Bauminhaltsstoffen und -teilen ist heute in mitteleuropäischen Städten gegenüber früheren Zeiten und Entwicklungsländern weit in den Hintergrund getreten im Vergleich zu synthetischen Medikamenten. In der **Phytotherapie** (Pflanzenheilkunde) spielen einige Baumpräparate jedoch nach wie vor eine herausragende Rolle (z. B. Inhaltsstoffe des Ginkgos zur Durchblutungsförderung, der Rosskastanie bei Gelenkschmerzen) oder wurden sogar neu entdeckt (z. B. Krebsmittel aus Eiben). In der Homöopathie haben Bäume wichtige Bedeutung für einzelne Symptome (z. B. *Thuja* nach Pockenimpfung, *Juniperus* bei Nierenentzündungen).

Weiterhin können Bäume Menschen in der Kindheit für ihr Leben prägen und z. B. maßgeblich das **Heimatgefühl** bestimmen: wer in Norddeutschland aufgewachsen ist, hat oft eine innige Beziehung zur Pappel oder Birke, Brandenburger zur Kiefer und Mittelgebirgsbewohner zur Fichte. Man verschenkt gerne **Baumpatenschaften**, die meist eine persönliche Bindung von den Beschenkten mit diesem Baum bzw. der Baumart zur Folge haben. Früher war es verbreitet (und kommt z. T. wieder in Mode), zur Geburt eines Kindes einen **Ge-**

Tab. 2.2. Positive psychische, physische und soziale Wirkungen von Aufenthalt und Arbeit im Grünen.

Psychischer Bereich	– durch den Kontakt zur Natur wird der Kontakt zur eigenen Natur hergestellt – Förderung von Entspannung und Wohlbefinden – Abbau von Stress – antidepressive Wirkungen des Lichtes und des Grüns
Physischer Bereich	– durch körperliche Tätigkeiten (Laufen, Sport...) Verbesserung der körperlichen Leistungsfähigkeit – Förderung von Lebensenergie durch frische Luft – Stimulierung aller Sinne, die kognitive Leistungsfähigkeit wird gesteigert
Sozialer Bereich	– Förderung von Kontakten, insbesondere bei Kindern – Förderung des Wir-Gefühls, Abbau von Vereinzelungstendenzen – Ausbildung von Verantwortungsgefühl durch Reflektieren der Natur-Kreisläufe

burtsbaum zu pflanzen. Im 18. Jahrhundert erhielt man vielerorts eine Heiratserlaubnis erst dann, wenn man eine bestimmte Anzahl an neu gepflanzten, grünenden Heiratsbäumen vorweisen konnte. Heute sind Hochzeitsalleen und 'Schnullerbäume' beliebt, letztere zum leichteren Entwöhnen des Kindes vom Schnuller (Abb. 2.5). In Münster hat sich kürzlich eine 'Aktion Bürgerbäume' gegründet.

Große Bedeutung hatten in früheren Zeiten **Tanz- und Gerichtslinden**. In Tanzlinden wurde auf einem Podest in der Krone getanzt, unter Gerichtslinden wurden Versammlungen abgehalten, in denen es um Pfründe, Recht und Wahrheit ging. Die Rechtsfindung wurde getragen von der Überzeugung, dass niemand es wagen würde, unter einer Linde zu lügen.

Bei **Maibäumen** handelt es sich um meist große, aufgeastete verzierte Bäume, die an einem zentralen Platz im Ort bei einer festlichen Veranstaltung aufgerichtet werden. Beim **Richtfest** wird nach Fertigstellung des Rohbaus ein Baum auf dem Dach des Hauses befestigt und unter diesem gefeiert (Abb. 2.6).

Bäume spielen in der **Natur-Gestaltung** durch Menschen eine herausragende Rolle, z. B. im Gartenbau und in der Landschaftsarchitektur bei der Planung und Anlage von Parkanlagen, Plätzen, Privat- und Landschaftsgärten. Besonders positiv wirkt eine savannenähnliche Parklandschaft (Abb. 2.7), da sie dem menschlichen Urbedürfnis nach Überblick am besten entspricht: die stammesgeschichtliche Entwicklung zum Menschen fand in der afrikanischen Savanne statt. Der Anblick von Bäumen und Büschen wird als lustvoll erlebt. Mit Bäumen können bestimmte Stimmungen hervorgerufen werden, z. B. Mittelmeer-Flair durch Palmen.

Weiterhin wird die psychologische Komponente der Mensch/Baum-Beziehung sehr eindrucksvoll deutlich bei **Horoskopen**, die Bäume als Grundlage verwenden (z. B. das „Keltische Baumhoroskop“). Hier werden bestimmte Baumtypen unterschieden, die mit der Erscheinungsform der Baumarten im Zusammenhang stehen (z. B. Ei-

Abb. 2.5. Schnullerbaum (Tulpenbaum), eine Erleichterung für das Abgeben des Schnullers in fortgeschrittenem Kindesalter.

Abb. 2.6. Richtfestbaum (Sand-Birke), ein beliebter, schöner Brauch beim Hausbau.

Abb. 2.7. Positiv empfundene, savannenartige Parklandschaft mit baumfreien Rasenflächen vor Einzelbäumen und Bestandesrändern.

che: die robuste Natur, Kiefer: das wählerische Wesen, Weide: die Melancholie).

Besondere Bedeutung haben Bäume in nahezu allen Kulturen seit jeher in der **Mythologie**, da Gestalten von Baumriesen und ihr hohes Alter schon immer Ehrfurcht einflößten. Im Baum findet der Mensch sein größtes Gleichnis, da er wie der Mensch aufrecht lebt und die „Arme" gen Himmel reckt, „Bäume sind wie Brüder". Zahlreichen Baumgleichnissen begegnet man in der Bibel, und auch in vielen Sprichwörtern taucht die Wesensgleichheit Baum – Mensch auf, z. B. „Was als Bäumchen falsch gebogen, wird als Baum nicht grad gezogen". Vielerorts gab es heilige Haine. Im Mittelpunkt der alten Religionen standen meist Bäume, so z. B. in der christlichen gleich zu Beginn ein Apfelbaum bei der Vertreibung aus dem Paradies, bei den Nordgermanen die Weltenesche Yggdrasil oder Buddhas Baum der Erleuchtung. Einen Eindruck von dieser symbolischen und spirituellen Bedeutung erhält man auch heute noch von vielen Münzen, auf denen Bäume bzw. Baumblätter abgebildet sind. In **Liedern, Literatur, Dichtung und Märchen** haben Bäume oft einen besonderen Stellenwert, z. B. in den Liedern „Der Mai ist gekommen", „Am Brunnen vor dem Tore" und „Oh Tannenbaum" sowie in den Märchen Allerleirauh, Machandelboom und Aschenputtel. In vielen alten Geschichten werden Menschen in Bäume verwandelt, z. B. in den Metamorphosen von Ovid die Tochter des Königs von Zypern Myrrha in einen Myrrhenbaum, Apollons Geliebte Daphne in einen Lorbeerbaum.

Und schließlich gibt es in Deutschland einen ganz besonderen Baum für Beziehungen von Menschen untereinander: die **Bräutigams-**

eiche von Eutin (Schleswig-Holstein). Es ist der einzige Baum im Land mit einer eigenen Postadresse und eigenem „Briefkasten“ (ein Stammloch) – ohne Postgeheimnis, indem Kontakt- bzw. Heiratswillige ihr Ansinnen per Brief an den Baum mitteilen und andere Partnersuchende dann ggf. Kontakt aufnehmen können, wenn sie die Briefe durchsehen (www.braeutigamseiche.com).

Das **Altern** von Bäumen wird meist als positiv empfunden: umso älter ein Baum ist, desto mehr wirkt er und strahlt er aus. Alte Bäume sind Sinnbild für Werden und Vergehen, vermitteln uns das Gefühl von **Zeitlosigkeit** und schaffen Verbindung zu früheren Zeitepochen (König-Ludwig-Eiche, Luther-Linde, Goethe-Ginkgo, Newton‘s Apple Tree) sowie Bewusstsein der eigenen bescheidenen Rolle und Lebensspanne des einzelnen Menschen. Bäume können das Gefühl von Ruhe und Frieden verbreiten und dadurch maßgeblich zur **Entspannung und Stimmungsbesserung** führen. Eine Befragung unter Stadtbewohnern in Michigan (USA) ergab, dass Bäume am stärksten zur Attraktivität von Straßen und Wohnvierteln beitragen (Abb. 2.8) und ihr Fehlen den größten Negativfaktor darstellt. „Straßen ohne Bäume haben kein Gesicht“.

In der Farbpsychologie wird die Wirkung von Farbtönen untersucht. Gemäß ihrer Stellung im Farbenkreis wirkt danach die **Laubfarbe Grün** ausgleichend und beruhigend. Sie erzeugt Harmonie, inspiriert, stabilisiert, stärkt das Selbstwertgefühl und ruft Sehnsucht nach dem (verlorenen) Paradies hervor. Auch deswegen erholt man sich im Wald und in Parkanlagen so gut. Grün wirkt hilfreich besonders bei Menschen, die zu starken Stimmungsschwankungen neigen. Ein Wald-/Parkspaziergang hat bei Depressionen meist sehr positive Folgen. Grün ist zudem die klassische Farbe der Umweltschützer, denn Grün steht für Leben und eine intakte Umwelt. Hildegard von

Abb. 2.8. Straßenbäume (Spitz-Ahorn) mit hohem positivem Wert für die Wohnqualität.

Bingen prägte bereits im 12. Jahrhundert den Begriff „Viriditas“, womit sie die Grünkraft, die Kraft des Lebens meinte. Allerdings kommt es bei all dem immer auf den Grünton an, was schon durch die Beschreibungen ‘leuchtend grün’ und ‘giftgrün’ deutlich wird.

Der sog. **Baumtest** – die Interpretation von spontan gemalten Baumbildern – ist seit Jahrzehnten bei Psychotherapeuten eine oft verwendete, wenn auch nicht unumstrittene Methode zur Ursachenfindung von Verhaltensabweichungen bei Kindern und Jugendlichen. Hierbei werden vom Therapeuten der Schwerpunkt des Baumes, die Höhe des Kronenansatzes und Auffälligkeiten der Stamm-, Kronen- und Wurzeldarstellung von frei gemalten Baumbildern interpretiert.

2.3 Umweltbewusstsein, Ökologie

Durch Bäume wird in Städten maßgeblich das **Umweltbewusstsein** gefördert. Dadurch, dass sie Prinzipien der Anpassung, Optimierung und Nachhaltigkeit verwirklichen und sich im Laufe des Jahres (der Jahre) verändern und reagieren, erfahren die von der Natur zunehmend entfremdeten Stadtmenschen noch etwas von Wildnis und Naturerlebnis. Nicht zu vergessen ist die Bedeutung für das Umweltbewusstsein, und insbesondere auch für die **Umwelterziehung** von Kindern. Das zeigen auch die vielen neu gegründeten Waldkindergärten der letzten Jahre.

Bäume tragen zu **Biodiversität, Naturschutz und Generhalt** bei. Sie sind außerdem **Lebensraum** für Vögel (z. B. Eichelhäher), Insekten (z. B. Bockkäfer), Säugetiere (z. B. Eichhörnchen), Epiphyten (z. B. Mistel), Pilze (z. B. Zunderschwamm), Flechten (z. B. Gelbflechte) etc. und können über Parkanlagen, Grünkorridore oder Alleen Biotope integrieren bzw. miteinander vernetzen.

2.4 Orientierung, räumliche Ordnung, Architektur

Alleen und Baumreihen an Straßen und Wegen dienen seit Jahrhunderten, in Italien seit Jahrtausenden u. a. zur **Orientierung und Lenkung**, sie leiten den Blick oder weisen den Weg, z. B. zu prägnanten Bauwerken oder markanten Orten. Dadurch tragen sie zur Verkehrssicherheit bei. Dies wird heute leider oft infolge von z. B. Astbrüchen oder Anfahrschäden in den Hintergrund gedrängt, da Bäume immer häufiger als Verursacher von Unfällen eingestuft werden, auch wenn die wirklichen Ursachen bei Anfahrunfällen oft überhöhte Geschwindigkeit oder Alkoholgenuss sind.

Weiterhin können Bäume auf Plätzen in der Stadt zur Gliederung bzw. **Betonung, Strukturierung und Gestaltung** beitragen: der Raum eines Platzes wird dadurch in einzelne, nicht völlig voneinander getrennte Séparées eingeteilt und der Raumeindruck verstärkt (Abb. 2.2). Alte Bäume haben an vielen Plätzen und markanten Punkten in Ortschaften/Städten **ortsbildprägenden Charakter**: z. B. ‘Unter den Linden', 'Gasthaus zur Linde', 'Gerichtslinde', 'Malerkiefer'. Sie stehen dort auch oft als Naturdenkmal unter Schutz.

In der (Landschafts-)**Architektur** werden Bäume seit langem verwendet, beispielsweise wegen ihrer Wirkung der Blicklenkung, zur Betonung von Gebäudeform und -stil, zur Einrahmung, als Kontrast, zur Verbindung mit dem Garten bzw. der Landschaft und wegen ihrer Funktionen als Hausbaum.

2.5 Schutz und Lebensqualität

Hinsichtlich der **Sauerstoffproduktion** von Stadtbäumen hält sich hartnäckig die Aussage, dass z. B. eine 100 Jahre alte Buche täglich 13 kg Sauerstoff produziert und damit den Bedarf von 10 Menschen deckt. Eine solche Aussage ist jedoch falsch, denn dabei werden die Atmung und die Alterung der Bäume übersehen. Wenn es so einfach wäre, müssten wir Menschen im Winter erhebliche Probleme beim Atmen haben, denn dann produzieren Bäume (und andere grüne Pflanzen) keinen bzw. kaum Sauerstoff. Bäume verbrauchen vielmehr einen großen Teil des von ihnen produzierten Sauerstoffes bereits selbst wieder durch ihren Stoffwechsel (Atmung), der auch nachts und im Winterhalbjahr weiterläuft. Weitere nennenswerte Anteile des Sauerstoffs werden bei der Zersetzung von Blättern, Zweigen und Wurzeln von den Zersetzerorganismen wieder verbraucht, und alte Bäume produzieren schließlich netto gar keinen Sauerstoff mehr, da die Zersetzungsprozesse dann größere Bedeutung haben als die Aufbauvorgänge. In der Gesamtbilanz bleibt zwar tatsächlich alles in allem etwas Sauerstoff übrig, aber im Vergleich ein sehr geringer Anteil von wenigen Prozent. Obige Aussage der Sauerstoffproduktion für 13 Menschen ist daher eine Fehleinschätzung und sollte als Argument für Stadtbäume besser nicht verwendet werden, da auch Nichtfachleute irgendwann die Irreführung bemerken, und dann hat man als Vertreter einer solchen Aussage Vertrauen verloren. Es gibt genügend andere gute Argumente für Bäume in der Stadt, von denen viele hier genannt werden.

Bäume als lokaler **Klimaschutz** gewinnen derzeit erheblich an Bedeutung, da die Funktionen Schattenwurf und Luftfeuchtigkeitserhöhung (durch Transpiration) bei steigenden Temperaturen immer wichtiger werden. Stadtbäume gleichen Klimaextreme aus. Sie tragen an heißen Sommertagen zur **Kühlung und Beschattung** bei (Abb. 2.9), was als angenehm empfunden wird. Während gemessene Temperaturdifferenzen zwischen Parkanlagen und bebauten oder versiegelten Plätzen/Arealen bis zu etwa 5 °C betragen können, ist die gefühlte Temperaturdifferenz (durch Koppelung mit höherer Luftfeuchte unter Bäumen, PET = Physiologisch Äquivalente Temperatur) meist deutlich größer und kann bisweilen über 10 °C erreichen. Noch extremer (bis 15 °C) sind die Unterschiede der Oberflächentempera-

Abb. 2.9. Gesuchte Beschattung durch Bäume an einem heißen Sommertag (Stiel-Eiche).

turen von Asphalt und in baumbestandenen Grünflächen. Dabei ist natürlich zu beachten, dass die Laubfläche und -dichte für die Wirkung entscheidend ist und Einzelbäume in ihrer Wirkung weit hinter Baumgruppen und -beständen zurückstehen. So nimmt mit jeder Einheit LAI (Leaf Area Index = Blattflächenindex als Maß für die Belaubungsdichte) die Oberflächentemperatur des Bodens/Belages an heißen Sommertagen um etwa 1 °C ab.

In der augenblicklichen Diskussion um den Klimawandel erlangen Bäume zusätzliche Bedeutung durch ihre **CO_2-Bindung**. Dies kann sowohl lokal zur Berechnung der Kohlenstoffbilanz eines Grundstückes oder einer Stadt wie auch global für Szenarien der weiteren Erwärmung wichtig sein.

Für die Bedeutung von Bäumen als **Lärmschutz** ist neben der objektiv messbaren Schallminderung um bis zu 10 dB vor allem die psychologische Wirkung nicht zu unterschätzen: man sieht den Verkehr durch die Bäume nicht mehr, und dadurch empfindet man die Schallminderung stärker als sie tatsächlich ist. Die Funktion des **Sichtschutzes** durch Baumkronen hängt vom Alter des Baumes und dem LAI (Blattflächenindex) der Baumart ab. Besonders effektiv ist eine dichte Verzweigung mit vielen kleinen Blättern. Bäume führen zu maßgeblichem **Windschutz**, weshalb in windgeprägten Regionen Baumreihen (z. B. an Radwegen) oder Knicks (wie in Schleswig-Holstein und im Erzgebirge) gepflanzt und gepflegt werden. An freistehenden Häusern ist der Windschutz eine der wichtigsten Funktionen von Hausbäumen, auf feuchten und nassen Standorten in freien Lagen auch der **Blitzschutz**. Dafür nehmen die Hausbewohner dann sogar in Kauf, dass sie auch im Sommer in der Wohnstube das Licht anmachen müssen.

In der Ingenieurbiologie spielen Bäume z. B. als **Böschungs-/Erosionsschutz** eine große Rolle, besonders Weiden und Erlen.

In dichtbesiedelten Gebieten tragen Bäume maßgeblich zum **Trinkwasserschutz**, zur Speicherung von Regenwasser und zum Hochwasserschutz bei. Bekannt dafür sind z. B. die Wiener Quellschutzwälder.

2.6 Ernährung und Heilkräfte

Kernobst (z. B. Äpfel, Birnen, Kirschen, Pfirsiche) und Schalenfrüchte (z. B. Hasel-, Walnuss) sind wichtige Nahrungsbestandteile. Dabei ist der Vorteil, dass Bäume hinsichtlich pathogener Risiken als wesentlich stabiler einzuschätzen sind als landwirtschaftliche Nutzpflanzen. Zudem treten durch sie i. d. R. keine Bodenverschlechterungen ein, und es muss nicht ständig gedüngt werden. Auch das Sammeln von **Pilzen** ist hier zu nennen, da die meisten Pilzarten auf Bäume angewiesen sind.

Einige Baumarten sind eine wichtige Bienentracht und daher an der **Honig**-Produktion beteiligt, z. B. verschiedene Obstbaumarten, Linden, Robinien und Rosskastanien.

Blätter können zu **Tee** verarbeitet werden (z. B. von Ahorn, Esche), was allerdings nur in Notzeiten Bedeutung hat(te). Kenner stellen **Salate** daraus her. Früher und im Gebirge z. T. auch heute wird noch Laub als **Viehfutter** verwendet.

Wenn man sich Mühe gibt, findet man bei fast jeder Baumart noch viele weitere spezielle Nutzungsaspekte für das menschliche Wohlbefinden und Leben in der Stadt, besonders umfangreich sind dafür die Ergebnisse bei den Linden.

2.7 Nutzung von Bäumen

Hier ist als erstes der **Weihnachtsbaum** zu nennen, wenn es sich auf städtischen Plätzen auch meist nicht um lebende Bäume handelt (aber immerhin müssen sie bis kurz vor ihrer Nutzung für diesen Zweck gelebt haben).

Kinder bauen sich gerne **Baumhäuser** und verwenden Kastanien zur Figurenherstellung. Auf **Spielplätzen** und in Gärten stehen oft Bäume zum Klettern und für Schaukeln.

Holz dient zur Herstellung von Möbeln und Gebrauchsgegenständen oder wird einfach als Brennmaterial verwendet. Blätter und Rinde lassen sich als **Farbstoff** für Naturmaterialien verwenden. Der **Frühjahrssaft** des Ahorns (vor allem Zucker-Ahorn) kann zu Sirup verarbeitet werden (Maple Syrup) und eine wichtige Zutat für Pfannkuchen-Rezepte, Eis und Milchspeisen sein, der Frühjahrssaft der Birke kann für Haarwasser verwendet werden ('Birkensaft'), der **Kork** der Kork-Eiche für Dämmmaterial und Flaschenkorken.

2.8 Kultureller Wert, ökonomischer und sozialer Nutzen

Mensch und Baum sind seit den Uranfängen der Kulturgeschichte eng miteinander verknüpft. Gärten mit Bäumen hatten schon immer einen erheblichen **kulturellen Wert** und haben ihn bis heute erhalten, z. B. alte Obstgärten (Abb. 2.10) oder Parklandschaften. Bäume fördern die regionale Identität und sind ein **Wirtschaftsfaktor**, da grüne Städte und -stadtteile von den Bewohnern bevorzugt werden. Die positiven Effekte von Bäumen haben allerdings einen schwierig berechenbaren ökonomischen Nutzen bzw. monetären Wert. Für eine grobe Wertvorstellung der positiven Wirkungen von Stadtbäumen kann man sie Substituten gegenüberstellen, z. B.:

- Fruchtertrag ./. Obst vom Discounter
- Schatten durch Krone ./. Sonnenschirm, Jalousien
- Sichtschutz durch Krone ./. Palisaden, Mauern
- Kühlung durch Krone ./. Klimaanlage
- Luftreinigung durch Krone ./. technische Filterung

Der ökonomische Nutzen von Stadtbäumen nur alleine durch ihre Immissionsminderung wurde z. B. für die USA mit jährlich 3,1 Mrd. Euro bewertet. Für zwei kalifornische Städte sind Aufwand und Wirkungen von Stadtbäumen berechnet worden, mit dem interessanten Ergebnis eines Nutzen/Kosten-Verhältnisses von 1,8 bzw. 1,5, also einem deutlichen Überwiegen der positiven Seite. Immobilienanzeigen werben oft mit der Nähe oder dem Vorhandensein von Grün. Bäume können zur **Wertsteigerung von bebauten Grundstücken** beitragen, vor allem wenn sie älter sind. Zu Villengrundstücken gehört ein älterer Baumbestand. Stadtbäume haben auch einen indirekten ökonomischen Nutzen, z. B. in Biergärten oder für den Tourismus.

Der **soziale Nutzen** besteht zum einen in den positiven Auswirkungen auf die Gesundheit und Erholung, zum anderen als Ort des Kontaktes mit anderen Menschen: geplante Kontakte und Veranstal-

Abb. 2.10. Alter Apfelbaum mit hohem ästhetischem und kulturellem Wert und Nutzen.

tungen wie z. B. ein Picknick mit Freunden, ein Parkkonzert oder Kirschblütenfest, und zufällige Bekanntschaften auf der Parkbank oder beim Kinderwagen-Ausfahren und Gassi-Gehen. Städtische Wälder und Parkanlagen haben eine sozio-kulturelle Dimension, indem sie kulturelle Prozesse und soziale Netzwerke miteinander verbinden.

2.9 Probleme

Es sollen abschließend auch noch einmal schon lange bekannte und beachtete durch Bäume verursachte mögliche Probleme genannt werden, z. B. durch:

- Früchte (Birke), Blätter (Birke),
- Blattläuse, Harz,
- Pollen (Allergien),
- herabfallende Äste,
- Umstürzen,
- Dunkelheit im Sommer,
- Leitungsschäden durch Baumwurzeln,
- Gebäudeschäden durch Baumwurzeln,
- Belästigung durch Vogelkot, hochgedrückte Pflastersteine,
- Baumunfälle (Anfahrschäden),
- Restriktionen beim Bau von Häusern durch Baumschutzvorschriften,
- Kosten durch Management,
- Rechtsstreitigkeiten (z. B. Nachbarrecht).

Diese und weitere kritische Aspekte sind natürlich für eine Gesamtbewertung ebenfalls zu berücksichtigen, die je nach Ansprüchen, Einschätzung und Zielstellung sehr verschieden ausfallen kann und wird. Meist dürften in der Bilanz jedoch die positiven Aspekte dominieren, und deshalb sind auch gewisse Unannehmlichkeiten durch Bäume zu tolerieren.

3 Besondere Bedingungen und Auswahlkriterien für Stadtbäume

Stadtbäume sind einer Vielzahl besonderer Belastungsfaktoren ausgesetzt, verbunden mit und daraus folgend i. d. R. deutlich extremeren Bedingungen als im Wald. Natürlich unterscheiden sich in dieser Hinsicht die Baumstandorte in der Stadt erheblich, in der Rangfolge **abnehmender Naturnähe** bzw. zunehmender Belastungen:

- Stadtwälder/-forste,
- Parkanlagen/Grünflächen,
- Hausgärten,
- öffentliche Plätze und Fußgängerzonen,
- Straßenraum,
- Gebäude-Dachflächen,
- Gebäude-Innenräume.

Besondere und zu beachtende **Bedingungen** für Stadtbäume sind (alphabetisch):

- Beschädigung (Krone, Stamm, Wurzel)
- Bodenkontamination (z. B. Öle, Zementstaub
- Bodenstörungen
- Bodenverdichtung
- Bodenversiegelung
- Einzelbaum im Mittelpunkt
- höhere Temperatur
- Immissionen
- Klima Stadt
- Kunstlichtbestrahlung
- Leckagen von Leitungen, z. B. für Gas
- Nährstoffmangel
- pH-Wert meist neutral bis alkalisch
- Rückstrahlung von Gebäuden
- Salzeintrag
- Sauerstoffmangel im Bodenraum
- Schnitt
- Staubbelastung
- Strahlung, Rückstrahlung
- Trockenstress
- Urin
- Wurzelraum eingeschränkt

Daraus ergeben sich als mögliche **Anforderungen und Auswahlkriterien** für die Baumartenwahl (alphabetisch, mit Anspruch auf Vollständigkeit):

- allergenes Potenzial (Pollen, Härchen)
- ästhetische Kriterien: s. unten
- Ausbreitungspotenzial groß/spärlich, schnell/langsam
- Belaubung immer-/sommergrün, Blätter braun hängenbleibend
- Blätter: Form, Größe, Farbe, Zeitraum Austreiben/Blattfärbung/Blattfall, immer-/sommergrün, Nutzung (Dekoration, Nahrung, Tierfutter), Belästigungen (Blattfall, Beschattung), Selbstreinigung/Akkumulation
- Blüte(n): Farbe, Intensität, Geruch, Zeitraum, Belästigungen (Allergien, Staub...)
- Bodenansprüche (Feuchtigkeit, Nährstoffangebot, pH-Wert...)
- Bodentoleranz: Trockenheit, Kontamination, Vernässung, Überflutung, Verdichtung, pH-Wert...
- Borke s. Rinde
- Bruchrisiko
- Dornen
- Essbarkeit Blätter, Früchte, Zweige (auch Tiere)
- Feinstaub-Reduktionsvermögen
- Frosthärte (Winter-, Spätfrost)
- Früchte: Anzahl, Größe, Farbe, Zeitraum Reife, Essbarkeit, Nährwert (auch für Tiere), Belästigungen (auch durch Tiere), Abfallen/Hängenbleiben...
- Frühjahrssaft
- gestalterische Kriterien: s. oben/unten
- Giftigkeit (Blätter, Früchte, Zweige)
- Größe Altbaum (klein bleibend, groß werdend)
- Herbstfärbung: Intensität, Verlauf, Zeitraum
- Holznutzung
- Immissionstoleranz (SO_2, NO_x, O_3, HF, ...)
- Immissionsreduktionsvermögen (Bindung/Aufnahme)
- Ingenieurbiologische Eigenschaften
- Invasivität/Ausbreitungspotenzial: schwierige Eindämmung
- Kosten Pflanze, Pflege
- Kronengröße, -form
- Lärmminderungsvermögen
- Langsamwüchsigkeit
- Lebenserwartung
- Lichtbedarf (Jugend, Alter)
- Lichtdurchlässigkeit Krone
- mentale Wirkung
- Mykorrhiza obligat?
- Nachbarsituation (Blatt-, Fruchtfall, Schatten, Überhang)

- Nährstoffansprüche s. Bodenansprüche
- Naturschutzaspekte (ein-/neu-/nichtheimisch, seltene Art, Brutbaum, Lebensraum...)
- neue Baumarten (Wunsch nach Ausprobieren/Test)
- Nutzung Holz (Möbel), Rinde (Farbstoffe), Blätter (Dekoration), Blüten (Rezepte), Früchte (Nahrung), Frühjahrssaft ...
- Pathogensituation s. Schädlinge
- persönliche Beziehung/Erfahrung zu/mit Baumart (Kindheit, Lebensabschnitt, Haus-/Familienbaum...)
- Pflegebedarf/-kosten
- pH-Wert Amplitude
- Pioniereigenschaften
- Rinde: Farbe, Farbintensität, Struktur, Dicke, Abfallen Borkeschuppen u. Ä., Nutzung (Farbstoffe, Bast), Sonnenbrand-Empfindlichkeit
- Salztoleranz
- Schädlinge (derzeit, zukünftig)
- Schattenwurf
- Schnittverträglichkeit
- Sichtschutz
- Sonnenbrandempfindlichkeit Rinde, Blätter
- Spätfrostempfindlichkeit
- Stammdominanz (Neigung zu Stockausschlag/Wurzelbrut)
- Staub s. Feinstaub
- Stickstoffbindung Wurzeln (Symbiose Bakterien)
- Strahlungstoleranz (Freistand)
- Tierwelt (Brutplatz, Schutz, Nahrung, ...) (betr. Vögel, Säugetiere, Insekten)
- Toleranz höhere pH-Werte
- Trockenstresstoleranz
- vegetative Ausbreitung durch Wurzelbrut, Absenker
- Wachstumsgeschwindigkeit Jugend/Alter
- Wasserbedarf
- Windschutz
- Windtoleranz
- Winterhärte
- Wirkung auf Befinden
- Wuchsform
- Wurfrisiko
- Wurzelbrut
- Wurzelintensität
- Wurzeltyp (Flach-, Herz-, Pfahlwurzler)

Es ist also sehr beeindruckend, ja vielleicht für manchen gar erschreckend, welche Vielzahl von Faktoren eine Rolle spielt. Daher soll diese Aufzählung – mit dem Anspruch auf Vollständigkeit – helfen, die für die jeweilige Situation bedeutsamen auszuwählen und die Auswahl dann danach zu treffen. Hierzu ist derzeit am Institut des Autors eine Datenbank im Aufbau, die ab 2014 verfügbar sein soll, um diese Kriterienbenennung und Auswahlentscheidung auf wissenschaftlich fundierter Basis zu erleichtern und optimale Entscheidungen zu treffen. Ohne eine solche Datenbank mit den Baumeigenschaften ist dies nicht möglich. Dieses Buch kann und soll dafür nur einen Überblick verschaffen und auf weiterführende Literatur verweisen.

Die genannten Punkte lassen sich sortieren nach
- ästhetischen Kriterien
- gestalterischen Aspekten
- positiven Wirkungen
- möglichen Belästigungen
- Ansprüchen der Baumart
- Toleranz der Baumart

Dabei ist in einzelnen Punkten zu bedenken, dass von manchen Menschen als negativ empfundene Faktoren von anderen positiv beurteilt werden können, dass ästhetische Kriterien Geschmackssache sind und dass sich ein Faktor auch z. B. mit der Zeit verändern kann: Beschattung bzw. eine dunkle Krone wird an heißen Sommertagen als wohltuend eingestuft, in kühl-feuchten Sommern jedoch als ungünstig.

4 Verwendung von Baumarten in der Stadt

Bäume wachsen und (über)leben teilweise unter extremen Bedingungen in Städten und an Straßen – unter Bedingungen, die weit von den Verhältnissen an ihrem Naturstandort entfernt sind (Abb. 4.1). Allein das Stadtklima mit seinen Staub- und Immissionsbelastungen und dem erhöhten Trockenstress ist schon außergewöhnlich, hinzu kommen in der Stadt vielfältige Probleme des Stammumfeldes (s. Kap. 3). Trotzdem sieht man Birken in Fassadenritzen, Auenwaldbaumarten an versiegelten Plätzen und meterhohe Araukarien in Vorgärten. Daraus ergeben sich Fragen wie diese:

- Woher weiß man beim Pflanzen eines Baumes, ob der neue Standort geeignet ist?
- Welche allgemeinen biologischen und ökologischen Mechanismen können das teilweise beachtliche Anpassungspotenzial von Gehölzen erklären?
- Was muss man bei der Auswahl der Bäume beachten, um Risiken zu minimieren?

Es gibt eine Vielzahl wertvoller Ansätze, die Amplitude der Ansprüche und Toleranzen von einzelnen Baumarten darzustellen. Jeder dieser Ansätze hat seine besonderen Gründe, Sichtweisen und Vorteile – aber auch Grenzen. Unser Wissen über Hunderte von geeigneten Gehölzarten und -sorten für die Verwendung in der Stadt ist noch längst nicht umfassend genug, hier ist noch erheblicher Forschungsbedarf vorhanden. Dies auch wegen der einerseits bewundernswerten, andererseits teilweise schwer kalkulierbaren Anpassungs- und Optimierungsfähigkeiten von Gehölzen an ihrem jeweiligen Standort, für die z. B. das Alter bei der Pflanzung, die „Vorerfahrung“ der Einzel-

Abb. 4.1. Extremer naturferner Stadtstandort mit Versiegelung, Stammfußeinschnürung und eingeschränktem Wurzelraum (Winter-Linde).

pflanze, die Herkunft des Saatgutes und die Witterungsbedingungen nach der Pflanzung eine entscheidende Rolle spielen können.

4.1 Physiologische(s)/ökologische(s) Amplitude und Optimum

Um einen Teil dieser Fragestellung zunächst allgemein zu beantworten, sind die Begriffe physiologische/ökologische Amplitude und physiologisches/ökologisches Optimum wichtig, wie sie verbreitet in der Ökologie verwendet werden.

Pflanzt man Bäume im Reinbestand auf verschiedene Standorte mit unterschiedlichen Bodenverhältnissen, so kann man erhebliche Abweichungen im Wuchsverhalten feststellen gegenüber ihrem natürlichen Auftreten oder einer Pflanzung in Mischung mit anderen Baumarten. In der Regel wachsen die Arten ohne Konkurrenz durch andere Baumarten mit einer viel weiteren Standortsamplitude als dies sonst in der Natur der Fall ist. Als **physiologische Amplitude** (= physiologische Potenz) bezeichnet man hierbei den Bereich eines Standortsfaktors (Wasserangebot, pH-Wert, Stickstoffversorgung, Licht...), in dem eine Baumart **ohne** Konkurrenz wachsen/überleben kann. Darin ist das **physiologische Optimum** der engere Bereich, in dem die größten/besten Wuchsleistungen erreicht werden. Als **ökologische Amplitude** (= ökologische Präsenz) bezeichnet man hingegen den i. d. R. eingeschränkten Bereich von Standortsfaktoren, in dem die Baumart von Natur aus vorkommt, also unter Konkurrenzbedingungen mit anderen Baumarten, und das **ökologische Optimum** ist dann der engere Bereich, in dem unter natürlichen Verhältnissen die besten Wuchsleistungen erzielt werden.

Ein eindrucksvolles Beispiel hierfür ist die Gemeine Kiefer. Ohne Konkurrenz ist sie praktisch überall lebensfähig auf Standorten, auf denen überhaupt Bäume wachsen können – von trockenen Felskuppen bis hin zu Moorrändern, von sauren Sandböden bis hin auf Kalkkuppen. In natürlichen Wäldern trifft man sie jedoch selten an – natürliche Kiefernvorkommen konzentrieren sich vor allem auf frühe Stadien der Sukzession (z. B. Neubesiedelung von Sandböden) sowie auf Extremverhältnisse wie arme Fels- oder Sandstandorte und Moorränder. In diese „Nischen" wird die Kiefer auf Grund ihrer Konkurrenzschwäche verdrängt. Ohne Konkurrenz würde sie wie fast alle Baumarten am besten bei mittleren Nährstoff- und Feuchtigkeitsverhältnissen wachsen, unter Konkurrenz hat sie ihren Verbreitungsschwerpunkt jedoch auf Extremstandorten. Das führt bisweilen selbst in neueren Publikationen zu der Feststellung, dass Kiefern (oder andere Baumarten) diese Extremstandorte „lieben" – dabei wird übersehen, dass dies nur das Resultat eines ganz harten Verdrängungswettbewerbes ist.

4.2 Ausgewählte Beispiele für Verwendungshilfen

Aus dem Auftreten in der Natur kann man also nur sehr eingeschränkt auf die Standortsamplitude und -präferenzen einer Baumart schließen. Im Folgenden sollen (ohne Anspruch auf Vollständigkeit) verschiedenartige Ansätze für eine Beurteilung von geeigneten Standorten für eine Baumart genannt werden, die als Entscheidungshilfe von Nutzen sein können:

4.2.1 Zeigerwerte und Ökogramme (z. B. Ellenberg et al. 1991, Ellenberg & Leuschner 2010)

Hierfür wurden für alle heimischen Pflanzenarten, also auch heimischen Baumarten, die ökologischen Optima (also der Schwerpunkt des Auftretens in der Natur) in Ziffern von 1 bis 9 verschlüsselt, wobei der Zeigerwert von 1 immer für (wasser-, stickstoff-, licht-...) ärmste Standorte steht und die Ziffer 9 für Standorte mit höchstem (Wasser-, Stickstoff-, Licht-...)Angebot. Solche Zeigerwerte existieren für die Bodenfeuchtigkeit, die Lichtverhältnisse, den pH-Wert, die Stickstoffversorgung, die Mitteltemperatur und die Klima-Kontinentalität, sodass jeder Pflanzenart 6 Ziffern zugeordnet werden, die ihre Zeigereigenschaften sehr brauchbar wiedergeben.

Physiologische und ökologische Amplituden/Optima lassen sich für zwei Standortfaktoren gut in sog. Ökogrammen veranschaulichen, wie sie Ellenberg & Leuschner (2010) für die wichtigsten Waldbaumarten darstellen (für die Standortsfaktoren pH-Wert und Wasserangebot).

4.2.2 Lebensbereiche und Frosthärtezonen der Gehölze (z. B. Kiermeier 1993, Roloff & Bärtels 2008)

Umfassender geht ein anderer Ansatz an die Fragestellung heran, in dem die Baumarten sog. Lebensbereichen zugeordnet werden. Dies sind wiederum in Ziffern verschlüsselte Kategorien für: (1. Ziffer) optimales Vorkommen, dies entspricht etwa dem o. g. ökologischen Optimum; (2. Ziffer) Bodenfaktoren/Wasserversorgung/Bodenart/pH-Wert, entsprechend etwa dem o. g. physiologischen Optimum; (3. Ziffer) Lichtbedarf/Temperaturbereich/Winterhärte; (4. Ziffer) Wuchsform/-größe. Auf diese Weise erhält man also in Kurzform relativ umfassende Informationen, die eine gute Beurteilung der Eignung ermöglichen, insbesondere wenn dann die Frosthärtezone noch genauer angegeben ist.

4.2.3 Straßenbaumliste (GALK 2012)

In der „Straßenbaumliste" der GALK (Gartenamtsleiterkonferenz des Deutschen Städtetages) werden geeignete Straßen- und Stadtbaumarten und -sorten alphabetisch aufgelistet und in einer Tabelle mit Kommentaren für Größe, Lichtbedarf, Verwendbarkeit und Verwendungshinweisen u. a. ergänzt. Dabei sind auch viele nichtheimische Arten berücksichtigt. Die Liste wird ständig aktualisiert, die Hinweise sind sehr wertvoll, wenn auch nur für die genannten Kriterien und für den Standort Straßenraum vorhanden.

4.2.4 Listen nach Eigenschaften von Gehölzen (z. B. Krüssmann 1970, Bärtels 1991, Gaida & Grothe 2000, Sommer 2007)

Genau andersherum gehen weitere Ansätze an die Fragestellung heran, indem sie die Gehölze nach Eignung für bestimmte Kriterien sortieren, z. B. nach äußeren Eigenschaften (wie Wuchsgrößen, -formen, Belaubung, Blütezeit, Fruchtschmuck) oder für die Verwendung (als Windschutz, Uferschutz, Hecken, Lärmschutz, Salzverträglichkeit etc.). Unter der Überschrift bestimmter Standortsverhältnisse folgt dann eine Liste geeigneter (heimischer und nichtheimischer) Arten.

4.2.5 Detaillierte beschreibende Verwendungshinweise (z. B. Warda 2001)

Schließlich gibt es einige umfangreiche Werke, die die Eigenschaften von Baumarten nach einem festgelegten Schema für jede Art verbal beschreiben. Die (heimischen und nichtheimischen) Arten sind alphabetisch sortiert, werden in Bildern vorgestellt, die Kriterien der Beschreibung sind sehr sinnvoll ausgewählt.

4.2.6 Informationen auf digitalen Medien (z. B. Dietze et al. 2000)

Natürlich ist die zeitgemäße Herangehensweise an die Fragestellung, alle Informationen auf CD/DVD (oder im Internet) zu bündeln. Diesen Weg beschreiten die sog. Gehölzdatenbanken. Hier kann man Baumarten sowohl alphabetisch suchen als auch nach Verwendungskriterien sortiert, sich das Ergebnis ausdrucken und die Suche vertiefen. Eine Datenbank im Internet wird derzeit am Institut des Autors an der TU Dresden (www.tu-dresden.dc/forstbotanik) aufgebaut und soll ab 2014 verfügbar/nutzbar sein.

4.3 Bedeutung von Anpassung und Optimierung

Große Bedeutung für den Erfolg einer Baumpflanzung haben die Lebensbedingungen des Baumes vor und nach der Pflanzung. So wird das damit verbundene Risiko exponentiell größer mit dem Baumalter bzw. der Baumgröße: Jüngere/kleinere Bäume können sich auch an schwierige Standortsverhältnisse deutlich besser und schneller anpassen als ältere/größere. Hierfür lässt sich natürlich keine pauschale Grenze in Größe oder Alter angeben, bei vielen Baumarten und in vielen Situationen ist jedoch eine Pflanzung bis zur Größe von 2–3 m mit verhältnismäßig geringen Risiken verbunden (eine sorgfältige Pflanzung und gute Anwuchspflege vorausgesetzt), während Bäume über 5 m Größe sehr oft Anwuchsschwierigkeiten oder gar Rück-

Abb. 4.2. Erfolgreiche Großbaumverpflanzung einer 55-jährigen Allee (Winter-Linde) infolge Straßenverlegung, 10 Jahre nach der Maßnahme.

sterbe-Erscheinungen zeigen und schließlich nach einigen Jahren von den kleiner gepflanzten im Wachstum sogar überholt werden können. Diese Risiken lassen sich natürlich durch eine intensivere Pflege (vor allem Bewässerung) nach der Pflanzung etwas kompensieren, das ändert aber nichts an der gerade getroffenen grundsätzlichen Aussage.

So sind z. B. viele im Alter sehr lichtbedürftige Baumarten in der frühen Jugend schattentolerant, können also in Parkanlagen zunächst im Halbschatten aufwachsen, was mit größer gepflanzten, älteren Bäumen nicht mehr funktioniert. Auch das Trockenstressrisiko nimmt mit Baumgröße/-alter bei bzw. nach der Verpflanzung deutlich zu. Das fehlende Anpassungsvermögen kann bei größeren Nadelbäumen soweit gehen, dass man beim Verpflanzen die Himmelsrichtung beachten/beibehalten muss.

Besonders große Anpassungsleistungen werden bei Saat (die natürlich für Stadt- und Straßenbäume keine Bedeutung hat) am zukünftigen Standort erreicht, da der Sämling Zeit hat, mit den Umweltverhältnissen zurechtzukommen. Allerdings gibt es in der Phase der Keimung selbst wiederum eine Reihe von Risiken. Erläuterungen zum anderen Extrem, der Großbaumverpflanzung (Abb. 4.2), erübrigen sich nach dem zuvor Gesagten. Es ist immer wieder eindrucksvoll, unterschiedlich groß verpflanzte Bäume 5–10 Jahre nach der Pflanzung miteinander zu vergleichen und zu sehen, wie viel besser oft die kleiner gepflanzten Bäume dann aussehen. Auch hierbei gilt natürlich, dass durch sorgsame Vorbereitung und Durchführung der Pflanzung sowie eine gute (und lange) Pflege danach einiges kompensiert werden kann.

Weiterhin zeigen die (auch eigenen) Erfahrungen, dass der Witterungsverlauf der ersten 5 Jahre nach der Pflanzung entscheidende Auswirkungen hat. Extreme Winterkälte oder Sommerdürre kann in diesem Zeitraum nach der Pflanzung zum Absterben der Bäume führen, während relativ günstige Umweltverhältnisse das Anwachsen und Anpassen erleichtern und zu dauerhaft besseren Anwuchserfolgen führen. Eine Kälteperiode von −20 °C in den ersten 5 Jahren nach der Pflanzung hat ganz andere Auswirkungen als eine solche viele Jahre später. Hierbei spielt natürlich wieder die zuvor genannte Pflanzgröße mit eine entscheidende Rolle, und verschiedene Umweltfaktoren können sich gegenseitig kompensieren oder verstärken.

Als Mechanismen der Anpassung von Bäumen an veränderte Umweltverhältnisse sind z. B. Absprünge und Reiterationen bei Gehölzen bekannt.

In der letzten Zeit nimmt das Bewusstsein zu, dass viele (wenn nicht alle) Baumarten Ökotypen aufweisen, d. h. an spezielle Standorts-/Umweltverhältnisse angepasste Individuen (oder ganze Bestände), die sich aus der Lebensgeschichte und den von den Eltern erhaltenen genetischen Informationen herleiten. So kann man die zukünftige Baumpflanzung vorbereitend optimieren, indem die Bäume unter ähnlichen Verhältnissen angezogen werden wie sie dann am neuen Standort herrschen (z. B. Halbschatten, keine hohen Düngergaben, keine ständige Bewässerung etc.). Bäume bestimmter Herkünfte, z. B. kalter oder trockener Regionen im Verbreitungsgebiet, kommen mit extremen Verhältnissen meist besser zurecht als solche von einem Durchschnittsstandort. So ist es nicht gleichgültig, ob man für eine Anpflanzung im kontinentaleren Osten Deutschlands Herkünfte aus Küstennähe oder aus ähnlichem, möglichst gleichem Klimaregime verwendet.

4.4 Eigenschaften von Pionier- und Klimaxbaumarten

Baumarten, die vor allem oder nur am Beginn der Sukzession eine Rolle spielen, bezeichnet man als Pionierbaumarten, solche, die erst am Ende (im Schlusswald) auftreten oder dominieren, als Klimaxbaumarten. Beide Gruppen weisen für die Verwendung entscheidende Unterschiede in ihren Eigenschaften auf, die im Folgenden erläutert werden sollen.

Als **Pionierbaumarten** werden Arten bezeichnet, die auf die Freiflächeneroberung spezialisiert sind, also am Beginn der Sukzession ihre Stärken ausspielen. Charakteristika sind meist:

- ein hoher Lichtbedarf von der Jugend an bis ins hohe Alter,
- Unempfindlichkeit gegenüber Frost und Hitze, Wasser- und Nährstoffmangel, Klimaänderung
- ein schnelles Jugendwachstum (von Spross und Wurzel), das bald nachlässt,

- eine geringe Lebenserwartung von höchstens 100 Jahren,
- frühe Blühreife,
- alljährlich reichliche Samenproduktion,
- weite Verbreitung der leichten Samen vom Wind,
- schraubige Blattstellung,
- eine mehrschichtige, lockere Blattanordnung,
- hohe Lichtdurchlässigkeit in die und durch die Krone („Lichtbaumarten"),
- ein hohes Spross-/Wurzelverhältnis,
- ein großes Reiterationsvermögen,
- bei einigen Arten schnelle vegetative Vermehrung und Ausbreitung über Wurzelbrut.

Eine typische natürliche Ausgangssituation für Pionierbaumarten wäre z. B. die Erstbesiedelung einer Trümmer- oder Brachfläche. Hierbei können sie all ihre Stärken ausspielen.

Demgegenüber zeigen **Klimaxbaumarten** i. d. R.
- hohe Schattentoleranz, zumindest in der Jugend,
- Empfindlichkeit gegenüber Klimaextremen und Störungen,
- ein mäßiges Jugendwachstum, das dafür bis ins hohe Alter anhält,
- eine höhere Lebenserwartung (300 Jahre und mehr),
- spätes Erlangen der Blühreife (z. T. erst mit 50 Jahren),
- nicht jedes Jahr reichliches Blühen/Fruktifizieren,
- Produktion schwerer Früchte, die z. T. von Tieren verbreitet werden,
- zweizeilige Blattstellung,
- einschichtige, dichte Anordnung der Blätter,
- geringe Lichtdurchlässigkeit der Krone („Schattenbaumarten"),
- ein geringes Spross-/Wurzelverhältnis.

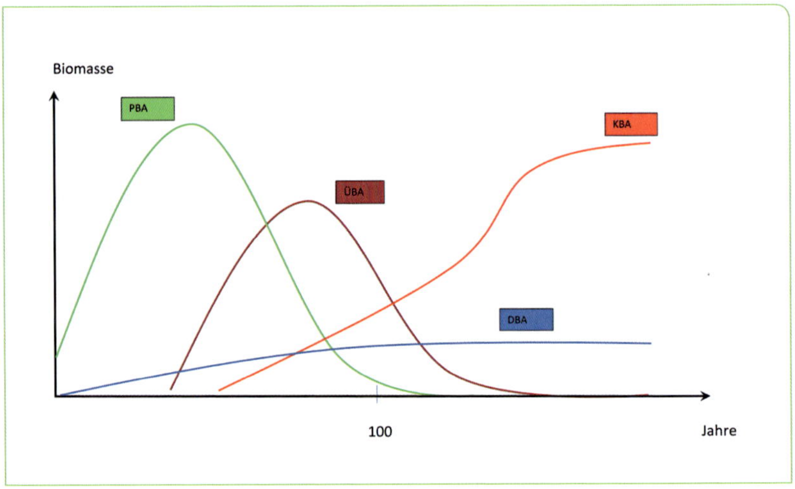

Abb. 4.3. Auftreten der 4 Baumarten-Typen Pionier-, Übergangs-, Klimax-, Dauerbaumarten (PBA, ÜBA, KBA, DBA) während der Sukzession.

Eine typische Situation mit Vorteilen für Klimaxbaumarten ist ein alter Park mit geschlossenen Altholzinseln.

Dies sind grobe Verallgemeinerungen, natürlich gibt es eine Reihe von Baumarten, die sich nicht ohne weiteres in diese beiden Gruppen einordnen lassen. Trotzdem ist die Kenntnis für Verwendungsfragen sehr hilfreich und wichtig, wenn man Fehlschläge vermeiden will. Man kann weiter **Übergangsbaumarten** unterscheiden, die am Übergang vom Pionier- zum Schlusswald im Zwischenwald auftreten, sowie **Dauerbaumarten**, die (auf bestimmten Standorten) dauerhaft vom Anfang bis zum Schlussstadium der Sukzession dominieren können. Das Auftreten der 4 Baumarten-Typen während der Sukzession wird in Abbildung 4.3 schematisch veranschaulicht.

Es stellt sich nun die Frage, welche der genannten Eigenschaften von Pionier- und Klimaxbaumarten für Verwendungsfragen am wichtigsten sind, da man niemals alle zugleich berücksichtigen kann und oft auch noch Auftraggeberwünsche hinsichtlich der Baumartenwahl zu berücksichtigen sind. Daher soll hier für urbane Standorte eine Rangordnung der Eigenschaften in 3 Gruppen vorgenommen werden:

- sehr große Bedeutung: Stresstoleranz (z. B. Schatten-, Hitze-, Frost-, Dürre-, Salztoleranz);
- große Bedeutung: Schnelligkeit des Jugendwachstums, Lebensdauer, Wurzelbrut;
- geringe Bedeutung: Blühreife, Samenzahl, -gewicht, -ausbreitung, -flugweite, Spross-/Wurzelverhältnis, Wurzeltiefe.

Da der Schattentoleranz für Verwendungsfragen z. B. bei der Verjüngung von Altholzinseln in Parkanlagen oder dem Nachpflanzen in dichten Alleen eine entscheidende Bedeutung zukommt, wird diese für Stadtbaumarten in Tabelle 4.1 aufgelistet.

Dabei ist zu beachten, dass der Lichtbedarf bei den meisten Baumarten mit zunehmendem Alter steigt, bei einigen Arten bereits mit 10–20 Jahren ein grundlegender Wechsel von hoher (oder zumindest mäßiger) Schattentoleranz zu hohem Lichtbedarf erfolgt. Zudem ist bei Gehölzen eine Anpassung zu beobachten, je nachdem welchen Lichtverhältnissen sie während der Anwuchsphase ausgesetzt waren. Eine Verbesserung der Lichtverhältnisse mit der Pflanzung ist i. d. R. unproblematisch (außer bei Eibe und Buchsbaum, deren Nadeln/Blätter bei plötzlicher Freistellung verbrennen können), bei einer Verschlechterung ist mit Problemen zu rechnen, die mit dem Alter der Bäume zunehmen und bis hin zum Absterben führen können.

Unter dieser Maßgabe werden die wichtigen Stadtbaumarten den Kategorien Pionier-, Übergangs-, Klimax- und Dauerbaumarten zugeordnet (Tab. 4.1).

Tab. 4.1. Mögliche Ausschluss- bzw. Hinderungsgründe (grüne Felder) für die Baumartenverwendung auf urbanen Standorten (Erläuterung der Spalten am Ende der Tabelle).

Baum-arten-Typ	Ausschlussgrund: / Baumart	Beschattung in der Jugend	Beschattung in mittlerem Alter	geringe Lebensdauer	unerwünschte Wurzelbrut	Frostempfind-lichkeit	Trockenstress-Empfindlich-keit	Bodenbelas-tung
Pionier-Baumarten	*Acer monspessulanum*	■	■	■				
	Ailanthus altissima	■	■	■	■	■		
	Alnus cordata	■	■	■		■		
	(Alnus glutinosa)	■	■	■			■	■
	Alnus incana	■	■	■	■			
	Betula papyrifera	■	■					
	Betula pendula	■	■	■				
	Betula utilis	■	■			■		
	Gleditsia triacanthos	■	■					
	Larix decidua/kaempferi	■	■					
	Liquidambar styraciflua	■	■					■
	Pinus nigra	■	■					
	Pinus sylvestris	■	■					■
	Populus alba	■	■		■			
	Populus nigra	■	■				■	
	Populus simonii	■	■	■				■
	Populus tremula	■	■		■			
	Robinia pseudoacacia	■	■		■			
	Salix alba	■	■	■			■	
	Salix caprea	■	■	■				
	Sorbus aucuparia	■	■	■				
	Sorbus intermedia	■	■	■				
Dauer-Baumarten	**Alnus glutinosa**	■	■	■			■	
	Betula pubescens	■	■	■				
	Buxus sempervirens					■		■
	Corylus colurna		■					■
	Ilex aquifolium					■	■	■
	Pinus cembra	■	■					
	Pinus strobus		■					■
	(Sorbus aucuparia)		■	■				
	Taxus baccata						■	■

Baum-arten-Typ	Ausschlussgrund: Baumart	Beschattung in der Jugend	Beschattung in mittlerem Alter	geringe Lebensdauer	unerwünschte Wurzelbrut	Frostempfindlichkeit	Trockenstress-Empfindlichkeit	Bodenbelastung
Übergangs-Baumarten	*Acer campestre*		■	■				■
	Acer platanoides		■					■
	Acer rubrum		■	■				■
	Aesculus × carnea		■	■		■		■
	Aesculus hippocastanum		■				■	■
	Carpinus betulus						■	■
	Castanea sativa		■			■		■
	Catalpa bignonioides		■			■		
	Catalpa speciosa		■	■		■		
	Celtis australis		■		■	■		
	Fraxinus angustifolia		■			■		
	Fraxinus excelsior		■					■
	Fraxinus ornus		■	■		■		■
	Fraxinus pennsylvanica		■					
	Ginkgo biloba	■	■					
	Juglans regia	■	■				■	■
	Liriodendron tulipifera		■					■
	Malus domestica	■	■	■			■	■
	Ostrya carpinifolia		■	■		■		
	Phellodendron amurense		■					
	Picea abies		■				■	■
	Picea pungens		■					
	Platanus × hispanica		■					
	Prunus avium		■	■				■
	Prunus padus			■	■			■
	Pterocarya fraxinifolia		■		■			
	Pyrus communis		■	■				
	Quercus frainetto		■					
	Quercus palustris		■					
	Quercus robur & petraea		■					
	Quercus rubra		■					

Baum-arten-Typ	Ausschlussgrund: / Baumart	Beschattung in der Jugend	Beschattung in mittlerem Alter	geringe Lebensdauer	unerwünschte Wurzelbrut	Frostempfind-lichkeit	Trockenstress-Empfindlich-keit	Bodenbelas-tung
	Sophora japonica	■	■					■
	Sorbus aria		■					■
	Tilia platyphyllos						■	■
	Tilia tomentosa		■					■
	Ulmus laevis						■	
Klimax-Baumarten	*Abies alba*						■	■
	Acer pseudoplatanus						■	■
	Acer saccharum						■	
	Chamaecyparis lawsoniana						■	■
	Fagus sylvatica						■	
	Thuja plicata						■	■
	Tilia cordata							■
	Ulmus glabra						■	

Beschattung Jugendphase –15 J.; Beschattung Reifephase 15–60 J.; Lebenserwartung unter 120 J.; Wurzelbrut; Frostempfindlichkeit geringer –20 °C; Empfindlichkeit gegenüber lang anhaltendem oder wiederholtem Trockenstress; Bodenbelastung durch Salz, Verdichtung, Versiegelung o. Ä. (nach Angaben von GALK 2012, Roloff & Bärtels 2008, Roloff et al. 2012, Warda 2001 und eigenen Erfahrungen/Erhebungen; Baumarten mit nicht eindeutiger Zuordnung zu den Baumartentypen sind bei der zweitrangigen Nennung eingeklammert, fett: im Buch-Kap. 5 ausführlich behandelte Baumarten)

Daraus ergibt sich, dass auf devastierten und Extrem-Flächen (z. B. mit viel Bauschutt, Verdichtungshorizonten, langer Vernässung, auf Halden, im Auftausalzspritzbereich von stark befahrenen Straßen o. Ä.) zunächst nur die Verwendung von Pionierbaumarten oder einigen Übergangsbaumarten Erfolgsaussichten hat.

Ganz anders sieht dagegen die Situation in überalterten Parkanlagen aus. I. d. R. wird man die Altholzinseln nicht komplett beseitigen wollen oder können, um eine Verjüngung einzuleiten. Dann ist eine Einbringung lichtbedürftiger Pionierarten aussichtslos, und es kommen nur Klimax- oder Übergangsbaumarten infrage, die die notwendige Schattentoleranz aufweisen. Ein Artenwechsel steht aber oft in Konflikt mit dem Denkmalschutz. Will man die ursprünglichen Arten wieder verjüngen, lassen sich dann stärkere Auflichtungen durch Entnahme von Altbäumen nicht vermeiden. Ähnliche Probleme stellen sich in alten dicht gepflanzten Alleen, wenn einzelne Bäume aus Gründen der Verkehrssicherung beseitigt werden müssen oder abgestorben sind. Dann können oft auf Grund der Beschattung durch die benachbarten Altbäume lichtbedürftigere Baumarten für eine Nachpflanzung nicht verwendet werden, da sie keinen Anschluss an die Altbäume bekommen und die Allee ihren einheitlichen Charakter verliert. Wenn man die Lücken aber frei lässt, löst sich der Alleecharakter allmählich auf.

Für die Berücksichtigung weiterer Vorgaben soll die vorgestellte Entscheidungsmatrix eine Hilfe sein (Tab. 4.1, Abb. 4.7). Aufbauend auf den zuvor gemachten Ausführungen sowie den Informationen aus der Enzyklopädie der Holzgewächse (Roloff et al. 2012), der GALK-Straßenbaumliste (GALK 2012), Roloff & Bärtels (2008) und weiteren eigenen Erhebungen/Erfahrungen nennt sie Ausschluss- bzw. Hinderungsgründe für die Pflanzung einzelner Baumarten in bestimmten (Standorts-)Situationen und veranschaulicht sie visuell. Dabei ist zu beachten, dass die Bewertung und Gewichtung von Ausschlussfaktoren unterschiedlich sein kann, z. B. will man in dem einen Fall Wurzelbrut unbedingt vermeiden, in anderen Fällen ist sie vielleicht zur Böschungsbefestigung gerade erwünscht. Der Vorteil einer solchen Matrix ist, dass man diese Bewertung je nach Anforderung variieren kann.

Die Matrix kann auf zwei verschiedene Weisen genutzt werden: entweder hat man eine bestimmte Baumart (z. B. aus ästhetischen/gestalterischen Gründen) ausgewählt und möchte für diese überprüfen, ob sie unter den gegebenen Standorts- und Umweltverhältnissen uneingeschränkt verwendbar ist bzw. erhält dann für diese Baumart Informationen über kritische Faktoren bei der Verwendung. Oder man gibt einen der Faktoren im Kopf der Tabelle vor und stellt dann fest, welche Baumarten unter dieser Voraussetzung ohne Einschränkung verwendet werden können. Ggf. gibt man dann noch weitere Faktoren vor, sodass sich die Zahl der geeigneten Baumarten immer weiter, schließlich nur noch auf wenige einschränkt.

So wird beim Betrachten der Matrix z. B. sofort deutlich, dass bei stärkerer dauerhafter Beschattung in der Jugend die Pionierbaumarten nicht verwendet werden können. Bei anhaltender Beschattung im mittleren Alter scheiden auch die Übergangsbaumarten aus, die eine Beschattung in der Jugend noch ertragen, und es kommen nur noch die Klimaxbaumarten und einige Dauerbaumarten infrage. Hingegen reagieren die meisten Klimaxbaumarten empfindlich auf häufigen oder dauerhaften Trockenstress. Durch diese Form der Einbeziehung des ökologischen Hintergrundes der Baumarten lassen sich Misserfolge bei der Verwendung vermeiden.

4.5 Ausgewählte Beispiels-Baumarten

Die Ausführungen sollen abschließend noch einmal an einigen Beispielen veranschaulicht werden. So ist die Schwarz-Erle als eine Baumart bekannt mit Schwerpunkt ihres natürlichen Vorkommens auf nassen Standorten (Abb. 4.4). Aber kann man daraus auf ihre bevor-

zugten Standorte schließen und ableiten, dass sie nasse Standorte „liebt"? Eben nicht, wie die Erfahrungen mit dieser Baumart zeigen, die sogar auf relativ trockenen und armen Standorten wachsen kann,
- wenn sie dort von der Keimung an aufgewachsen ist oder
- wenn sie von Eltern stammt, die auf solchen Standorten gewachsen sind, und nicht zu groß verpflanzt wird.

So kommt auch die Schwarz-Erle massiv und im Reinbestand auf nassen Strandorten nur wegen ihrer Konkurrenzschwäche und der dadurch bedingten Verdrängung in diese „Nische" vor (und nicht etwa weil sie diese liebt! – auch die Schwarz-Erle fühlt sich auf weniger

Abb. 4.4. Nasser Bruchstandort als Verbreitungsschwerpunkt der Schwarz-Erle.

Abb. 4.5. Alte Rot-Buchen im Dünensand.

Abb. 4.6. Sand-Birken auf 50 m hohen Felsen.

nassen Standorten viel wohler als im Erlenbruch, in dem ihr aber kein Konkurrent mehr den Standort streitig machen kann).

Und die Rot-Buche kann viel weiter in Standortsextremen (hinsichtlich pH-Wert und Feuchtigkeitsverhältnissen) überleben, als man ihr dies verbreitet zutraut – wenn sie sich von Beginn ihres Lebens (und möglichst sogar durch ihre Eltern) daran anpassen konnte (Abb. 4.5).

Das Vorkommen der Sand-Birke in Fassadenritzen hingegen lässt sich gut aus ihrem natürlichen Vorkommen herleiten, denn sie ist eine der wenigen Baumarten, die sogar auf Felsen (mit extrem wenig Mineralboden) durchhält – wenn sie dort gekeimt ist (Abb. 4.6).

4.6 Darstellungsweisen von Amplituden und Matrizen

Abschließend soll darauf eingegangen werden, wie denn eine weiterführende Darstellungsweise aussehen könnte, die Praktikern und Anwendern hilft bei der Informationssuche darüber, was eine bestimmte Baumart verträgt (oder eben nicht verträgt). Dafür muss man sich noch einmal verdeutlichen, welche Standorts-/Umweltfaktoren für einen Baum wichtig sind:

- die Wasserversorgung, und hierbei insbesondere zeitweise Extremsituationen;
- das Nährstoffangebot;
- der pH-Wert;
- das Wärmeangebot, Extremsituationen;
- die Minimumtemperaturen im Winter;
- die Lichtverhältnisse (Extrem: plötzliche Freistellung);
- Toleranz gegenüber Streusalz, Bodenverdichtung, ...

Schon diese nicht vollständige Auflistung macht klar, dass wohl niemals über alle wichtigen Faktoren erschöpfend diese Informationen zu allen Baumarten vorhanden sein werden. Aber die verschiedenen, weiter oben aufgelisteten Herangehensweisen sind wertvolle Ansätze und müssten in folgende Richtung weiterentwickelt werden. Der Realität wird nur eine Darstellung der Amplituden von Standortsfaktoren gerecht, indem der Bereich des Vorkommens z. B. in der Feuchtigkeitsamplitude von trocken bis nass usw. graphisch dargestellt wird, möglichst auch noch unter Verdeutlichung der Optimalbereiche (z. B. Asche 2002). Will man dies für zwei Standortsfaktoren gleichzeitig visualisieren, erscheint die Matrizendarstellung besonders geeignet. Dies erfolgt hier am Beispiel der Baumarten Rot-Buche, Schwarz-Erle und Sand-Birke für die besonders wichtigen Faktoren Nährstoffangebot und Wasserversorgung (Abb. 4.7).

Aus dieser Darstellung werden schnell und hinreichend die Präferenzen und Toleranzen einer Baumart deutlich, sodass man wichtige Hinweise für Pflanzungen an einem Standort erhält. Hierfür ist sicher

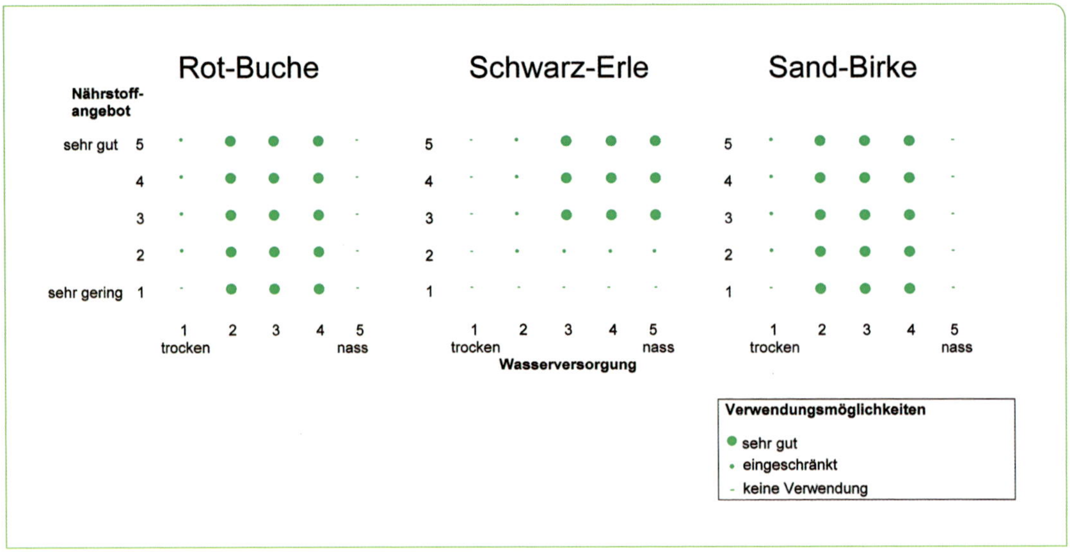

Abb. 4.7. Verwendungsmatrizen für Rot-Buche, Schwarz-Erle und Sand-Birke hinsichtlich der Standortsfaktoren Nährstoff- und Wasserangebot

für die Hunderte von winterharten Baumarten in unserer Region noch einiges an Forschungsbedarf vorhanden, bis solche Matrizen für alle Baumarten vorliegen könnten. Hierzu liefern im Übrigen auch botanische Gärten sehr wertvolle Hinweise.

4.7 Resümee

Die eingangs formulierte Fragestellung ist wegen der einerseits bewundernswerten, andererseits teilweise schwer kalkulierbaren Anpassungs- und Optimierungsfähigkeit von Gehölzen an ihrem jeweiligen Standort (für die z. B. das Alter bei der Pflanzung, die „Vorerfahrung“ der Einzelpflanze, die Herkunft des Saatgutes und die klimatischen Bedingungen nach der Pflanzung eine entscheidende Rolle spielen können) nicht einfach zu beantworten. Weiterhin können Sorten/Varietäten in ihrem Verhalten erheblich von dem der Natur-Art abweichen und haben oft eine eingeschränktere Amplitude.

Bei vielen Pflanzungen müssen heute Kompromisse und Risiken eingegangen werden bei den weit verbreiteten Vorgaben der Auftraggeber für möglichst große Gehölze zum Zeitpunkt der Pflanzung. Die langjährigen Erfahrungen der Praxis und aus botanischen Gärten sind daher von unschätzbarem Wert. Grundsätzlich gilt, dass die Anwuchs- und Anpassungsrisiken bei kleineren Gehölzen (max. 2–3 m) erheblich minimiert sind gegenüber größeren Bäumen zum Zeitpunkt der Pflanzung. Kleine Bäume haben größer gepflanzte nach 5–10 Jahren oft im Wachstum überholt und sich nachhaltiger an die spezifischen Verhältnisse angepasst. Hier ist durchaus ein Umdenken vom verbreiteten Trend zu Großbaumpflanzungen angebracht.

5 Die 40 wichtigsten Stadtbaumarten

Nach der Baumartenstatistik deutscher Großstädte sowie eigenen Erhebungen (in Augsburg, Basel, Berlin, Bremen, Cottbus, Dresden, Erfurt, Frankfurt/M., Frankfurt/O., Göttingen, Görlitz, Hamburg, Hannover, Köln, Köthen, Leipzig, Magdeburg, München, Münster, Schwerin, Tharandt sowie Wien) sind derzeit die 30 wichtigsten Stadtbaumgattungen (in dieser Rangfolge, mit den wichtigsten 40 Arten): Sommer-/Winter-**Linde**, Spitz-/Berg-**Ahorn**, Stiel-/Trauben-/Rot-**Eiche, Rosskastanie**, Sand-**Birke, Robinie**, Ahornblättrige **Platane, Hainbuche**, Vogel-**Kirsche**, Kultur-**Apfel, Birnbaum**, Rot-**Buche**, Stech-**Fichte**, Gem. **Esche**, Schwarz-**Erle**, Zitter-**Pappel, Walnuss**, Ess-**Kastanie**, Schwedische **Mehlbeere**, Holländische/Flatter-/Berg-**Ulme, Götterbaum, Amberbaum, Schnurbaum**, Schwarz-**Kiefer**, Europäische **Lärche, Eibe**, Silber-/Fahl-**Weide, Amerikanische Gleditschie**.

Mit diesen Baumgattungen bzw. -arten sind etwa 90 % des derzeitigen Baumbestandes (die Baumanzahl betreffend) der meisten Städte abgedeckt. Auf sie soll daher nachfolgend näher eingegangen werden, um ihre Verwendung und Pflege weiterhin zu optimieren. Unter diesen 30 wichtigsten Stadtbaumgattungen sind auch Arten mit derzeit schlechter Zukunftsprognose auf Grund ihrer eingeschränkten Klimatoleranz (s. Kap. 6) oder der Pathogensituation (s. Kap. 8). Sie werden aber auf Grund ihrer großen Anteils noch lange eine wichtige Rolle unter den urbanen Baumarten spielen und hier daher ohne Einschränkung mit berücksichtigt. Dabei werden nur Baumarten einbezogen, die regelmäßig wenigstens 60 cm Stammdurchmesser oder 10 m Höhe erreichen, weshalb z. B. Weißdorn und Magnolie nicht mit zur Auswahl kamen (zu geringe Höhe), obwohl sie ebenfalls häufig sind.

Um dem Aspekt des Wandels Rechnung zu tragen – Einführung „neuer“ Baumarten, Test/Experimente mit diesen und Sammeln von Erfahrungen –, werden im nachfolgenden Kapitel 6 viele weitere Baumarten vorgeschlagen, die nach unserer Einschätzung und der anderer Experten gute Zukunftsaussichten in Städten haben können und bei Neupflanzungen mit zu berücksichtigen sind. Sie können jedoch nicht ebenso ausführlich vorgestellt werden, sodass dafür auf weitere Quellen verwiesen wird (z. B. Enzyklopädie der Holzgewächse).

Dabei ist klar, dass schon seit längerem die Verwendung von Sorten vieler Baumarten in der Stadt eine größere Bedeutung hat als die der Ursprungsarten selbst. Nichtsdestotrotz sind die Wildarten aber

i. d. R. die Ausgangsform der bisherigen und neuer Sorten und in ihrer physiologischen Amplitude und genetischen Variabilität meist weiter, sodass sie hier als Grundlage der Beschreibung verwendet werden. Zudem unterliegt die Verwendung von Sorten einem viel schnellerem Wandel als die der Arten, teilweise wegen neuer Erfahrungen, teilweise auch durch Modeströmungen. Für die Vertiefung der Sortenkenntnisse wird daher auf Spezialliteratur verwiesen, z. B. Bärtels (2013), Roloff & Bärtels (2008), Roloff et al. (2012) und diverse Baumschulkataloge.

Die Baumarten werden nachfolgend in alphabetischer Reihenfolge nach ihrem wissenschaftlichen Namen behandelt. Die Artbezeichnungen richten sich nach Roloff & Bärtels (2008: Flora der Gehölze) sowie Roloff et al. (2012: Enzyklopädie der Holzgewächse).

Die nachfolgenden Artbeschreibungen sind jeweils an folgender Gliederung/Abfolge orientiert (Angaben in Klammern erfolgen nicht bei jeder Baumart):

- Einführung
- Blätter, Herbstfärbung
- Blüten, Früchte, Verbreitung
- Rinde/Borke
- (Frühjahrssaft)
- Austrieb, Trieblängen-/Höhenzuwachs, Wachstum frei/gebunden
- (Schattenstrategie)
- max. Alter, Höhe, Stammdicke
- Baumgröße, Kronenbreite
- Reaktion auf Schnittmaßnahmen, Kompartimentierung
- Wurzeltyp/-tiefe, Mykorrhizatyp (Bodenbelagshebungen), Stockausschlagsfreudigkeit
- Holz (Kern)
- Pionier-/Klimax-/Übergangs-/Dauer-Baumart
- Bedeutung für Gesundheitsrisiken, Immissionsreduktion, Feinstaubbindung, Lärmminderung, Ingenieurbiologie
- Nährstoffansprüche, Wasser-, Lichtbedarf/Schattentoleranz, Frosthärte, Trockenstressanpassung
- pH-Wert-Toleranz, Bodenart, Empfindlichkeit gegenüber Überschüttung, Bodenverdichtung, -vernässung, -versiegelung, Immissionen, Salzeintrag
- Wirkung als Solitär, Strahlung/Freistand (, Stammschutz), Bienennährgehölz
- Bewertung Zukunftsfähigkeit (nach KlimaArtenMatrix s. Kap. 6), Eignung als Straßenbaum, Verwendung in der Stadt
- besondere Nutzungen, Mythologie
- sonstiges Wissenswertes, Baum des Jahres
- abschließender, zusammenfassender Artsteckbrief incl. Hinweis auf Krankheiten und Schäden.

Eine ausführlichere Bewertung der (gegenwärtigen und zukünftigen) Pathogen- und Schadensrisiken der einzelnen Baumarten erfolgt geschlossen im Kapitel 8.

5.1 Acer platanoides, A. pseudoplatanus: Spitz- und Berg-Ahorn

Zahlreiche Bäume verschiedener Ahornarten sind in mitteleuropäischen Städten zu finden, sowohl in Parkanlagen und Gärten als auch Straßenbäume – am häufigsten Spitz- und Berg-Ahorn (sowie Feld-, Eschen- und Silber-Ahorn). Da sie fast jedes Jahr eine Vielzahl von Früchten produzieren, verbreiten Ahorne sich meist gut von selbst. Dies kann sogar lästig werden, da junge Ahorne sehr wüchsig sind und nach Rückschnitt intensiv wieder austreiben, sodass es zu dichter Reinbestandsentwicklung kommen kann.

Die Blätter haben eine attraktive Form, da sie handförmig grob gelappt und relativ groß sind. Beim Spitz-Ahorn führen die Blattstiele Milchsaft (kann man durch Ankneifen feststellen), die Blattlappen sind spitz (daher der deutsche Name), beim Berg-Ahorn sind sie stumpfer und die Stiele ohne Milchsaft. Besonders der Spitz-Ahorn ist für seine bisweilen spektakuläre Herbstfärbung bekannt, sie kann verschiedene Gelb-, Orange- und Rottöne umfassen und Indian Summer-Stimmung aufkommen lassen. Der Berg-Ahorn zeigt vor allem Gelbtöne im Herbst. Bisweilen tropft Honigtau von Blattläusen aus der belaubten Krone des Spitz-Ahorns (weniger des Berg-Ahorns), jedoch nicht so stark wie bei den heimischen Linden.

Beim Spitz-Ahorn ist die frühe und auffällige Blüte attraktiv, sie findet bereits Anfang bis Mitte April vor dem Blattaustrieb statt und führt zu leuchtend hellgrünen Kronen als zeitiges deutliches Frühlingssignal. Der Berg-Ahorn blüht unauffälliger und erst mit dem Blattaustrieb, die Rispen-Blütenstände erinnern etwas an Goldregen. Die Blüten werden von Insekten (Bienen, Fliegen) bestäubt und sind potenziell zwittrig, aber teils männlich, teils weiblich ausgebildet (beim Eschen-Ahorn windbestäubt und zweihäusig). Die Früchte sind paarweise miteinander verbundene Flügelnüsschen, beim Berg-Ahorn einen fast rechten Winkel zwischen beiden Flügeln bildend, beim Spitz-Ahorn beide Flügel annähernd in einer geraden Linie stehend. Sie sind bei Kindern beliebt, da man sie sich unreif auf die Nase kleben kann. Sie bleiben den Winter über in der Krone hängen (Wintersteher) und werden nach und nach vom Wind bis etwa 150 m weit verbreitet. Infolge der terminalen Blütenstände gabeln sich die blühenden Zweige im Alter fortlaufend.

Im Rindenbild unterscheiden sich Spitz- und Berg-Ahorn deutlich: der Berg-Ahorn mit einer Schuppenborke in verschiedenen Braun- bis Gelbtönen – vor allem im Winter attraktiv, ähnlich der Platane („pseudoplatanus“) –, der Spitz-Ahorn mit einer grauen Netzborke.

Besonders beim Spitz-Ahorn fällt gelegentlich das sog. Bluten im Frühjahr auf: vor dem Austreiben kann aus Schnittwunden und anderen Verletzungen Flüssigkeit tropfen, die zunächst klar und wässrig ist, etwas süßlich schmeckt, dann bald an der Luft eintrocknet und nachfolgend von Bakterien besiedelt wird, die zu einer Verfärbung führen können. Dieser sog. Frühjahrssaft ist die relativ zuckerhaltige (bis 3 %) Flüssigkeit aus Stamm und Rinde, die kurz vor dem Austreiben durch Osmose unter Druck gerät und auch bei baumbewohnenden Tieren beliebt ist: Spechte hacken dafür bisweilen in waagerechten Mustern die Rinde an, Mäuse nagen sie auf. Ob ein größerer Verlust dieser Flüssigkeit z. B. nach Schnittmaßnahmen im zeitigen Frühjahr schädlich für den Baum ist, ist umstritten – zumindest stellt es einen Verlust an Reservestoffen dar, die eigentlich für die Frühjahrsmobilisierung und den Austrieb vorgesehen waren.

Junge Bäume beider Arten können einen Jahreshöhenzuwachs von einem Meter erreichen (an Stockausschlag bis 2 m), zeigen also im Freistand und bei guter Wasserversorgung schnelles Wachstum, das allerdings nicht lange anhält. In der Jugend erfolgt das Wachstum frei (der Trieblängenzuwachs hält bis zum Spätsommer an), im Alter ist es gebunden (Beendigung 4–6 Wochen nach Austrieb).

Im Schatten versuchen junge Berg- und Spitz-Ahorne unter Vernachlässigung der Seitenzweige schnell nach oben zu wachsen, was in Auenwäldern mit hoher Krautschicht, in Hecken und Felsspalten sehr erfolgreich ist, da nur so bald das Licht erreicht wird. In geschlossenen Waldbeständen ist diese Strategie jedoch erfolglos, da die Bäume nicht das 30 m hohe Kronendach erreichen können. Bei schattigen Verhältnissen tritt dann das sog. Oskar-Syndrom auf: junge Ahorne wachsen mit etwa 1–2 m Höhe kaum noch weiter (wie Oskar in der Blechtrommel von Günter Grass), wenn sie nicht freigestellt werden. Dann sterben sie ab und werden von nachwachsenden ersetzt, die dasselbe Schicksal erfahren.

Der Spitz-Ahorn wird in der Stadt selten über 150 Jahre alt, erreicht Baumhöhen von 20 m und Stammdicken von einem Meter, der Berg-Ahorn wird bis über 300 Jahre alt, bis 1,5 m dick und 25 m hoch. Es handelt sich bei beiden Arten um relativ große Bäume mit einer meist dichten, breiten Krone.

Die Ahorne reagieren auf Schnittmaßnahmen auch im Alter durch intensiven Wiederaustrieb, allerdings kommt es beim Spitz-Ahorn bei größeren Schnittwunden auf Grund der schwachen Kompartimentierung zu erheblichem Fäulefortschritt in Ästen und ggf. im Stamm, beim Berg-Ahorn ist dies deutlich weniger der Fall. Auf Frühjahrsschnitt erfolgt besonders starke Sekundärtriebbildung, bei Spätsommerschnitt ist diese Reaktion wesentlich schwächer. Schnittempfehlung: rechtzeitige Einkürzung konkurrierender Wipfeltriebe, um die Dominanz der zentralen Achse zu erhalten.

Beide Ahornarten bilden Herzwurzelsysteme bis in etwa 1,50 m Tiefe aus, mit Endomykorrhiza, der Spitz-Ahorn durchwurzelt den Oberboden sehr intensiv. Es kann zu Bodenbelagshebungen durch oberflächennahe Wurzeln kommen. Beide Arten sind sehr stockausschlagfreudig.

Das Holz ist zerstreutporig, ohne Kern.

Der Spitz-Ahorn ist eine Übergangsbaumart (zwischen Pionier- und Klimaxbaumarten), der Berg-Ahorn eine Klimaxbaumart.

Gesundheitliche Probleme für Menschen treten nicht auf, lediglich die Rußrindenkrankheit beim Berg-Ahorn sollte Anlass zu Vorsichtsmaßnehmen bei der Holzernte befallener Bäume sein (s. Kap. 8).

Das Immissions-Reduktionsvermögen des Spitz-Ahorns ist sehr hoch, auch das macht ihn als Stadtbaum interessant. Er hat zudem gute Eigenschaften zur Feinstaubbindung, der Berg-Ahorn zur Feinstaubbindung und Lärmminderung. Beide Ahorne sind für die Ingenieurbiologie bedeutsam.

Die Nährstoffansprüche beider Ahornarten sind mäßig (3). Der Wasserbedarf des Berg-Ahorns ist höher (4) als der des Spitz-Ahorns (2). Der Lichtbedarf des Berg-Ahorns ist geringer als der des Spitz-Ahorns, in der Jugend sind beide allerdings etwa 10–20 Jahre recht schattentolerant (2), sodass sie zunächst im (Halb-)Schatten anderer Bäume aufwachsen können. Der Spitz-Ahorn benötigt dann früher mehr Licht (5) als der Berg-Ahorn, der auch in höherem Alter noch etwas Schatten erträgt (4). Die Frosthärte beider Arten beträgt −35 °C. Die Trockenstressanpassung des Spitz-Ahorns ist sehr hoch, die des Berg-Ahorns mäßig (s. Kap. 7).

Erläuterung Boden- und Umweltansprüche

(1) sehr gering
(2) gering
(3) mäßig
(4) anspruchsvoller
(5) hoch

Der Spitz-Ahorn toleriert auch alkalische Bodenreaktionen, er wächst in leichten/sandigen, schweren/tonigen und humosen Böden und ist strahlungs- und immissionstolerant, aber empfindlich gegenüber Bodenverdichtung und -vernässung. Der Spitz-Ahorn ist im Unterschied zum Berg-Ahorn überschüttungsempfindlich, letzterer ist als natürliche Auenwaldbaumart ziemlich überschüttungstolerant. Der Berg-Ahorn toleriert ebenfalls alkalische Bodenreaktionen, er wächst am besten in leichten/sandigen Böden und ist strahlungstolerant, aber salzempfindlich und empfindlich gegenüber Bodenverdichtung und -versiegelung. Als Solitärgehölze oder in Alleen können beide Ahornarten ihre Wirkung besonders gut entfalten. In der Jugend ist Stammschutz sinnvoll.

Nach der KlimaArtenMatrix KLAM (s. Kap. 6) ist der Spitz-Ahorn auch weiterhin als Stadtbaumart sehr gut bis gut verwendbar (Bewertung 2.1), der Berg-Ahorn wegen seiner Trockenstress-Empfindlichkeit jedoch nur eingeschränkt (4.1). Nach GALK-Liste ist der Spitz-Ahorn als Straßenbaum eingeschränkt verwendbar, der Berg-Ahorn ist ungeeignet. Der Spitz-Ahorn ist geeignet für Alleen an Haupt- und Nebenstraßen, Parkplätze, Parks, Plätze, Promenaden/Fußgängerzonen, Entrees, Gärten und als Hausbaum. Der Berg-Ahorn ist geeignet für Alleen an Nebenstraßen (bei guter Wasserversorgung bzw. kühlem Klima), Parks, Plätze, Promenaden, Entrees und als Hausbaum (im Hügel-und Bergland).

Der Berg-Ahorn spielt als Schutzbaum für Häuser im Gebirge eine Rolle.

Junge Blätter des Spitz-Ahorns lassen sich für Frühlingssalate, Sauerkraut und Tee verwenden. Man kann aus den Inhaltsstoffen kühlende und abschwellende Präparate herstellen oder gleich die frisch zerriebenen Blätter auf Wunden oder Insektenstiche legen. Der o. g. Frühjahrssaft wird mit einem Röhrchen oder Schlauch auch aus dem Stamm geerntet und zu Maple Syrup verarbeitet (durch Erhitzen und Eindicken, aus 40 l Saft wird 1 l Sirup).

Ahorne waren wichtige Futterbäume für das Vieh („Schneitelbäume“).

Der Berg-Ahorn war 2009 Baum des Jahres, der Spitz-Ahorn 1995.

Steckbrief Spitz-Ahorn (bedeutsame Eigenschaften als Stadtbaum)

+ hohe Trockenstress-Toleranz
+ sehr schöne, auffällige, frühe Blüte
+ attraktives Blatt, brillante Herbstfärbung
+ bodentolerant
+ Bienengehölz
~ mäßige Reiterationsfreudigkeit
~ Krankheiten und Schäden s. Kap. 8.2.1
- schwache Kompartimentierung
- Jungbäume empfindlich für Sonnenbrand
- jährlich starke Fruktifikation, intensive Selbstverbreitung

Steckbrief Berg-Ahorn (bedeutsame Eigenschaften als Stadtbaum)

+ gute Kompartimentierung
+ gute Schattentoleranz
+ attraktives Rindenbild
+ schöne Herbstfärbung
+ Bienengehölz
+ gute Schnittverträglichkeit auch im Alter
~ mäßige Reiterationsfreudigkeit
- Krankheiten und Schäden s. Kap. 8.2.1
- salzempfindlich
- Jungbäume empfindlich für Sonnenbrand
- jährlich starke Fruktifikation

Der Spitz-Ahorn ist von allen vorgestellten Baumarten die Art mit den meisten Sorten.

5.1.1 Weitere häufige Ahornarten in der Stadt

A. campestre (Feld-A.): kleiner bleibend, sehr trockenheitstolerant, immissions- und kalktolerant, als Straßenbaum geeignet (GALK: m. E.)

Abb. 5. 1. Frühe, auffällige Blüte des Spitz-Ahorns im April.

Abb. 5. 2. Brillante Herbstfärbung beim Spitz-Ahorn, mit Anklängen des Indian Summers.

A. monspessulanum (Burgen-A.): klein bleibend, sehr trockenheitstolerant, immissions- und kalktolerant
A. negundo (Eschen-A.): gefiederte Blätter, zweihäusig, windbestäubt, sehr bodenvag, trockenheits-und immissionstolerant
A. rubrum (Rot-A.): kleinblättrig, sehr frühe Blüte, brillante Herbstfärbung, äußerst trockenheitsangepasst, kalkempfindlich, als Straßenbaum geeignet (GALK: m. E.)
A. saccharinum (Silber-A.): attraktives Blatt, kalkempfindlich, nach GALK nicht als Straßenbaum geeignet

Abb. 5.3. Hausbaum Berg-Ahorn im Mittelgebirge als Schutzpatron, Sonnen- und Windschutz.

Abb. 5.4. Schäden (zurücksterbende Krone) am Berg-Ahorn als Straßenbaum im Tiefland bei Versiegelung und Streusalzeintrag.

5.2 Aesculus hippocastanum: Gemeine Rosskastanie

Hauptargument für die Verwendung der nicht heimischen (aus den Balkangebirgen stammenden) Rosskastanie als Stadtbaum sind ihre spektakulären Blüten und die bei Kindern sehr beliebten Früchte. Zudem ist das Blatt unverwechselbar gefingert, besteht also aus 5–7 einzelnen, handförmig angeordneten Fiederblättern. Die Herbstfärbung ist gelb-bräunlich, nicht besonders auffällig. Durch die großen Fiederblätter ist die Verzweigung im Winter recht grob. Die Baumart ist beliebt als Park-, Straßen-, Dorfplatz-, Hof- und Biergartenbaum.

An der Verzweigung fällt die Vielzahl gegabelter Zweige auf. Das liegt daran, dass die Blütenstände – wie beim Ahorn – endständig stehen und somit die Triebspitze dafür bzw. für die Fruchtstände verbraucht wird. So setzen dann die beiden obersten gegenständigen Seitenknospen das Wachstum des Zweiges fort, was zur Gabelung führt. Am Habitus fallen die herabhängenden und an den Spitzen wieder aufsteigenden Seitenzweige auf („Schleppenbildung"). Die Knospen sind die größten aller häufigen Stadtbaumarten, zudem sind sie sehr klebrig und glänzen. Die jüngsten Triebe sind sehr dick, bis Fingerstärke.

Die potenziell zwittrigen Blüten erscheinen in der zweiten Aprilhälfte, in aufrechten Blütenständen (Rispen) mit ca. 50 Einzelblüten. Diese weisen auf den beiden obersten der 5 Kronblätter ein sog. Saftmal auf, das zum Zeitpunkt der Nektarproduktion einen Tag lang gelb ist und sich nach erfolgter Bestäubung rot färbt. Nur die gelben Blüten werden daher von den rotblinden Hummeln und Bienen angeflogen. Eine erwachsene Rosskastanie kann bis zu eine Million Blüten tragen. Sie strahlt dann zur Blütezeit intensiv weiß. Nur ein Teil der Blüten (jeweils die unteren im Blütenstand) ist weiblich und entwickelt sich zu Früchten, die als Kapseln eine stachlige Fruchtwand aufweisen und den glänzend braunen Samen mit einem weißlichen Farbfleck enthalten. Als Plumpsfrüchte fallen sie senkrecht vom Baum, die Samen rollen dann nach dem Auftreffen auf dem Boden ein Stück, z. B. hangabwärts (Rollsame). Die Naturverjüngung klappt allerdings selten, da die Samen schnell vertrocknen. Sie sind sehr stärkehaltig, aber nur für wenige Tierarten eine Nahrungsquelle, was mit dem nichtheimischen Status der Baumart zusammenhängen kann. Auch wegen der großen und zahlreichen Früchte (sowie ihrer Streusalz-Empfindlichkeit) ist die Baumart nicht als Alleebaum geeignet, zumindest nicht unmittelbar am Rand von Schnellstraßen. Es kann zu Belästigungen durch ihre Früchte und Fruchtschalen kommen.

Bei Kindern ist die Rosskastanie eine der bekanntesten Baumarten wegen der sehr begehrten Früchte, die bei ihrer Reife regelmäßig zum Werfen von Knüppeln und Gegenständen in die Kronen verleiten, um sie schneller herunterzuholen. Kinder basteln dann aus den Samen Figuren und Gebrauchsgegenstände.

Die graubraune Schuppenborke zeigt meist einen auffälligen (Links-)Drehwuchs der Rosskastanienstämme, was genetisch bedingt und nicht durch die Forstwirtschaft minimiert worden ist. Viele heimische Baumarten wären eigentlich von Natur aus auch häufiger drehwüchsig, aber die Forstwirtschaft hat diese drehwüchsigen Bäume seit Jahrhunderten aus den Beständen aussortiert, da ihre Holzverwendung eingeschränkt ist, und demzufolge treten sie nun in bewirtschafteten Beständen nur noch selten auf.

Anfangs kann die Baumart einen Jahreshöhenzuwachs von fast einem Meter erreichen, zeigt also im Freistand und bei guter Wasserversorgung schnelles Wachstum, das allerdings nicht lange anhält.

Das Trieblängenwachstum erfolgt gebunden (Beendigung 4–6 Wochen nach Austrieb). Die Rosskastanie kann in der Stadt etwa 200 Jahre alt werden und große, breite und dunkle Kronen bilden. Sie wird 25 m hoch und der Stamm bis über 1 m dick. Ihr starker Schattenwurf ist der Grund für ihre verbreitete Verwendung als Biergartenbaum, um die früher im Boden gelagerten Bierfässer zu kühlen. Der Schattenwurf wird seit Mitte der 1990er Jahre durch die massenhaft verbreiteten Rosskastanien-Miniermotten gemindert, deren Larven ab Juni zu Blattschäden führen bis hin zur völligen Entlaubung im August (s. Kap. 8). Dies führt inzwischen zu einer geringeren Verwendung der Rosskastanie, häufig wird jetzt auf die rotblühende *A.* × *carnea* ausgewichen. Diese ist oft auf *A. hippocastanum* gepfropft, sodass man dann unterhalb der Veredlungsstelle gelegentlich weiß blühende Äste findet.

Nur die beiden Lindenarten zeigen von den hier vorgestellten Baumarten noch ein stärkeres Austriebsvermögen nach auch starkem Schnitt im Alter als die Rosskastanie, die auf Schnittmaßnahmen mit intensivem Wiederaustrieb reagiert. Selbst Kappung in höherem Alter wird von ihr ertragen. Allerdings kommt es bei diesen Maßnahmen zu deutlichen dauerhaften Stammschäden durch Fäuleausbreitung auf Grund der schwachen Kompartimentierung. Schnittempfehlung: rechtzeitige Einkürzung konkurrierender Wipfeltriebe, um die Dominanz der zentralen Achse zu erhalten (gilt vor allem für Park- und Straßenbäume).

Anfangs entwickelt die Rosskastanie eine Pfahlwurzel, die dann frühzeitig in ein Herzwurzelsystem bis 1,5 m Tiefe übergeht, ohne Mykorrhiza oder vereinzelt mit Endomykorrhiza. Es kann gelegentlich zu Bodenbelagshebungen durch oberflächennahe Wurzeln kommen. Die Rosskastanie ist sehr stockausschlagfreudig.

Das Holz ist zerstreutporig, ohne Kern, bisweilen mit dunklem Falschkern.

Die Rosskastanie ist eine Übergangsbaumart (zwischen Pionier- und Klimaxbaumarten).

Die Nährstoffansprüche der Rosskastanie sind mäßig (3), der Wasserbedarf ebenfalls (3). Der Lichtbedarf ist in der Jugend gering, die

Erläuterung Boden- und Umweltansprüche

(1) sehr gering
(2) gering
(3) mäßig
(4) anspruchsvoller
(5) hoch

ersten 10–20 Jahre lang ist sie schattentolerant (2), sodass sie zunächst im (Halb-)Schatten anderer Bäume aufwachsen kann. Ab mittlerem Alter benötigt sie dann aber eine zumindest einseitig freie Krone (4). Die Frosthärte beträgt −35 °C. Die Trockenstressanpassung ist mäßig (s. Kap. 7).

Abb. 5.5. Hausbaum Rosskastanie: attraktiv durch intensive Blüte, gefingerte Blätter und Früchte.

Abb. 5.6. Alleebaum an Nebenstraßen – geeignet bei fehlender Versiegelung, wenig Streusalzeintrag und wenn die Früchte nicht stören.

Die Rosskastanie ist kalktolerant, wächst am besten in schweren/tonigen oder humosen Böden und ist salz- und immissionsempfindlich. Sie ist zudem problematisch in versiegelten Flächen und bei Bodenverdichtung sowie überschüttungsempfindlich. Auf Grund ihrer Streusalzempfindlichkeit bilden sich im Spritzwasserbereich von dicht befahrenen Straßen meist im Sommer braune Blattränder (Nekrosen durch die Chlorid-Ionen im Auftausalz NaCl).

Als Solitärgehölz kann sie ihre Wirkung besonders gut entfalten, ist aber etwas strahlungs- und hitzeempfindlich. In der Jugend ist Stammschutz sinnvoll.

Nach der KlimaArtenMatrix KLAM (s. Kap. 6) ist die Rosskastanie zukünftig als Stadtbaumart wegen ihrer Trockenstress-Empfindlichkeit mit Einschränkungen verwendbar (Bewertung 3.2), nach GALK-Liste mit Einschränkungen auch als Straßenbaum. Die Baumart ist geeignet für Nebenstraßen, Parks, Plätze, Biergärten, Promenaden/Fußgängerzonen, Entrees, große Gärten und als Hausbaum.

Die Rosskastanie wurde 1576 in Mitteleuropa (Wien) eingeführt, damals kam sie als Pferdefutter und -medizin mit den Türken in Wien an und erfreute sich dann rasch großer Beliebtheit wegen ihrer phänomenalen Blüte, später durch ihren starken Schatten als bester Biergartenbaum. Die Inhaltsstoffe der Rosskastanie sind bis heute als Kreislauf- und Sonnenschutzmittel beliebt. In Notjahren lassen sich aus den Früchten Schaum- und Reinigungsmittel herstellen.

Abb. 5.7. Der beliebteste Biergartenbaum, auf Grund seiner starken Beschattung.

Die Rosskastanie war 2005 Baum des Jahres.

Steckbrief Gemeine Rosskastanie (bedeutsame Eigenschaften als Stadtbaum)

+ schöne, auffällige, frühe Blüte
+ attraktives Rindenbild
+ schönes Blatt
+ bei Kindern sehr beliebte Früchte
+ große Kühlwirkung der Krone im Sommer
+ Bienen-/Hummelgehölz
~ mäßige Reiterationsfreudigkeit

- Krankheiten und Schäden s. Kap. 8.2.2
- schwache Kompartimentierung
- salzempfindlich
- unter der Krone sehr dunkel
- derzeit ästhetische Probleme im Spätsommer durch Miniermottenbefall

5.2.1 Weitere häufige Rosskastanien-Art in der Stadt

A. × *carnea* (Rotblühende R.): rote Blüten, Baum kleiner bleibend, immissionstolerant, miniermottenresistent, als Straßenbaum geeignet (GALK: m. E.)

5.3 Ailanthus altissima: Drüsiger Götterbaum

Entscheidender Pluspunkt für die Verwendung des Götterbaumes war (und ist) seine Anspruchslosigkeit und Toleranz gegenüber wichtigen Stress- und Einflussfaktoren der Stadt, z. B. Bodenverdichtung, Salzeintrag, hohem pH-Wert, Immissionen und Trockenstress. Zudem hat er einen hohen Zierwert und ein tropisches Aussehen (große palmenartige Blätter). Die Baumart stammt aus China und wurde in der Mitte des 18. Jahrhunderts hier eingeführt. Allerdings ist ihre große Invasivität ein Problem: man wird sie – ähnlich wie Robinie – kaum wieder los, da sie sich über Wurzelbrut und generative Vermehrung intensiv ausbreitet und auf Rückschnitt durch vielfachen Wiederaustrieb reagiert. Besonders eindrucksvoll sieht man diese ungebremste Ausbreitung bisweilen an Bahngleisen (z. B. an den Bahnhöfen Magdeburg, Stuttgart und Dresden-Neustadt) oder auf Schuttplätzen.

Charakteristisch sind die gefiederten, sehr großen Blätter mit 13–35 Fiederblättchen – das gesamte Blatt kann bis zu 1 m (!) lang werden, die Fiederblättchen ca. 10 cm, und diese tragen an der Spreitenbasis 1–2 Blattrandzähne mit Drüsen (s. deutscher Name der Baumart). Durch dieses Blatt ist der Baum ziemlich auffällig und die Verzweigung im Winter recht grob. Gefiederte Blätter kann man als „Wegwerftriebe" interpretieren, denn es wird im Grunde die feinste Verzweigungsordnung (die Blattspindel) mit den Blättchen abgeworfen. Die Berührung mit den Blättern des Götterbaumes kann zu allergischen Hautreaktionen führen. Die Herbstfärbung ist unauffällig grünlich braun, zuerst fallen die Fiederblättchen ab, dann die Blattspindeln mit den letzten Blättchen. Diese Blattspindeln können gelegentlich etwas belästigend sein, da es viele und sie so lang sind.

Die gelblich grünen, Ende Mai erscheinenden Blüten sind eingeschlechtig in Rispen angeordnet und beide Geschlechter auf verschiedene Bäume verteilt (Zweihäusigkeit), d. h. es gibt nur männliche oder weibliche Bäume. Die Blüten verströmen einen anfangs angenehmen, dann unangenehmen Geruch und sind insektenbestäubt (vor allem von Bienen), der Pollen ist schwach allergen. Die Früchte sind Flügelnüsse und werden als „Plattendrehflieger“ bis zu 500 m vom Wind verfrachtet. Sie bleiben den Winter über am Baum (Wintersteher), was die Krone weiblicher Bäume auffällig und attraktiv macht, insbesondere da die Früchte zunächst im Spätsommer gelbgrün sind und sich dann grün, gelb und lachsrot, zur Reife schließlich braungelb färben. Wenn man die Verbreitung der Baumart etwas mäßigen will, sollte man nur männliche Exemplare pflanzen.

Die silbrig graue Rinde reißt in mittlerem Alter längs auf und wird dann zur Netzborke.

Auffällig besonders im Winter sind die sehr dicken (bis Daumendicke) jüngsten Jahrestriebe. Der Austrieb erfolgt erst im Mai, da es sich um eine ringporige Baumart handelt, die zunächst im Frühjahr einen neuen Jahrring bilden müssen. Das Wachstum erfolgt frei (der Trieblängenzuwachs hält bis zum Spätsommer an). Jahrestriebe aus Stockausschlag können bis 3 m lang werden (sie wachsen bis zu 5 cm am Tag), reguläre bis 1 m Länge erreichen, zeigen also im Freistand und bei guter Wasserversorgung schnelles Wachstum, das allerdings nicht lange anhält. Damit ist der Götterbaum die schnellstwüchsige aller hier vorgestellten Baumarten (nur der Blauglockenbaum *Paulownia* und Pappelhybriden können da noch mithalten). Für die häufig genannte besondere Bruchgefährdung seiner Äste fehlen belastbare Belege, allerdings kommt es häufiger zur Unglücksbalkenbildung. Er neigt zur Zwieselbildung, meist entstehen aber nur unproblematische U-Zwiesel.

Der Götterbaum kann in der Stadt 25 m hoch und sein Stamm über 1 m dick werden. Sein Höchstalter ist nur etwa 80 Jahre, er kann allerdings durch vegetative Verjüngung über Wurzelbrut problemlos mehrere hundert Jahre alt werden. Er entwickelt eine große, breite Krone.

Der Götterbaum reagiert auf Schnittmaßnahmen auch im Alter durch intensiven Wiederaustrieb, allerdings kommt es bei großen Schnittwunden auf Grund der schwachen Kompartimentierung zu erheblichem Fäulefortschritt in Ästen und ggf. im Stamm. Mögliche Schnittempfehlung: Entfernen kodominanter Leitachsen in der Jugend, bei Wunsch geringerer Endgröße (z. B. Privatgarten) kann der Leittrieb in Höhe der geplanten Kronenbasis gekürzt werden.

Die Baumart behindert/beseitigt Konkurrenten durch Ausscheiden giftiger Stoffe aus Blättern und Wurzeln (Allelopathie).

Das Wurzelsystem entwickelt anfangs eine Pfahlwurzel, die bald in ein Herzwurzelsystem mit intensiver Wurzelbrut übergeht und Bodentiefen von 1,5 m erreicht, mit intensiver Oberbodendurchwurzelung und ohne Mykorrhiza oder vereinzelt mit Endomykorrhiza. Oberflächennahe Wurzeln können sehr schnell große Distanzen, im Alter von bis zu 25 m vom Stamm entfernt erreichen. Es kann daher zu Bodenbelagshebungen durch solche oberflächennahen Wurzeln kommen. Der Götterbaum ist überschüttungstolerant und stockausschlagfreudig (nur bei vollem Lichtgenuss).

Abb. 5.8. Alter Götterbaum als Parksolitär.

Abb. 5.9. Auffällige Fruchtstände im Winter (nur weibliche Bäume).

Abb. 5.10. Auffallende, große Blätter, die Längen bis 1 m erreichen können.

Abb. 5.11. Invasionspotenzial des Götterbaums, vor allem auf Ruderalflächen ein Problem.

Das Holz ist ringporig, ohne Kern (öfters mit grauem bis gelblichbraunem Falschkern).

Er ist eine typische Pionierbaumart.

Der Götterbaum wird erfolgreich in Windschutzpflanzungen und zur Böschungssicherung verwendet, hat also wertvolle ingenieurbiologische Eigenschaften. Er hat zudem ein gutes Feinstaubbindungsvermögen.

Erläuterung Boden- und Umweltansprüche
(1) sehr gering
(2) gering
(3) mäßig
(4) anspruchsvoller
(5) hoch

Die Nährstoffansprüche des Götterbaumes sind sehr gering (1), der Wasserbedarf ebenfalls (1). Der Lichtbedarf ist bereits in der Jugend anspruchsvoller (4), ab mittlerem Alter benötigt er eine freie Krone (5). Die Frosthärte beträgt −20 °C. Die Trockenstressanpassung ist ziemlich hoch (s. Kap. 7).

Der Götterbaum toleriert auch alkalische Bodenreaktionen, er wächst in leichten/sandigen, schweren/tonigen und humosen Böden und ist immissions- und salztolerant. Als Solitärgehölz kann er seine

Wirkung besonders gut entfalten, er ist strahlungs- und hitzeunempfindlich.

Nach der KlimaArtenMatrix KLAM (s. Kap. 6) ist der Götterbaum auch weiterhin als Stadtbaumart sehr gut bis gut verwendbar (Bewertung 1.2), nach GALK-Liste nicht als Straßenbaum. Die Baumart ist geeignet für Alleen an Nebenstraßen, Parks, Plätze und große Gärten (auf Sorten mit wenig/ohne Wurzelbrut achten).

Die Baumart wird in der chinesischen Volksmedizin gegen zahlreiche Krankheiten eingesetzt, ihre Inhaltsstoffe können gegen Malaria, HIV und andere Viruskrankheiten wirksam sein.

Steckbrief Götterbaum (bedeutsame Eigenschaften als Stadtbaum)

+ Unempfindlichkeit/Anspruchslosigkeit in Bezug auf den Boden
+ ungewöhnliches „tropisches" Aussehen durch gefiederte Riesenblätter
+ attraktiver Winterhabitus (Jungbäume: dicke unverzweigte Triebe; weibl. Altbäume: Früchte)
+ sehr tolerant (außer Beschattung)
+ Bienengehölz
~ mäßige Reiterationsfreudigkeit
~ Schnellwüchsigkeit
~ Zwieselneigung (meist unproblematische U-Zwiesel)
~ Krankheiten und Schäden s. Kap. 8.2.3
- schwache Kompartimentierung
- hohes Ausbreitungspotenzial durch Wurzelbrut
- unangenehmer Geruch der Blüten

5.4 Alnus glutinosa: Schwarz-Erle

Die Schwarz-Erle ist vielen bekannt von nassen Standorten. Sie erträgt jedoch auch zeitweise Trockenheit, wenn sie von Beginn des Lebens an daran angepasst ist und die Wurzel größere Bodentiefen erreichen kann (s. Kap. 4). Das ist für ihre Verwendung im städtischen Raum und als Rekultivierungsbaumart bedeutsam. Charakteristisch ist der gerade, bis in den Wipfel durchgehende Stamm (bei Laubbäumen sonst selten, nur noch bei Baum-Hasel), sie wird deshalb auch gelegentlich als Fichte der Täler bezeichnet und kann daher auch für den Blockhausbau genutzt werden, wie z. B. im Spreewald.

Ihre Blätter sind unverwechselbar, da ihnen die Spitze fehlt (auch wichtiger Unterschied zu Grau-Erle). Zudem fällt ein bereits im Sommer einsetzender grüner Blattfall auf, der mit dem hohen Lichtbedarf der Erle zusammenhängt: die im Frühjahr als erste erschienenen Blätter werden bereits wenige Wochen später von den danach entfalteten Blättern beschattet und reagieren darauf mit Abfallen, da sie keinen Zuckergewinn für den Baum mehr zustande bringen. Grün fallen die Blätter, auch im Herbst, bei den Erlen ab, weil sie es nicht nötig haben, die Blattinhaltsstoffe (vor allem Stickstoff) zu recyceln. Denn Stickstoff erhalten sie ausreichend durch eine Wurzelsymbiose mit Luftstickstoff bindenden Bakterien. Diese führen zu den sog. Wurzelknöllchen, kleinen korallenartigen Anschwellungen der Wurzeln (ähnlich bei Gleditschie, Robinie und Schnurbaum), und zur Düngung des Standortes.

Die eingeschlechtigen männlichen und weiblichen Kätzchen-Blütenstände überwintern sichtbar („nackt") an denselben Bäumen (einhäusig). Der Pollen wird Anfang April vom Wind verbreitet und ist allergen, die Blütezeit ist nach Haselnuss und vor der Birke.

Die Früchte werden – ebenfalls ungewöhnlich für einen Laubbaum – in kleinen Zapfen produziert, d. h. der Blütenstand verholzt. Es handelt sich um schwimmfähige Flügelnüsschen, die vom Wind über 100 m weit verbreitet werden, im Wasser häufig einige Kilometer flussabwärts. Dort landen sie dann am Ufer automatisch wieder am optimalen Standort. Und auch Tiere tragen dazu bei (z. B. Erlenzeisig).

Die Rinde bleibt lange Zeit glatt und wird in mittlerem Alter zu einer dunklen Schuppenborke – auf diese Farbe geht der deutsche Name zurück.

An den jungen Trieben der Schwarz-Erle fällt auf, dass sie sich bis ins hohe Alter sofort beim Austreiben verzweigen, was von den hier vorgestellten Baumarten bei keiner anderen auftritt, höchstens in der Jugend im Freistand. Die Knospen sind gestielt, auch eine Besonderheit.

In der Jugend kann die Baumart einen Jahreshöhenzuwachs von einem Meter erreichen, zeigt also im Freistand und bei guter Wasserversorgung schnelles Wachstum, das allerdings nicht lange anhält. Das Wachstum erfolgt frei (der Trieblängenzuwachs hält bis zum Sommer an).

Der Baum wird in der Stadt kaum über 20 m hoch. Das Höchstalter ist etwa 100 Jahre, der Stamm kann 80 cm dick werden. Die Kronen sind länglich aufrecht und licht.

Die Schwarz-Erle reagiert auf Schnittmaßnahmen mit intensivem Wiederaustrieb, allerdings kommt es bei großen Schnittwunden auf Grund der schwachen Kompartimentierung zu erheblichem Fäulefortschritt in Ästen und ggf. im Stamm. Schnitthinweise: Seitenäste stehen in Etagen; frühzeitige Entnahme des Leittriebes kann die Höhenentwicklung bremsen.

Das Wurzelsystem entwickelt sich anfangs mit einer Pfahlwurzel, dann herzförmig, bis 2 m Tiefe, mit Endo- und Ektomykorrhiza. Bei entsprechenden Bodenverhältnissen kann es zur Bildung eines Flachwurzelsystems kommen. Die Schwarz-Erle bildet im Gegensatz zur Grau-Erle keine Wurzelbrut, was für die Verwendung bedeutsam sein kann. Als einzige der hier vorgestellten Gattungen neben den Weiden wurzelt die Erle dauerhaft auch unter der mittleren Grundwasserlinie entlang von Fließgewässern und auf Nassstandorten, was sie für die Ingenieurbiologie interessant und wertvoll macht, weil sie so im

Abb. 5.12. Schwarz-Erle als beliebter Siedlungsbaum in ländlichen Wohngebieten an Fließgewässern.

Haupterosionsbereich für Uferbefestigung sorgt. Sie ist stockausschlagfreudig (nur bei vollem Lichtgenuss).

Das Holz ist zerstreutporig, ohne Kern.

Die Schwarz-Erle ist eine Pionierbaumart, die auf nassen Standorten zur Dauerbaumart wird.

Sie ist eine der bedeutsamsten Baumarten der Ingenieurbiologie und hat gute Eigenschaften zur Feinstaubbindung. Zudem ist ihr Immissions-Reduktionsvermögen sehr hoch – das alles macht sie als Stadtbaum interessant.

Erläuterung Boden- und Umweltansprüche
(1) sehr gering
(2) gering
(3) mäßig
(4) anspruchsvoller
(5) hoch

Die Nährstoffansprüche der Schwarz-Erle sind mäßig (3). Der Wasserbedarf ist gering, wenn der Einzelbaum sich daran von Beginn seines Lebens an angepasst ist (2). Hat sich eine Schwarz-Erle jedoch an bessere Wasserversorgung gewöhnt, bleibt ihr Bedarf anspruchsvoller (4). Der Lichtbedarf ist bereits in der Jugend anspruchsvoller (4), ab 10–20 Jahren hoch (5). Die Frosthärte beträgt −40 °C. Die Trockenstressanpassung ist mäßig (s. Kap. 7), und sie erträgt auch längere Vernässung.

Die Schwarz-Erle kommt so häufig und regelmäßig an Fließgewässern und auf nassen Standorten vor, da sie mit diesen Bedingungen von allen heimischen Baumarten am besten zurechtkommt. Das Problem ist auf solchen Standorten die Sauerstoffversorgung der Wurzeln, die bei längerer Überflutung oder oberflächennahem Grundwasserstand behindert ist. Die Erle löst das Problem durch Luftkanäle im Holz von den Rindenporen bis in die Wurzeln. Sie ist auf Nassstandorten allerdings empfindlich gegenüber plötzlich verändertem Grundwasserspiegel, an den sie sich lange angepasst hat – sowohl auf seine plötzliche Absenkung als auch auf längerfristige Anhebung reagiert sie mit Absterben.

Die Schwarz-Erle wächst in leichten/sandigen und schweren/tonigen Böden und ist strahlungs- und immissionstolerant, aber empfindlich gegenüber Bodenverdichtung und -versiegelung. Sie ist als natürliche Auenwaldbaumart überschüttungstolerant.

Als Solitärgehölz oder in Gruppen kann sie ihre Wirkung besonders gut entfalten, sie ist strahlungstolerant.

Nach der KlimaArtenMatrix KLAM (s. Kap. 6) ist die Schwarz-Erle

Abb. 5.13. Feuchtstandort mit Schwarz-Erlen, der hier konkurrenzlosen Dauerbaumart.

Abb. 5.14. Straßenbaum Schwarz-Erle an Nebenstraßen bei ausreichender Bodenfeuchte.

zukünftig nur eingeschränkt als Stadtbaum verwendbar wegen der zunehmenden Trockenstressperioden (Bewertung 4.2), nach GALK-Liste ist sie als Straßenbaum ungeeignet. Die Baumart ist geeignet für Parks und Gärten bei guter Wasserversorgung, in Feuchtgebieten auch als Baum an Nebenstraßen.

Der häufig verwendete deutsche Name Rot-Erle sollte nicht verwendet werden, da in Nordamerika eine andere Art, die Rot-Erle *(A. rubra)* vorkommt, die hier gelegentlich auch gepflanzt wird. Dieser Name kommt vom auf frischen Schnittflächen rötlich anlaufenden Holz, man sagt auch: Erlenholz „blutet“ bei der Fällung (durch Oxidation an der Luft).

Die Zapfen der Erle werden gerne in Frühlingsgestecken verwendet. Früher wurden aus Erlenblättern, -rinde und zapfen rötliche bis dunkelbraune Farbstoffe gewonnen. Erlenzweige in der Wohnung oder am Haus aufgehängt dienten zum Schutz vor Krankheiten. Mit jungen Trieben lassen sich Mücken fangen, da sie klebrig sind.

Die bekannte Ballade vom Erlkönig hat eigentlich nichts mit dieser Baumart zu tun, da es sich vielmehr um eine fehlerhafte Übersetzung des dänischen ‘ellerkonge’ (Elfenkönig) handelt.

Die Schwarz-Erle war 2003 Baum des Jahres.

Steckbrief Schwarz-Erle (bedeutsame Eigenschaften als Stadtbaum)

+ Toleranz gegenüber Vernässung
+ großes Potenzial zur Uferbefestigung
+ attraktive Zäpfchen
+ schlanker Habitus

~ mäßige Reiterationsfreudigkeit
~ Krankheiten/Schäden s. Kap. 8.2.4
- schwache Kompartimentierung
- hoher Lichtbedarf
- mäßiges Allergiepotenzial (Pollen)

5.4.1 Weitere häufige Erlenarten in der Stadt

A. cordata (Italienische E.): herzförmiges Blatt, trockenheits-, salz-, immissions- und kalktolerant, als Straßenbaum geeignet (GALK: m. E.)
A. incana (Grau-E.): kurzlebig, mit Wurzelbrut, sehr bodenvag, trockenheits-, salz-, immissions- und kalktolerant, nach GALK nicht als Straßenbaum geeignet
A. × *spaethii* (Spaeths E.): elliptisches Blatt, trockenheits-, immissions- und kalktolerant, als Straßenbaum gut geeignet (GALK)

5.5 Betula pendula: Sand-/Weiß-/Hänge-Birke

Auf der einen Seite wegen ihrer hellen Erscheinung und ihres dekorativen Aussehens (weiße Rinde, lichte Krone, schwingende Zweige, kleine Blätter) geliebt und verehrt, bei anderen wegen ihres Pollens und der vielen Früchte unbeliebt, ist die Sand-Birke eine besonders filigrane Baumart. Ihre biegsamen, überhängenden Zweige schwingen im Wind und verändern so ständig die Erscheinung des Baumes. Die Kronen sind relativ schlank, man muss aber das Schwingen platzmäßig mit einkalkulieren. Die weißen Stämme führen zu Farbe im Stadt- und Landschaftsbild, auch und besonders in der dunklen Jahreszeit.

Am schönsten sind Birken wohl im April, wenn die früh erscheinenden neuen Blätter noch hellgrün vor dem Weiß der Rinde erleuchten. Ihre Herbstfärbung ist gelb und erzeugt ein finales Aufleuchten im Herbst.

Die windbestäubten Blüten tragen beim Austreiben erheblich zu Pollenallergien bei – es ist die Baumart mit dem höchsten Allergie-Potenzial. Da die Bäume zwittrig sind, kann man keine männlichen Bäume auswählen, sondern muss damit leben (der Pollen fliegt einige km weit). Die Blüten treten bereits mit 5–10 Jahren auf und sind in getrenntgeschlechtigen Kätzchen angeordnet, die männlichen überwintern äußerlich sichtbar („nackt"), die weiblichen mit in den Triebknospen, weshalb sie erst beim Austreiben erscheinen. Die kleinen Früchte (Flügelnüsschen) werden jedes Jahr massenhaft produziert, fallen ab Juli/August aus den Kronen und führen bisweilen zu Nachbarschaftsstreitigkeiten (die Birke ist die häufigste Streitbaumart vor

Gericht). Sie werden vom Wind bis zu 1 km weit verbreitet. Zum Keimen benötigen die Samen Rohboden.

Die weiße Rinde der Birke entwickelt keine Borke. Auf ihr dokumentiert sich die Lebensgeschichte des Baumes so gut wie bei keiner anderen Baumart, da jede Narbe von Ästen Jahrzehnte erhalten und sichtbar bleibt. Zudem erkennt man bei dieser Baumart besonders gut die Öffnungen für den Gasaustausch (Rindenporen, Lenticellen) als dunkle waagrechte kurze bis lange Linien. Die relativ dünne Rinde (Ringelkork) enthält den weißen Farbstoff Betulin, der durch das Abringeln der älteren Rindenschichten immer wieder frisch an die Oberfläche gelangt. Die weiße Farbe reduziert die Rindentemperatur bei intensiver schräger Einstrahlung um entscheidende 5 °, sodass sie sich nicht über die kritischen 45 °C erhitzt – es dürfte sich um eine Anpassung der Birken an das verbreitete Aufwachsen auf Freiflächen handeln. Inzwischen imitiert man diese Eigenschaft der Birken, indem man dünn- und dunkelrindige Baumarten bei der Pflanzung an voll besonnte Stadtstandorte weiß anstreicht (mit Spezialfarbe), um bei diesen Bäumen ebenfalls erfolgreich Sonnenbrand zu verhindern. Im Alter kann sich an der Stammbasis eine schwarze, grob-schuppige, dick-korkige Borke bilden.

Birken zeigen ebenso wie Ahorn und Hainbuche intensives Bluten im Frühjahr vor dem Austreiben, wenn sie verletzt werden: aus den Verletzungsstellen tropft oder läuft bis zum Tag des Austriebs eine helle Flüssigkeit, der sog. Frühjahrssaft (mehr dazu unter *Acer*).

Die jungen Blätter und Triebe sind etwas klebrig, was an den zahlreichen Harzdrüsen liegt. Die diesjährigen Triebe sind kahl im Unterschied zur ebenfalls in der Stadt verbreiteten Moor-Birke.

Junge Sand-Birken können einen Jahreshöhenzuwachs von fast einem Meter erreichen, zeigen also im Freistand und bei guter Wasserversorgung schnelles Wachstum, das allerdings nicht lange anhält. In der Jugend erfolgt das Wachstum frei (der Trieblängenzuwachs hält bis zum Spätsommer an), im Alter ist es gebunden (Beendigung 4–6 Wochen nach Austrieb).

Der Stamm kann in der Stadt etwa 80 cm dick, der Baum 20 m hoch werden. Das Höchstalter wird schon mit etwa 60–80 Jahren erreicht, was bei der Verwendung zu beachten ist (Seneszenz bereits ab 50 Jahre). Ihre geringe Lebenserwartung führt dazu, dass sie ständig auf neuer Standortsuche ist – der Inbegriff einer Pionierbaumart. Die Kronen sind schlank und licht (i. d. R. mindestens 20 % Kronentransparenz).

Die Sand-Birke reagiert auf Schnittmaßnahmen durch mäßigen Wiederaustrieb, bei großen Schnittwunden kommt es auf Grund der schwachen Kompartimentierung zu erheblichem Fäulefortschritt in Ästen und ggf. im Stamm. Schnitthinweise: beim Rückschnitt die schwache Apikaldominanz berücksichtigen; ohne dominanten Gipfeltrieb bilden sich steile Totalreiterate, sowohl als Neubildung (Wasserreiser), als auch durch Aufrichten bzw. Austreiben von Seitenachsen.

Das Wurzelsystem von Sand-Birken ist relativ flach und intensiv im Oberboden (–50 cm Tiefe) entwickelt, mit Ektomykorriza mit vielen bekannten Pilzarten, z. B. Fliegen- und Birkenpilz (selten Endomykorrhiza). Einzelne Wurzeln erreichen 1,5 m Bodentiefe (in Einzelfällen auf Sandstandorten bis 4 m). Es kann zu Bodenbelagsanhebungen durch oberflächennahe Wurzeln kommen. Sand-Birken können einen sehr hohen Wasserverbrauch haben und so zur Austrocknung des Oberbodens beitragen. Die Baumart ist bei voller Belichtung in der Jugend stockausschlagfreudig.

Das Holz ist zerstreutporig, ohne Kern.

Die Sand-Birke ist eine Pionierbaumart.

Erläuterung Boden- und Umweltansprüche
(1) sehr gering
(2) gering
(3) mäßig
(4) anspruchsvoller
(5) hoch

Das Immissions-Reduktionsvermögen der Sand-Birke ist sehr hoch, auch das macht sie als Stadtbaum interessant. Die Baumart ist für die Ingenieurbiologie bedeutsam und hat gute Eigenschaften zur Feinstaubbindung.

Die Nährstoffansprüche der Sand-Birke sind sehr gering (1). Der Wasserbedarf ist ebenfalls gering, wenn der Einzelbaum sich daran von Beginn seines Lebens an angepasst ist (1–2). Hat sich eine Birke jedoch an bessere Wasserversorgung gewöhnt, bleibt ihr Bedarf höher (3). Der Lichtbedarf ist bereits in der Jugend anspruchsvoller (4), ab 10–20 Jahren hoch (5). Die Frosthärte beträgt –45 °C. Die Trockenstressanpassung ist ziemlich hoch (s. Kap. 7).

Wenn Sand-Birken von Beginn ihres Lebens an mit wenig Wasser auskommen müssen, tolerieren sie auch extremen Trockenstress. Die gelegentlich verwendete Bezeichnung Trümmerbaum macht deutlich, dass Birken zu den erfolgreichsten Fassadenbesiedlern verfallender Bauwerke gehören, auch auf Felsen findet man sie häufig, da solche Extremstandorte ihre Nische sind.

Die Sand-Birke toleriert auch sehr saure Bodenreaktionen, sie wächst in leichten/sandigen und schweren/tonigen Böden. Sie ist problematisch in versiegelten Flächen und bei alkalischer Bodenreaktion. Die Sand-Birke ist salz- und immissionstolerant (außer gegenüber Ozon), aber überschüttungsempfindlich.

Als Solitärgehölz, in kleinen Gruppen oder in Alleen an Nebenstraßen kann sie ihre Wirkung besonders gut entfalten, sie ist strahlungstolerant.

Nach der KlimaArtenMatrix KLAM (s. Kap. 6) ist die Sand-Birke auch weiterhin als Stadtbaumart sehr gut bis gut verwendbar (Bewertung 2.1), nach GALK-Liste mit Einschränkungen auch als Straßenbaum. Die Baumart ist geeignet für Nebenstraßen, Parkplätze, Parks, Plätze, Promenaden/Fußgängerzonen, Entrees, Gärten und als Hausbaum.

Birkenruten (zusammengebundene junge Zweige) wurden früher gelegentlich zur Kinderzüchtigung verwendet, weil sie für besonders „reinigend" gehalten wurden. Aufgehängte Zweige am oder im Haus schützten vor Blitzeinschlag. Aus dem o. g. Frühjahrssaft können Haarwasser, Limonade oder alkoholische Getränke hergestellt werden. Die jungen Blätter lassen sich für Tee, harntreibende Medikamente oder für Salate verwenden. Der in der Rinde enthaltene weiße Farbstoff Betulin unterstützt die Regeneration der Haut und fördert die natürliche Bildung von Schutzbarrieren. Birken sind die beliebtesten Mai-, Richtfest- und Hochzeitsbäume.

Das Holz der Birke ist das begehrteste Kaminholz (sieht gut aus, riecht gut, brennt gut), entsprechend gut lässt es sich in der Stadt verkaufen. Man muss fertige Birkenholzpolter daher aber schnell aus dem Wald bringen, sonst werden sie mitgenommen.

Birkenrinde ist unbehandelt bis zu 100 Jahre haltbar und wird deshalb auch heute noch in nordischen Ländern für Bootshäute und Dachabdeckungen genutzt. Auf der weißen Rinde kann man besonders gut schreiben.

Abb. 5.15. Herbstästhetik der Sand-Birke mit goldgelber Blattfärbung.

Die Sand-Birke war 2000 Baum des Jahres.

Steckbrief Sand-Birke (bedeutsame Eigenschaften als Stadtbaum)

+ ästhetische und mentale Highlights: schwingender Habitus, weiße Rinde
+ Unempfindlichkeit/Anpruchslosigkeit gegenüber Bodenfaktoren
+ frühes Austreiben
+ goldgelbe Herbstfärbung
~ mäßige Reiterationsfreudigkeit
~ Krankheiten und Schäden s. Kap. 8.2.5
- schwache Kompartimentierung
- hohes Allergiepotenzial (Pollen)
- jährlich massenhafte Fruktifikation
- hoher Lichtbedarf

Abb. 5.16. Schwingender Habitus; bei Wind besonders schön anzusehen.

Abb. 5.17. Fassadenbesiedler in Mauerritze („Trümmerbaum"); ein eindrucksvolles Zeichen des enormen Anpassungspotenzials der Baumart.

5.5.1 Weitere häufige Birkenarten in der Stadt

B. papyrifera (Papier-B.): trockenheits- und immissionstolerant, als Straßenbaum geeignet (GALK: m. E.)
B. pubescens (Moor-B.): häufiger auf feuchten Standorten vorkommend, höherer Wasserbedarf
B. utilis (Zucker-B.): besonders weiße Rinde, trockenheits- und immissionstolerant, als Straßenbaum geeignet (GALK: m. E.)

5.6 Carpinus betulus: Gemeine Hainbuche/ Weißbuche

Die Hainbuche ist eine eher unauffällige Baumart, sie entwickelt aber mit dem Alter oft eine eindrucksvolle Stammform: durch die sog. Spannrückigkeit sieht es aus, als würde der Baum seine Muskeln spielen lassen und als sei jeder Wurzelstrang mit genau einem Ast in der Krone verbunden. Letzteres ist allerdings nicht der Fall, wie eigene Farbstoffexperimente gezeigt haben. Vielmehr wird das von den Wurzeln aufgenommene Wasser beim Transport im Stamm bei allen Baumarten auch über den Stammumfang verteilt – sonst würde beim Verlust einer Wurzel genau ein Ast in der Krone absterben, was nicht zutrifft. Wer heute eine Hainbuche pflanzt, wird die Spannrückigkeit des Stammes i. d. R. nicht mehr erleben, da es Jahrzehnte bis zu ihrer vollen Ausprägung dauert – vielleicht mit ein Grund für die relativ seltene Verwendung dieser sonst unauffälligen Baumart.

Die gesägten und wie nicht ganz entfaltet aussehenden Blätter sind bei Zersetzerorganismen sehr beliebt und daher von diesen oft im folgenden Frühjahr bereits zerkleinert. Die Herbstfärbung ist meist gelbbraun, sie kann auch leuchtend gelb werden. Beschnittene Hainbuchen (z. B. in Hecken) halten i. d. R. die braunen Blätter bis zum neuen Austrieb und sind so auch im Winter ein guter Sichtschutz.

Die männlichen Blütenstände sind äußerlich sichtbar überwinternde Kätzchen, wohingegen die weiblichen Kätzchen auf demselben Baum (einhäusig) erst mit dem neuen Austrieb im Frühjahr erscheinen. Die Bestäubung erfolgt durch den Wind, der Pollen ist aber nicht allergen. Die Früchte sind Flügelnüsschen und werden reichlich – aber nicht in solchen Mengen wie bei Ahorn und Birke – produziert. Sie werden vom Wind als Drehflieger bis etwa 250 m weit verbreitet. Die Blühfähigkeit setzt mit etwa 15 Jahren ein, im Schatten erst mit 40.

Die dünne, graue und glatte Rinde junger Bäume ähnelt der Rot-Buche, bis die Spannrückigkeit diese Verwechslungsmöglichkeit vermindert. Die Hainbuche entwickelt wie auch Birke, Kirsche und Buche i. d. R. keine Borke. Oft zeigt die Rinde deutlichen Drehwuchs der Stämme an (nicht so häufig wie bei *Aesculus*, weiteres dazu s. dort).

Hainbuchen zeigen ebenso wie Ahorn und Birke intensives Bluten im Frühjahr vor dem Austreiben, wenn sie verletzt werden: aus den

Verletzungsstellen tropft oder läuft bis zum Tag des Austriebs eine wässrige Flüssigkeit, der sog. Frühjahrssaft (mehr dazu unter *Acer*).

In der Jugend erfolgt das Wachstum frei (der Trieblängenzuwachs hält bis zum Spätsommer an), im Alter ist es gebunden (Beendigung 4–6 Wochen nach Austrieb). Der Austrieb erfolgt im April.

Ein Vorteil der Hainbuche ist ihre in der Jugend länger anhaltende Schattenverträglichkeit, weshalb sie auch in älteren Parkanlagen im Unterstand verwendet werden kann. Das Problem vieler alter Parkanlagen ist, dass man sie in Teilen verjüngen möchte, dies aber unter den alten Bäumen nur mit wenigen Baumarten klappt (z. B. auch Linde und Rot-Buche). Sonst muss man größere Lücken schaffen, wenn der Denkmalschutz eine Wiederverwendung der ursprünglichen Baumarten fordert.

Die Kronen erreichen eine mittlere Größe (ca. 20 m Baumhöhe) und sind oft aufrecht. Das Höchstalter sind in der Stadt 120–150 Jahre, der Stamm kann über 1 m dick werden.

Die Hainbuche reagiert auf Schnittmaßnahmen in der Jugend durch intensiven, im Alter durch mäßigen Wiederaustrieb. Ihre gute Schnittverträglichkeit in der Jugend macht sie zur beliebtesten Heckenpflanze, sie wird verbreitet auch für Formschnitt verwendet. Ständiges Auf-den-Stock-Setzen wie früher im Niederwald verträgt sie so gut, dass sie dadurch gegenüber anderen Baumarten (z. B. Rot-Buche) dann Konkurrenzvorteile erlangt. Schnitthinweise: keine Schnittwunden über 5 cm Durchmesser – die Hainbuche ist zwar ein guter Kompartimentierer, allerdings trocknen geschnittene Achsen gerne zurück, sodass lange Totholzbereiche entstehen; alle Schnittmaßnahmen, wie z. B. bei Obsthochstämmen möglich.

Die Bäume entwickeln ein Herzwurzelsystem bis zu 1,50 m Tiefe, mit Ektomykorrhiza (selten Endomykorrhiza). Bei entsprechenden Bodenverhältnissen kann es zur Bildung eines Flachwurzelsystems kommen. Die Hainbuche ist als natürliche Auenwaldbaumart überschüttungstolerant und stockausschlagfreudig, auch im Schatten.

Das Holz ist zerstreutporig und ohne Kern. Es ist das schwerste aller hier vorgestellten Baumarten und eines der härtesten heimischen Hölzer („Eisenbaum“).

Die Hainbuche ist eine Übergangsbaumart (zwischen Pionier- und Klimaxbaumarten). Sie ist für die Ingenieurbiologie interessant und hat gute Eigenschaften zur Lärmminderung.

Die Nährstoffansprüche der Hainbuche sind gering (2). Der Wasserbedarf ist mäßig (3). Der Lichtbedarf ist in der Jugend gering, bis in mittleres Alter ist die Baumart schattentolerant (2), sodass sie im (Halb-)Schatten anderer Bäume aufwachsen kann (s. o.). In höherem Alter benötigt sie dann allerdings mindestens Halbschatten (3). Die Frosthärte beträgt −25 °C. Die Trockenstressanpassung ist mäßig (s. Kap. 7).

Erläuterung Boden- und Umweltansprüche

(1) sehr gering
(2) gering
(3) mäßig
(4) anspruchsvoller
(5) hoch

Abb. 5.18. Hainbuchen-Solitär im Straßenraum, eher unauffällig und genügsam.

Die Hainbuche toleriert auch alkalische Bodenreaktionen, sie wächst in leichten/sandigen, schweren/tonigen und humosen Böden. Sie ist problematisch in versiegelten Flächen und gilt als immissions- und salzempfindlich.

Als Solitärgehölz kann sie ihre Wirkung besonders gut entfalten und ist strahlungstolerant. In der Jugend ist Stammschutz sinnvoll.

Nach der KlimaArtenMatrix KLAM (s. Kap. 6) ist die Hainbuche auch weiterhin als Stadtbaumart sehr gut bis gut verwendbar (Bewertung 2.1), nach GALK-Liste mit Einschränkungen auch als Straßenbaum. Die Baumart ist geeignet für Alleen an Nebenstraßen, Parkplätze, Parks, Plätze, Promenaden/Fußgängerzonen, Gärten und als Hausbaum.

Der Name Hainbuche bezieht sich auf ihre gute Eignung für Hecken, Weißbuche deutet auf das sehr helle Holz hin.

Hainbuchenblätter werden zusammen mit Lavendelblüten für Duftkissen verwendet, was sich beim Schlafen beruhigend auswirkt. Die Inhaltsstoffe der Blätter sind wundheilend und entzündungshemmend.

Der Begriff „hanebüchen“ bezieht sich auf das harte, „grobe“ Holz der Baumart.

Die Hainbuche wächst zwar im Hain, gehört aber nicht mit der Rot-Buche zusammen, sondern in eine andere Familie. Man schreibt Hainbuche daher ohne Trennstrich, da es eine eigene Gattungsbezeichnung ist und sie nicht mit der Rot-Buche verwandt ist, wohingegen letztere eine Art der Gattung Buche ist.

Abb. 5.19. Markanter Stamm mit Spannrückigkeit, dem Charakteristikum der Hainbuche.

Abb. 5.20. Hainbuche in Fassadenschlucht; auf Grund ihrer Schattentoleranz auch im Alter kein Problem.

Die Hainbuche war 1996 Baum des Jahres.

Steckbrief Gemeine Hainbuche (bedeutsame Eigenschaften als Stadtbaum)

+ gute Kompartimentierung
+ attraktiver Stamm („Muskelspiel“)
+ schöne Herbstfärbung
+ gute Schattenverträglichkeit auch im Alter
+ mäßig wachsend, nicht zu groß werdend
+ kaum Krankheiten und Schäden, s. Kap. 8.2.6
~ mäßige Reiterationsfreudigkeit
- ganzjährig unauffällige Baumart (außer Herbstfärbung)
- salzempfindlich

5.7 Castanea sativa: Ess-Kastanie/Marone

Am bekanntesten ist die Ess-Kastanie durch ihre Früchte, die vor allem geröstet hochwertigen Maroni. Sie wird häufig als wärmebedürftig bezeichnet, hat aber keine Probleme mit kalten Wintern. Zudem kommt sie mit Trockenheit gut zurecht, denn sie stammt ursprünglich aus dem Mittelmeerraum, wurde allerdings bereits vor 2000 Jahren von den Römern hier eingebürgert. Neben ihren Früchten sind auch ihre langen (–25 cm) gezähnten, glänzenden Blätter attraktiv, deren Herbstfärbung dann hellgelb ist.

Der Austrieb erfolgt erst im Mai, da es sich um eine ringporige Baumart handelt, die zuerst im Frühjahr einen neuen Jahrring bilden müssen. Die Blattstellung ist an Wipfeltrieben spiralig, an Seitenästen oft zweizeilig.

Die Blüte beginnt im Alter 20, die Blütezeit ist erst im Juni (ähnlich Linde), die Bäume riechen dann unangenehm. Die Bestäubung erfolgt durch Insekten, vor allem Käfer, aber auch durch den Wind. Die Blütenstände erscheinen also erst an den neuen Trieben und sind zwittrige Kätzchen mit eingeschlechtigen Blüten, die weiblichen zu wenigen an der Basis des Blütenstandes, die männlichen zahlreich darüber. Aus den weiblichen entwickeln sich die Früchte in einem auffälligen Fruchtbecher, der klettenähnlich lang und dicht bestachelt ist und zur Reifezeit im Oktober aufplatzt (ähnlich Buche). Dann fallen die 3 Nussfrüchte heraus und werden von Tieren verbreitet und versteckt (bis zu mehrere km weit vom Mutterbaum). Sie sind von Baum zu Baum sehr unterschiedlich schmackhaft und werden in Deutschland regelmäßig reif (nach Norden nicht jedes Jahr). Die Früchte und Fruchtbecher können in der Stadt gelegentlich belästigend wirken.

Ihre Rinde wird eine graue, tief gefurchte Netzborke, die meist erheblichen Drehwuchs zeigt (s. dazu auch unter *Aesculus*).

Junge Ess-Kastanien können einen Jahreshöhenzuwachs von fast einem Meter erreichen, zeigen also im Freistand und bei guter Wasserversorgung schnelles Wachstum, das allerdings nicht lange anhält. In der Jugend erfolgt das Wachstum frei (der Trieblängenzuwachs hält bis zum Spätsommer an), im Alter ist es gebunden (Beendigung 4–6 Wochen nach Austrieb).

Die Ess-Kastanie entwickelt große, breite Kronen und wird bis 25 m hoch. Das Höchstalter in der Stadt beträgt 300 Jahre, der maximale Stammdurchmesser bis 2 m.

Sie reagiert auf stärkere Schnittmaßnahmen auch im Alter durch intensiven Wiederaustrieb, allerdings kommt es bei großen Schnittwunden auf Grund der schwachen Kompartimentierung zu erheblichem Fäulefortschritt in Ästen und ggf. im Stamm. Schnitthinweise: Schnittmaßnahmen in vielen Fällen nicht erforderlich; falls der Baum auf kleinen Dimensionen gehalten werden soll, sind alle Schnittmaßnahmen, wie z. B. bei Obsthochstämmen möglich.

Die Wurzeln bilden anfangs eine Pfahlwurzel, dann bald ein Herzwurzelsystem bis 2,5 m Tiefe, mit Ektomykorrhiza (selten Endomykorrhiza). Die Ess-Kastanie ist stockausschlagfreudig.

Das Holz ist ringporig, mit gelblich bis dunkelbraunem Kern.

Die Ess-Kastanie ist eine Übergangsbaumart (zwischen Pionier- und Klimaxbaumarten).

Die Baumart ist für die Ingenieurbiologie interessant.

Die Nährstoffansprüche der Ess-Kastanie sind gering (2), der Wasserbedarf ebenfalls (2). In der Jugend ist sie recht schattentolerant (2–3), sodass sie zunächst im Halbschatten anderer Bäume aufwachsen kann. Dann benötigt sie aber bald eine freie Krone (5). Die Frost-

Erläuterung Boden- und Umweltansprüche

(1) sehr gering
(2) gering
(3) mäßig
(4) anspruchsvoller
(5) hoch

härte beträgt −20 °C, mit einer gewissen Spätfrostempfindlichkeit. Die Trockenstressanpassung ist gut (s. Kap. 7).

Die Ess-Kastanie kommt nicht gut mit alkalischen Bodenreaktionen zurecht, sie wächst in leichten/sandigen, schweren/tonigen und durchlässigen Böden und ist immissions- und mäßig überschüttungstolerant. Als Solitärgehölz kann sie ihre Wirkung besonders gut entfalten und ist strahlungstolerant. Sie ist ein Bienennährgehölz.

Nach der KlimaArtenMatrix KLAM (s. Kap. 6) ist die Ess-Kastanie

Abb. 5.21. Hausbaum Ess-Kastanie zur Blütezeit, auch wegen der Früchte attraktiv.

Abb. 5.22. Markanter Stamm eines Altbaumes der Ess-Kastanie auf Gartengrundstück.

Abb. 5.23. Zur Blütezeit Ende Juni auffallend helle Krone der Ess-Kastanie.

auch weiterhin als Stadtbaumart gut verwendbar (Bewertung 2.2), nach GALK-Liste nicht als Straßenbaum. Die Baumart ist geeignet für Alleen an Nebenstraßen, Parks, Plätze, Promenaden/Fußgängerzonen, Entrees, große Gärten und als Hausbaum.

Die Ess-Kastanien sind nicht mit den Rosskastanien verwandt, diese beiden deutschen Namen sind durch die ähnlich aussehenden Früchte entstanden. Es handelt sich jedoch um ganz verschiedene Fruchttypen und Familien. Der Spruch „Für jemanden die Kastanien aus dem Feuer holen" bezieht sich auf die Ess-Kastanie.

Bei der Nutzung sind natürlich an allererster Stelle die Früchte zu nennen – es gibt ganze Bücher darüber, was man alles damit und daraus machen kann. Neben den Früchten werden auch die Blätter genutzt, für medizinische Zwecke (Hustensaft), fast jeder Teil des Baumes ist zu Heilzwecken verwendbar.

Steckbrief Ess-Kastanie (bedeutsame Eigenschaften als Stadtbaum)

+ auffallende späte Blüte im Juni
+ beliebte, essbare Früchte
+ südliches Flair
+ attraktives Blatt
+ Bienengehölz
+ bei Beachtung des Standortes kaum Krankheiten und Schäden, s. Kap. 8.2.7
+ mäßige Reiterationsfreudigkeit
- schwache Kompartimentierung
- problematisch bei alkalischer Bodenreaktion
- unangenehmer Geruch während der Blüte

5.8 Corylus colurna: Baum-Hasel

Der Baum-Hasel ist in den letzten Jahrzehnten eine beliebte Stadt- und Straßenbaumart geworden, da er vergleichsweise robust ist. Die Baumart stammt aus dem Balkan und Vorderasien, ist also hitzetolerant. Auffallend sind im Herbst und Winter die großen Fruchthüllen mit den darin befindlichen Nüssen sowie die korkige Borke.

Die Blätter sind unterseits und am Blattstiel ebenso wie die jungen Triebe drüsig behaart: die relativ dicken Härchen tragen am Ende einen Drüsenkopf, typisch für alle Haselnuss-Arten, beim Baum-Hasel nur an jungen Blättern und Trieben zu finden. Die Herbstfärbung ist gelb (bis braun).

Die Blütezeit kann bereits im Februar beginnen, mit allergenem Potenzial wie beim heimischen Haselnussstrauch. Die männlichen Blütenkätzchen überwintern sichtbar („nackt") und werden zur Blütezeit bis über 10 cm lang, die Bestäubung erfolgt durch den Wind. Hingegen sind die weiblichen Blüten an demselben Baum (einhäusig) in den Knospen verborgen und schieben zur Blütezeit nur ihre karminrot leuchtenden Narben aus den Knospen heraus. Das ist nur zu erkennen und sieht sehr schön aus, wenn man die Knospen von ganz nah betrachtet. Die Früchte sind essbare Nüsse, sie haben also eine harte äußere Fruchtwand, ähnlich dem heimischen Haselstrauch, aber die Fruchthüllen sind auffälliger. Sie reifen im September und sind ein beliebtes Winterfutter kleinerer Säugetiere, die sich Depots anlegen und diese teilweise nicht mehr wiederfinden.

Die Rinde wird zu einer ledergrauen bis hellbraunen korkigen Schuppenborke.

In der Jugend erfolgt das Wachstum frei (der Trieblängenzuwachs hält bis zum Spätsommer an), im Alter ist es gebunden (Beendigung 4–6 Wochen nach Austrieb). Der Baum entwickelt einen bis in die Kronenspitze durchlaufenden Wipfeltrieb, oft einen auffällig spitzen Habitus und wird in der Stadt selten größer als 20 m mit einer aufrechten Krone. Maximale Stammdurchmesser erreichen einen Meter, das Lebensalter 150–200 Jahre. Die Krone ist relativ dicht und dunkel.

Der Baum-Hasel reagiert auf Schnittmaßnahmen auch im Alter durch intensiven Wiederaustrieb, allerdings kommt es bei großen Schnittwunden auf Grund der schwachen Kompartimentierung zu erheblichem Fäulefortschritt in Ästen und ggf. im Stamm. Schnitthinweise: Schnittmaßnahmen meist nicht erforderlich; falls der Baum auf kleinen Dimensionen gehalten werden soll, sind alle Schnittmaßnahmen, wie z. B. bei Obsthochstämmen möglich.

Die Wurzeln bilden ein Herzwurzelsystem, einzelne Wurzeln erreichen bis 2,5 m Tiefe, mit Endo- und Ektomykorrhiza. Bei entsprechenden Bodenverhältnissen kann es zur Bildung eines Flachwurzelsystems und zu Bodenbelagshebungen durch oberflächennahe Wurzeln kommen. Der Baum-Hasel ist stockausschlagfreudig.

Das Holz ist zerstreutporig, ohne Kern (gelegentlich mit hellrötlich braunem Falschkern).

Es handelt sich eine Übergangsbaumart (zwischen Pionier- und Klimaxbaumarten).

Der Baum-Hasel besitzt ein sehr gutes Feinstaubfang- und Lärmminderungsvermögen und benötigt wenig Pflegeaufwand.

Abb. 5.24. Markanter Baumhasel-Solitär auf einem Stadtplatz.

Abb. 5.25. Veteran mit Abstützung in Grünanlage.

Abb. 5.26. Baum-Hasel als sehr geeigneter Alleebaum.

Abb. 5.27. Früchte und Blätter im Spätsommer zur Zeit der Fruchtreife.

Die Nährstoffansprüche des Baum-Hasels sind gering (2), der Wasserbedarf ebenfalls (2). Der Lichtbedarf ist in der Jugend gering, bis in mittleres Alter ist die Baumart schattentolerant (2), sodass sie im (Halb-)Schatten anderer Bäume aufwachsen kann. In höherem Alter benötigt sie dann mindestens Halbschatten (3–4). Die Frosthärte beträgt −25 °C. Die Trockenstressanpassung ist mäßig (s. Kap. 7).

Der Baum-Hasel toleriert auch alkalische Bodenreaktionen, er wächst am besten in schweren/tonigen Böden. Er reagiert empfindlich auf Salzeintrag, versiegelte Flächen und Bodenverdichtung, ist aber immissions- und mäßig überschüttungstolerant. Als Solitärgehölz oder in Alleen kann er seine Wirkung besonders gut entfalten und ist strahlungstolerant. Er ist ein Bienennährgehölz.

Erläuterung Boden- und Umweltansprüche
(1) sehr gering
(2) gering
(3) mäßig
(4) anspruchsvoller
(5) hoch

Nach der KlimaArtenMatrix KLAM (s. Kap. 6) ist der Baum-Hasel auch weiterhin als Stadtbaumart gut verwendbar (Bewertung 2.2), nach GALK-Liste auch als Straßenbaum. Die Baumart ist geeignet für Haupt- und Nebenstraßen, Parkplätze, Parks, Plätze, Promenaden/ Fußgängerzonen, Entrees und Gärten.

Bei der Nutzung sind zunächst die essbaren Früchte zu nennen. Haselzweige sind zudem besonders gut für Wünschelruten geeignet, um Wasseradern oder -leitungen zu finden, noch besser jedoch vom einheimischen Haselstrauch.

Steckbrief Baum-Hasel (bedeutsame Eigenschaften als Stadtbaum)

+ gute Schattentoleranz	~ mäßige Reiterationsfreudigkeit
+ frühe Blüte (ab Februar)	- schwache Kompartimentierung
+ attraktive, essbare Früchte	- salzempfindlich
+ auffälliger Habitus	- mäßiges Allergiepotenzial (Pollen)
+ Bienengehölz	- salzempfindlich
+ kaum Krankheiten und Schäden, s. Kap. 8.2.8	

5.9 Fagus sylvatica: Rot-Buche

Die von Natur aus konkurrenzstärkste heimische Baumart spielt auch in der Stadt eine bedeutsame Rolle, allerdings nicht als Straßenbaum, sondern vor allem in Parkanlagen und Gärten. Sie ist charakterisiert durch eine sehr dichte, dunkle Krone mit starkem Schattenwurf und sehr hoher Schattentoleranz. D. h. man kann diese Baumart selbst in den dunkelsten Bereichen von Parkanlagen z. B. unter alten Bäumen noch pflanzen bzw. ihre gut kommende Naturverjüngung ausnutzen. Die Krone erreicht im Alter große Ausmaße und breitet sich bei Freistand wie ein Schirm aus, mit tief herabhängenden Ästen (Schleppenbildung). Zusammen mit dem starken Schattenwurf haben fast alle anderen Gehölze und Stauden unter älteren Buchen Probleme mit dem geringen Lichtangebot, das dort z. T. nur ca. 1 % der Freilandstrahlung erreicht.

Ein besonderes Highlight ist das zarte Hellgrün der Blätter beim Austrieben im April, das am einzelnen Baum in der Krone von unten nach oben verläuft und sich über mehrere Wochen bis in den Mai hinziehen kann („Belaubungsregel der Buche“). Die sattgrünen Blätter verfärben sich im Herbst nicht spektakulär, aber in beeindruckender Vielfalt von Gelb- und Brauntönen. Sie sind relativ schwer zersetzbar, bleiben also länger als von vielen anderen Baumarten auf dem Boden erhalten.

Die Blüten erscheinen im April aus den Knospen und sind windbestäubt (nicht allergen), männliche und weibliche in verschiedenen Blütenständen, aber auf demselben Baum (einhäusig). In sog. Mastjahren, in denen die Krone voll mit Blüten/Früchten ist, werden große Mengen an Bucheckern produziert. Dabei handelt sich um essbare Nüsse in einem Fruchtbecher (dieser ist Kennzeichen der Buchengewächse, zu denen auch die Eichen und Ess-Kastanien gehören), der im Oktober aufplatzt und die beiden Früchte herausfallen lässt (Plumpsfrüchte). Diese werden dann von Tieren wie z. B. Eichelhäher und Eichhörnchen verbreitet, die sich Depots anlegen. Die Früchte und Fruchtbecher können durch ihre große Zahl in sog. Mastjahren belästigend wirken.

Im Alter beeindruckt die Buche durch ihre relativ dünne, glatte und silbergraue Rinde (keine Borke), die in Fußwegnähe regelmäßig zum Einritzen von Botschaften verleitet (A. L. ♥ L. B.: „All Lovers Love Beech"). Plötzliche Freistellung des Baumes führt auf der Süd-/Westseite des Stammes zu Sonnenbrand. Durch die glatt bleibende Rinde kann man zudem besonders gut die Lebensgeschichte von Buchen rekonstruieren, zum einen mit Hilfe der Triebbasisnarben (Narben der Knospenschuppen = Jahresgrenzen an den Zweigen) und zum anderen anhand der lange erhalten bleibenden Narben von Ästen und Verletzungen. Durch die steile Aststellung und die glatte Rinde hat die Buche einen relativ hohen Stammablauf, d. h. es läuft ein Teil (bis zu 20 %) des Niederschlagswassers am Stamm herab und erreicht so den zentralen Wurzelbereich, was zu ihrem Konkurrenzvorteil beiträgt. In immissionsbelasteten Situationen gelangen so aber auch z. B. Säuren verstärkt in den Wurzelbereich und führen zur Stammfußversauerung, was man dann bisweilen der Bodenvegetation deutlich ansieht (Säurezeiger).

In der Jugend und im Alter erfolgt das Trieblängenwachstum gebunden (Beendigung 4–6 Wochen nach Austrieb), der Höhenzuwachs erreicht maximal etwa 50 cm. Die Wipfeltriebe wachsen als Anpassung an schattige Verhältnisse zunächst waagerecht, denn so beschatten sich die zweizeilig am Trieb angeordneten Blätter kaum gegenseitig. Im Freistand richten sie sich bereits nach wenigen Wochen auf, sonst erst wenn die Lichtverhältnisse ausreichend sind. Buchen können so im Schatten Jahrzehnte in Wartestellung verharren, was im Bestand von Vorteil ist: Wenn ein Nachbarbaum abstirbt oder gefällt wird und eine Lücke im Bestand entsteht, sind die jungen Buchen sofort zur Stelle. In hoher Krautschicht (z. B. von Auenwäldern), Hecken oder Felsspalten ist diese Wartestrategie jedoch erfolglos, da dort i. d. R. nie Lücken entstehen.

Die Buche kann in der Stadt 300 Jahre alt werden, Baumhöhen von 30 m und Stammdurchmesser von 2 m erreichen. Sie entwickelt große, breite Kronen.

Man kann sie sehr gut als Heckenpflanze verwenden, dann behält sie nach Schnitt ihr Laub den Winter über als Sichtschutz (wie Hainbuche). Kritisch ist ihre Empfindlichkeit gegenüber Schnittmaßnahmen und Wurzelverlusten im Alter: Nach Schnittmaßnahmen und Einkürzungen kommt es häufig auf der Oberseite von besonnten Ästen zu Sonnenbrand auf Grund der dünnen dunklen Rinde (ggf. Sonnenschutzmaßnahme). Ansonsten ist die Kompartimentierung aber erfolgreich. Schnittempfehlung: nur im Feinastbereich schneiden, die Buche reagiert auf starke Eingriffe im Alter sehr empfindlich.

Die Buche entwickelt ein intensives Herzwurzelsystem bis 1,50 m Tiefe (selten bis 4 m), mit Ektomykorrhiza. Bei entsprechenden Bodenverhältnissen kann es zur Bildung eines Flachwurzelsystems und zu Bodenbelagshebungen durch oberflächennahe Wurzeln kommen. Sie treibt fast nicht aus dem Stock wieder aus.

Das Holz ist zerstreutporig und schwer, ohne Kern (bisweilen mit rötlichem Falschkern).

Die Rot-Buche ist eine Klimaxbaumart.

Sie hat gute Eigenschaften zur Lärmminderung und Feinstaubbindung.

Die Nährstoffansprüche der Buche sind gering (2). Der Wasserbedarf ist mäßig (3). Der Lichtbedarf ist in der Jugend sehr gering (1), sodass sie im Schatten aller anderen Baumarten aufwachsen kann. Auch im Alter ist ihre Schattentoleranz hoch (2). Die Frosthärte beträgt −25 °C, mit einer gewissen Spätfrostempfindlichkeit. Die Trockenstressanpassung ist mäßig (s. Kap. 7).

Erläuterung Boden- und Umweltansprüche

(1) sehr gering
(2) gering
(3) mäßig
(4) anspruchsvoller
(5) hoch

Die Rot-Buche wächst am besten in leichten/sandigen oder schweren/tonigen Böden und ist immissionstolerant. Sie toleriert auch alkalische Bodenreaktionen, reagiert aber empfindlich auf Salzeintrag und Bodenverdichtung. Von allen hier vorgestellten Baumarten ist die Buche am empfindlichsten gegen Überschüttung und Überflutung, u. a. deshalb kommt sie in natürlichen Auenwäldern nicht vor. Als Solitärgehölz kann sie ihre Wirkung besonders gut entfalten, ist nur etwas strahlungsempfindlich. In der Jugend ist Stammschutz sinnvoll.

Nach der KlimaArtenMatrix KLAM (s. Kap. 6) ist die Rot-Buche zukünftig als Stadtbaumart eingeschränkt verwendbar wegen der zunehmenden Trockenstressperioden (Bewertung 3.2), nach GALK-Liste ist sie als Straßenbaum ungeeignet. Die Baumart ist geeignet für Parks, Plätze und Entrees.

Blut-Buchen sind eine Varietät der Rot-Buche mit rötlichen Blättern: bei ihnen sind die in allen Blättern enthaltenen rötlichen Farbstoffe in geringfügig höherer Konzentration vorhanden, sodass die Blätter purpurrot aussehen. Sie enthalten jedoch auch das normale Blattgrün und betreiben (fast ebenso gut) Photosynthese wie grünblättrige. Bei einigen Varietäten sind die Blätter beim Austrieb besonders intensiv rötlich gefärbt und werden im Laufe des Sommers immer grüner, bei anderen ist es umgekehrt. Die rotblättrigen Bäume und Hängeformen sind meist am Wurzelanlauf oder in 1 m Stammhöhe veredelt, was bisweilen an ringförmigen Stammknollen erkennbar ist. Dadurch erreichen sie meist nur etwa die halbe Lebenserwartung der grünblättrigen unveredelten Bäume, etwa 150 Jahre.

Der Spruch „Vor den Eichen sollst du weichen, die Buchen sollst du

Abb. 5.28. Rotbuchen-Solitär als Hausbaum mit starker Schattenwirkung.

Abb. 5.29. Dunkle Krone der Blut-Buche als Kontrast zum Grün der Umgebung.

Abb. 5.30. Problem verletzliche Buchenrinde und Stammfüße im Straßenraum; als Straßenbaum ungeeignet.

suchen“ (bei Gewitter) ist mit Vorsicht zu genießen, denn als Ursache für die häufigeren Blitzeinschläge in Eichen spielt auch eine Rolle, dass Blitze an Buchen oft außen auf der nassen Rinde herablaufen – also evtl. genau dort wo man sich schutzsuchend hingestellt oder -gesetzt hat! Sie schlagen dann nicht in den Baum ein, sodass das Ereignis anschließend nicht mehr sichtbar ist, im Gegensatz zu zerborstenen Eichen.

Junge Buchenblätter lassen sich für Salate verwenden, die Asche von Buchenholz diente zur Seifen-und Zahnpasta-Herstellung. Buchenholz liefert die beste Holzkohle. Aus Bucheckern wurde früher Speiseöl hergestellt, und man trieb Schweine zur Buchenmast in den Wald. Das Wort Buchstabe kommt tatsächlich von anfangs zur Dokumentation mit Runen versehenen Buchenholzstäben.
Die Rot-Buche war 1990 Baum des Jahres.

Steckbrief Rot-Buche (bedeutsame Eigenschaften als Stadtbaum)

+ gute Kompartimentierung
+ hohe Schattentoleranz
+ lange Kurztriebslebensdauer
+ attraktive Glattrinde
~ Krankheiten und Schäden s. Kap. 8.2.9
- geringe Reiterationsfreudigkeit
- empfindlich gegenüber Wurzelverlusten und Schnittmaßnahmen im Alter
- starke Beschattung, sehr einnehmend
- salzempfindlich

5.10 Fraxinus excelsior: Gemeine Esche

Die Esche ist bekannt durch ihre große Standortsamplitude in der Wasserversorgung: Eschen wachsen sowohl entlang von Fließgewässern als auch auf trockenen Kuppen, sodass man zeitweise zwei Ökotypen – eine Wasser- und eine Felsenesche – unterschieden hat. Es stellte sich jedoch heraus, dass auch ein und derselbe Baum gut mit viel und sehr wenig Wasser zurechtkommt. Dies ist natürlich eine gute Voraussetzung für eine Eignung als Stadtbaum. Auch als Straßenbaum hat sich die Esche bewährt, zeigt allerdings im Jahreslauf wenig Farbe (keine auffällige Blüte oder Herbstfärbung).

Die gefiederten Eschenblätter können sich sehr gut zum Licht ausrichten, bleiben in Hitzeperioden kühler und verfärben sich im Herbst so gut wie gar nicht, sondern zunächst fallen die Fiederblättchen fast grün von der Blattspindel, bevor diese dann gemeinsam mit den letzten Blättchen abgeworfen wird. Durch die großen Fiederblätter ist die Verzweigung im Winter recht grob. Gefiederte Blätter können als „Wegwerftriebe“ interpretiert werden, denn es wird im Grunde die feinste Verzweigungsordnung (die Blattspindel) mit den Blättchen abgeworfen.

Auch die windbestäubte Blüte ist nicht sonderlich auffällig, findet allerdings deutlich vor dem Blattaustrieb statt, sodass sich die Kronen dann im April etwas verändern. Die Blüten können an demselben Baum sowohl zwittrig als auch eingeschlechtig männlich oder weiblich sein, zudem gibt es auch rein männliche und weibliche Bäume, was man insgesamt als dreihäusig bezeichnet. Die Früchte sind Flügelnüsschen, die durchschnittlich alle zwei Jahre reichlich produziert werden. Sie hängen den Winter über in den Kronen (Wintersteher), werden als Schraubendrehflieger vom Wind bis etwa 150 m weit verbreitet und können dichte Naturverjüngungen bilden, die durch ihr schnelles Wiederaustreiben nach Rückschnitt gelegentlich lästig werden können, ähnlich wie beim Ahorn.

Die Rinde bleibt zunächst lange glatt, bevor sie sich in mittlerem Alter zu einer grauen Netzborke entwickelt (ähnlich dem Spitz-Ahorn).

Im Schatten versuchen junge Eschen unter Vernachlässigung der Seitenzweige schnell nach oben zu wachsen, was in Auenwäldern mit hoher Krautschicht, in Hecken und in Felsspalten sehr erfolgreich ist, da sie so bald das Licht erreichen. In geschlossenen Waldbeständen ist diese Strategie jedoch erfolgloser, da die Bäume nicht das 30 m hohe Kronendach erreichen können (ähnlich Ahorn).

Eschen können in der Stadt bis 200 Jahre alt werden, Höhen von 30 m und Stammdurchmesser von 1,5 m erreichen. Die Krone ist relativ groß und breit, aber lichtdurchlässig.

Junge Eschen können einen Jahreshöhenzuwachs von einem Meter erreichen, zeigen also im Freistand und bei guter Wasserversorgung schnelles Wachstum, das mäßig lange anhält. In der Jugend erfolgt das Wachstum frei (der Trieblängenzuwachs hält bis zum Spätsommer an), im Alter ist es gebunden (Beendigung 4–6 Wochen nach Austrieb). Unverwechselbares Kennzeichen dieser Baumart sind die schwarzen Knospen, die am spätesten von allen heimischen Baumarten austreiben, bisweilen erst im Juni, da es sich um eine ringporige Baumart handelt, die zuerst im Frühjahr einen neuen Jahrring bilden müssen. Die jüngsten Triebe sind sehr dick.

Die Esche reagiert auf stärkere Schnittmaßnahmen durch intensiven Wiederaustrieb, allerdings kommt es bei zu großen Schnittflächen auf Grund der schwachen Kompartimentierung zu erheblichem Fäulefortschritt im Stamm bzw. in Ästen. Schnittempfehlung: zur Erziehung mechanisch stabiler Alterskronen Pflanz- und Kronenaufbauschnitte durchführen.

Eschen durchwurzeln den Oberboden sehr intensiv, was gelegentlich (bei häufigem Trockenstress) in dichten Naturverjüngungen zum Ausfallen anderer Mischbaumarten und somit zu Reinbeständen führen kann, die sog. Vereschung. Das herzförmige Wurzelsystem erreicht etwa 2 m Tiefe, ohne Mykorrhiza oder vereinzelt mit Endomykorrhiza. Es bleiben dauerhaft keine Wurzeln unter der mittleren Grundwasserlinie erhalten (ähnlich Eiche und Pappel, im Gegensatz zu Weiden und Erlen), was die Verwendung zur Ufersicherung einschränkt. Bei entsprechenden Bodenverhältnissen kann es zur Bildung eines Flachwurzelsystems und zu Bodenbelagshebungen durch oberflächennahe Wurzeln kommen. Die Esche ist sehr stockausschlagfreudig (bei ausreichendem Lichtgenuss).

Das Holz ist ringporig und schwer, ohne Kern (häufig mit gelblich bis rötlich weißem, gelegentlich olivfarbenem Falschkern).

Die Esche ist eine Übergangsbaumart (zwischen Pionier- und Klimaxbaumarten).

Sie ist für die Ingenieurbiologie interessant und hat gute Eigenschaften zur Feinstaubbindung.

Die Nährstoffansprüche der Esche sind mäßig (3). Der Wasserbedarf ist gering bis mäßig (2–3). Der Lichtbedarf ist in der Jugend gering, etwa 10–20 Jahre ist sie schattentolerant (2), sodass sie im (Halb-)Schatten anderer Bäume aufwachsen kann. Danach benötigt sie dann aber schnell eine freie Krone (5). Die Frosthärte beträgt −35 °C, mit einer gewissen Spätfrostempfindlichkeit. Die Trockenstressanpassung ist ziemlich hoch (s. Kap. 7), sie erträgt auch längere Vernässung/Überflutung.

Erläuterung Boden- und Umweltansprüche

(1) sehr gering
(2) gering
(3) mäßig
(4) anspruchsvoller
(5) hoch

Die Esche toleriert auch alkalische Bodenreaktionen, sie wächst am besten in leichten/sandigen oder schweren/tonigen Böden und ist strahlungs- und salztolerant. Als natürliche Auenwaldbaumart ist sie unempfindlich gegen Überschüttung, aber empfindlich gegenüber Oberbodenverdichtung und Immissionen. Als Solitärgehölz oder in

Alleen kann sie ihre Wirkung besonders gut entfalten und ist strahlungstolerant.

Sie galt lange Zeit als besonders robuste Baumart – dies hat sich schlagartig geändert durch das seit einigen Jahren neu auftretende Eschentriebsterben, das viele Eschen stark geschädigt oder sogar zu ihrem Absterben geführt hat (s. Kap. 8).

Nach der KlimaArtenMatrix KLAM (s. Kap. 6) ist die Esche auch weiterhin als Stadtbaumart gut verwendbar (Bewertung 2.2), nach GALK-Liste mit Einschränkungen auch als Straßenbaum. Die Baumart

Abb. 5.31. Esche als geeigneter und unproblematischer Straßenbaum.

Abb. 5.32. Sehr später Austrieb erst nach der Rapsblüte und meist nach allen anderen Baumarten.

Abb. 5.33. Markanter Stammfuß an einem Stadtplatz.

Abb. 5.34. Filigrane gefiederte Blätter, die sich zum Licht ausrichten und der Sonne folgen können.

ist geeignet für Alleen, Parkplätze, Parks, Plätze, Promenaden/Fußgängerzonen, Entrees, große Gärten und als Hausbaum.

Die Esche ist seit der Edda-Sage im 13. Jahrhundert fest in der Mythologie verankert.

Die Wetterregel „Treibt die Eiche vor der Esche, gibt's im Sommer große Wäsche; treibt die Esche vor der Eiche, folgt im Sommer große Bleiche" soll vorhersagen, ob der Sommer nass oder trocken wird. Mehr dazu folgt bei *Quercus*.

Aus Eschenrinde lassen sich schmerzstillende Heilmittel herstellen (wenn auch nicht ganz so wirksam wie aus Weidenrinde), die Blätter sind jung für Frühlingssalate und ansonsten zur Herstellung von Rheumatee verwendbar. Sie wurden früher verbreitet und werden im Gebirge auch heute noch als Viehfutter verwendet („Schneitelbäume").

Die Esche war 2001 Baum des Jahres.

Steckbrief Gemeine Esche (bedeutsame Eigenschaften als Stadtbaum)

+ lichte Krone	- Krankheiten/Schäden s. Kap. 8.2.10
+ sehr später Austrieb	- schwache Kompartimentierung
+ kommt gut mit trockenen und feuchten Standorten zurecht	- keine Herbstfärbung, ganzjährig unauffällig
+ bis vor kurzem sehr robuste Baumart	- intensive Selbstverbreitung durch fast jährlich viele Früchte
~ mäßige Reiterationsfreudigkeit	- aktuell Eschentriebsterben

5.10.1 Weitere häufige Eschenarten in der Stadt

F. angustifolia (Schmalblättrige E.): lichte Krone, trockenheits-, immissions- und kalktolerant, als Straßenbaum geeignet (GALK: m. E.)
F. ornus (Blumen-E.): auffallende Blüten nach Austrieb im Mai, trockenheits-, immissions- und kalktolerant, als Straßenbaum geeignet (GALK)

F. pennsylvanica (Rot-E.): bodenvag, trockenheits- und immissionstolerant, intensive Selbstverbreitung, als Straßenbaum geeignet (GALK: im Test)

5.11 Ginkgo biloba: Ginkgo

Der aus China stammende Ginkgo ist sicher einer der ungewöhnlichsten Stadtbäume: eine nacktsamige Baumart (also den Nadelbäumen sehr nah verwandt), die aber unzweifelhaft zu den Laubbäumen gehört. Er entwickelt demzufolge keine Früchte, denn die gibt es bei Nacktsamern nicht. Da sie aber an Aprikosen erinnern, wird darüber in vielen Beschreibungen großzügig hinweggesehen – botanisch handelt es sich um Samen mit einer fleischigen Hülle, ähnlich der Eibe. Der Ginkgo entwickelt an den Langtrieben seitlich sehr viele Kurztriebe, nach dem Verpflanzen bilden oft auch die Hauptachsen an ihren Enden jahrelang nur Kurztriebe, bis der Baum ausreichend neue Wurzeln gebildet hat.

Die zweilappigen Blätter weisen Gabelnerven auf und verfärben sich im Herbst einmalig leuchtend goldgelb. Die Baumart ist also sommergrün, treibt allerdings relativ spät Anfang Mai aus. Der Ginkgo wird oft als Nadelbaum bezeichnet, was aber definitiv falsch ist, denn er trägt keine Nadeln, sondern Laubblätter. Dies zeigt nur, dass nicht alle Nacktsamer Nadelgehölze und im Übrigen auch nicht alle Bedecktsamer Laubgehölze sind (z. B. Stechginster), also die beiden Begriffe nicht gleichgesetzt werden können. Ebenso wenig gehört der Ginkgo zu den Koniferen, denn das sind nur die Zapfenträger unter den Nadelbäumen/Nacktsamern.

Die Baumart ist zweihäusig, d. h. es gibt nur männliche oder weibliche Bäume, da die verschiedengeschlechtigen Blüten auf unterschiedlichen Bäumen vorkommen. Das kann bedeutsam sein, da weibliche Bäume naturgemäß die fleischigen, mirabellenähnlichen Samen produzieren und diese bei zahlreichem Auftreten an warmen Spätsommertagen sehr unangenehm (ranzig) riechen, wenn sie überreif werden. Darüber beschweren sich dann regelmäßig Anwohner von Alleen mit weiblichen Ginkgo-Bäumen. Die Bäume beginnen erst mit etwa 30 Jahren zu blühen.

Die Rinde ist eine silbrig graue, korkige Netzborke. An der Unterseite von waagerechten Ästen bilden sich gelegentlich stalagtitenähnliche Ausstülpungen (sog. Chi-Chi), die nach unten wachsen und schließlich zu Adventivwurzeln werden können.

Das Trieblängenwachstum erfolgt gebunden (Beendigung 4–6 Wochen nach Austrieb), der Höhenzuwachs erreicht maximal etwa 50 cm. Ästhetisch fällt an älteren freistehenden Ginkgos der filigrane Habitus auf, bei männlichen Bäumen oft schlanker als bei weiblichen (das ist aber sortenabhängig).

Die Krone ist auffallend lichtdurchlässig, aufrecht, und der Baum

Abb. 5.35. Imposanter Ginkgo-Solitär als Mittelpunkt auf einem Stadtplatz.

Abb. 5.36. Ginkgo als Straßenbaum mit lichter, filigraner Krone.

kann in der Stadt 25 m hoch und über einen Meter dick werden. Das Lebensalter kann bis 1000 Jahre erreichen.

Der Ginkgo reagiert auf Schnittmaßnahmen auch im Alter durch intensiven Wiederaustrieb. Es sind keine besonderen Schnitthinweise notwendig.

Anfangs entwickelt der Ginkgo eine kräftige Pfahlwurzel, später dann ein Herzwurzelsystem mit Tiefen von bis zu 1,5 m, mit Endomykorrhiza. Der Ginkgo ist stockausschlagfreudig (nur bei vollem Lichtgenuss).

Das Holz ist anatomisch „Nadelholz", ohne Kern und harzfrei.

Der Ginkgo ist eine Übergangsbaumart (zwischen Pionier- und Klimaxbaumarten).

Erläuterung Boden- und Umweltansprüche

(1) sehr gering
(2) gering
(3) mäßig
(4) anspruchsvoller
(5) hoch

Er gilt als sehr robust, sowohl was Umwelteinflüsse betrifft als auch in Bezug auf Krankheiten (Kap. 8). Das mag mit daran liegen bzw. der Grund dafür sein, dass diese Baumart seit fast 200 Mio. Jahren äußerlich unverändert auf der Erde vorkommt: es wurden versteinerte Ginkgoblätter gefunden, die nahezu identisch mit den Blättern der heute lebenden Ginkgobäume sind. Daher wird die Art auch als lebendes Fossil bezeichnet. Als Stadtbaum ist sie sehr unempfindlich.

Die Nährstoffansprüche des Ginkgos sind mäßig (3). Der Wasserbedarf ist gering bis mäßig (2–3). Der Lichtbedarf ist schon in der Jugend anspruchsvoller (4), er benötigt bald eine vollkommen freie Krone (5). Die Frosthärte beträgt −25 °C. Die Trockenstressanpassung ist ziemlich hoch (s. Kap. 7).

Der Ginkgo toleriert auch alkalische Bodenreaktionen, er wächst am besten in leichten/sandigen, schweren/tonigen oder durchlässigen Böden und ist salz- und immissionstolerant, mäßig überschüttungstolerant, aber empfindlich gegen Bodenverdichtung. Als Solitärgehölz oder in Alleen kann er seine Wirkung besonders gut entfalten und ist strahlungstolerant.

Nach der KlimaArtenMatrix KLAM (s. Kap. 6) ist der Ginkgo weiterhin als Stadtbaumart sehr gut bis gut verwendbar (Bewertung 1.2), nach GALK-Liste auch als Straßenbaum. Die Baumart ist geeignet für Alleen an Haupt- und Nebenstraßen, Parkplätze, Parks, Plätze, Promenaden/Fußgängerzonen, Entrees, Gärten und als Hausbaum. Gele-

Abb. 5.37. Brillante goldgelbe Herbstfärbung.

Abb. 5.38. Fleischige Samen des Ginkgo, bei weiblichen Bäumen in engen Straßenschluchten bisweilen ein Problem auf Grund des unangenehmen Geruches zur Reifezeit.

gentlich wird Dresden als die Stadt der Ginkgo-Alleen bezeichnet, da es einige besonders prächtige Straßenzüge mit dieser Baumart gibt.

Bereits kurze Zeit nach dem Atombombenabwurf in Hiroshima trieb als einziger Baum ein Ginkgo nahe der Abwurfstelle wieder aus – ein großartiges Zeichen seiner Widerstandkräfte und seitdem Symbolbaum der Japaner für die Überlebenshoffnung nach Katastrophen. Mit dem Ginkgo verbinden viele Menschen auf Grund seiner ungewöhnlichen Erscheinung positive mentale und Heilwirkungen – tatsächlich ist er vor allem in Ostasien hochverehrt und eine sehr bedeutsame Heilpflanze, aus seinen Blättern werden z. B. sehr wirkungsvolle Kreislauf- und Gedächtnisstärkungsmittel hergestellt. Der vom Samenfleisch befreite Same wird in China und Japan geröstet und gilt als Delikatesse („Ginkgonuss").

Schon Goethe war von dem Baum so fasziniert, dass er ihm sein berühmtes Gedicht widmete, weshalb der Ginkgo auch gelegentlich Goethebaum genannt wird.

Der Ginkgo wurde zum Baum des Jahrtausends ausgerufen.

Steckbrief Ginkgo (bedeutsame Eigenschaften als Stadtbaum)

+ tolerant gegenüber Salz und Immissionen
+ Hingucker (Blatt, Habitus)
+ brillante Herbstfärbung
+ filigrane Krone
+ keine nennenswerten Krankheiten und Schäden, s. Kap. 8.2.11

~ mäßige Kompartimentierung
~ mäßige Reiterationsfreudigkeit
- ranziger Geruch der Samen (nur weibliche Bäume)

5.12 Gleditsia triacanthos: Amerikanische Gleditschie/ Lederhülsenbaum

Die Gleditschie ist seit Jahrzehnten ein häufiger Straßenbaum in vielen Großstadten, auffällig durch ihre großen verzweigten Dornen am Stamm und an den Ästen (fehlen bei Sorten) und die großen, bis 40 cm langen, gedrehten und gekrümmten Fruchthülsen (daher auch der Name Lederhülsenbaum). Ihr in der ausladenden Krone knickiger Wuchs bewirkt einen savannenartigen Habitus, die unauffälligen grünen Blüten erst im Sommer sind eine weitere Besonderheit. Die Baumart stammt aus dem Osten Nordamerikas und wurde um 1700 in Europa eingeführt.

Die Blätter sind, für die Familie der Schmetterlingsblütler typisch, gefiedert, bei diesem Baum auch viele doppelt gefiedert, mit bis zu 32 kleinen Fiederblättchen, die sich bereits im September beginnen goldgelb zu verfärben. Gefiederte Blätter können als „Wegwerftriebe" interpretiert werden, denn es wird im Grunde die feinste Verzweigungsordnung (die Blattspindel) mit den Blättchen abgeworfen.

Die kleinen zwittrigen Blüten stehen in kurzen Trauben und sind grün, also unauffällig während der Blütezeit im Juni/Juli. Aus ihnen entwickeln sich bis 40 cm lange, lederige, glänzend dunkelbraune, gebogene Hülsen, die den Winter über in sich gedreht und halb geöffnet in der Krone hängen bleiben und zusammen mit den dann besonders auffälligen Dornen am Stamm ein Hingucker sind.

Die Rinde bleibt lange glatt und entwickelt sich in höherem Alter zu einer dicken grauen Netzborke. Gleditschien zeigen ebenso wie Ahorn und Birke intensives Bluten im Frühjahr vor dem Austreiben, wenn sie verletzt werden: aus den Verletzungsstellen tropft oder läuft bis zum Tag des Austriebs eine wässrige Flüssigkeit, der sog. Frühjahrssaft (mehr dazu unter *Acer*).

Junge Gleditschien können einen Jahreshöhenzuwachs von einem Meter erreichen, zeigen also im Freistand und bei guter Wasserversorgung schnelles Wachstum, das allerdings nicht lange anhält. In der Jugend erfolgt das Wachstum frei (der Trieblängenzuwachs hält bis zum Spätsommer an), im Alter ist es gebunden (Beendigung 4–6 Wochen nach Austrieb). Es wird kein dominanter Leittrieb entwickelt.

Gleditschien können in der Stadt bis 150 Jahre alt werden, Höhen von 25 m und Stammdurchmesser von fast 1 m erreichen. Die Krone ist relativ lichtdurchlässig und breit.

Die Gleditschie reagiert auf stärkere Schnittmaßnahmen durch intensiven Wiederaustrieb, allerdings kommt es bei zu großen Schnittflächen auf Grund der mäßigen Kompartimentierung zu Fäulefortschritt im Stamm bzw. in Ästen. Schnitthinweis: besondere Schnittmaßnahmen in den meisten Fällen nicht erforderlich, allerdings treten häufiger Totäste in der Krone auf.

Das flach-herzförmige Wurzelsystem erreicht etwa 1,5 m Tiefe, ohne oder vereinzelt mit Endomykorrhiza. Bei entsprechenden Bodenverhältnissen kann es zur Bildung eines Flachwurzelsystems und zu Bodenbelagshebungen durch oberflächennahe Wurzeln kommen. Da die Gleditschie zu den Leguminosen gehört, fixieren an ihren Wurzeln Bakterien in einer Symbiose den Luftstickstoff, was die Baumart vom Standort unabhängiger macht und zur Düngung des Bodens führt. Die Gleditschie ist stockausschlagfreudig (nur bei vollem Lichtgenuss).

Das Holz ist ringporig und schwer, mit rot-bis kupferbraunem Kern.

Die Gleditschie ist eine Pionierbaumart.

Sie hat gute Eigenschaften zur Feinstaubbindung.

Die Nährstoffansprüche der Gleditschie sind gering (2). Der Wasserbedarf ist gering bis mäßig (2–3). Der Lichtbedarf ist bereits in der Jugend anspruchsvoller (4), sie benötigt dann schnell eine vollkommen freie Krone (5). Die Frosthärte beträgt −25 °C. Die Trockenstressanpassung ist hoch (s. Kap. 7).

Die Gleditschie toleriert auch alkalische Bodenreaktionen und Bodenverdichtung, sie wächst am besten in leichten/sandigen Böden

Erläuterung Boden- und Umweltansprüche
(1) sehr gering
(2) gering
(3) mäßig
(4) anspruchsvoller
(5) hoch

Abb. 5.39. Straßenbaum Gleditschie mit lichter Krone.

Abb. 5.40. Filigrane Blätter und lange dunkle Fruchthülsen.

Abb. 5.41. Auffällige Stammdornen der Gleditschie, an Radwegen ggf. eine Problem (besser dornenlose Sorten verwenden).

und ist immissions- und salztolerant. Sie ist mäßig überschüttungstolerant. Als Solitärgehölz oder an Nebenstraßen kann sie ihre Wirkung besonders gut entfalten und ist strahlungstolerant.

Nach der KlimaArtenMatrix KLAM (s. Kap. 6) ist die Gleditschie auch weiterhin als Stadtbaumart sehr gut verwendbar (Bewertung 1.2), nach GALK-Liste ist sie als Straßenbaum ungeeignet. Die Baumart ist geeignet für Nebenstraßen, Parkplätze, Parks, Plätze, Promenaden/Fußgängerzonen, Entrees, große Gärten und als Hausbaum (ggf. dornenlose Sorten verwenden).

Der gelegentlich genannte Name Christusdorn soll nicht für die Gleditschie verwendet werden, da er für eine andere Gehölzart *(Paliurus)* steht.

Die beeindruckendsten Dornen unter den Baumarten der gemäßigten Breiten sind nicht ungefährlich an Fußwegen oder Radwegen, da sie vom Stamm abfallen können – dort sind dornenlose Sorten zu verwenden. Die Dornen wurden früher in Nordamerika für verschiedenste Zwecke genutzt, z. B. als Speerspitze, Tierfalle und Nagelersatz ('pin-tree').

Samen und Früchte sind essbar, das Mark der Hülsen um die Samen ist süß, schmackhaft und für Kenner eine Delikatesse. Die Hülsen werden in Nordamerika zudem für Heilzwecke (gegen Verdauungsstörungen) und als Viehfutter verwendet.

Steckbrief Amerikanische Gleditschie (bedeutsame Eigenschaften als Stadtbaum)

+ attraktive äußere Eigenschaften: Früchte, Dornen, Habitus
+ leuchtende Herbstfärbung
+ Bienengehölz
+ kaum Krankheiten und Schäden, s. Kap. 8.2.12
~ mäßige Kompartimentierung
~ mäßige Reiterationsfreudigkeit
- Dornen können zu Verletzungen führen

5.13 Juglans regia: Gemeine Walnuss/Nussbaum

Der Nussbaum ist eine bei der Bevölkerung sehr beliebte Stadtbaumart (vor allem als Gartenbaum), da sie die begehrten Walnüsse produziert. Zudem ergrünt die Krone im Frühjahr erst recht spät (Anfang Mai) und wird bereits Anfang Oktober infolge Blattfalls wieder kahl. Somit ist die Walnuss der ideale Hausbaum, der Schatten dann wirft wann man ihn haben möchte. In Weinbaugebieten ist der Nussbaum bisweilen die häufigste Baumart und entsprechend häufig dann dort auch in den Städten. Er stammt ursprünglich aus dem Mittelmeerraum und Vorderasien, wurde aber bereits vor 2000 Jahren hier eingebürgert wegen seiner wertvollen Früchte.

Beeindruckend sind an dieser Baumart auch der knorrige Habitus (oft mir schiefem oder gebogenem Stamm) und die in mittlerem Alter hellsilbrige, bisweilen fast weiße glatte Rinde, die dann zu einer grauen Netzborke wird.

Die großen gefiederten Blätter fallen im Herbst grün- bis graubraun vom Baum, eine auffällige Herbstfärbung tritt nicht ein. Gefiederte Blätter können als „Wegwerftriebe" interpretiert werden, denn es wird im Grunde die feinste Verzweigungsordnung (die Blattspindel) mit den Blättchen abgeworfen.

Die männlichen Blüten sind in Kätzchen vereinigt, die sichtbar („nackt") überwintern. Die weiblichen Blüten befinden sich auf demselben Baum (einhäusig) mit in den Knospen, erscheinen also erst beim Austreiben Ende April/Anfang Mai. Blüten und Früchte sind am Baum eher unauffällig, das ändert sich erst, wenn die Früchte bei ihrer Reife aus den grünen Fruchthüllen herausfallen (Plumpsfrüchte): die dann zum Vorschein kommenden braunen Nüsse sind bei jung und alt sehr begehrt. Die grünen Fruchthüllen färben beim Anfassen (braun). Schon mit 10 Jahren beginnen die Bäume zu blühen und Früchte zu produzieren. Ein erwachsener Baum (ab Alter 30) kann immerhin jedes Jahr über 100 kg Nüsse produzieren. Auch viele Tierarten schätzen sie sehr, sodass gelegentlich keine Nuss mehr übrig bleibt, wenn man sie nicht rechtzeitig einsammelt.

Junge Nussbäume können einen Jahreshöhenzuwachs von fast einem Meter erreichen, zeigen also im Freistand und bei guter Wasserversorgung schnelles Wachstum, das allerdings nicht lange anhält. In der Jugend erfolgt das Wachstum frei (der Trieblängenzuwachs hält bis zum Spätsommer an), im Alter ist es gebunden (Beendigung 4–6 Wochen nach Austrieb). Die jüngsten Triebe sind sehr dick (bis Daumenstärke), das Mark der Zweige ist gefächert, wenn man es längs aufschneidet. Es entwickelt sich kein dominanter Leittrieb.

Die Krone erreicht bereits innerhalb von 20 Jahren beachtliche Ausmaße, bleibt aber insgesamt etwas kleiner als bei vielen anderen Baumarten. Die Baumhöhe erreicht nur ca. 15 m, die Krone ist relativ licht und breit. Der Stamm kann bis 1 m dick und der Baum 150 Jahre alt werden. Der Schiefstand des Stammes bei vielen Bäumen ist i. d. R. unproblematisch, da er sich allmählich entwickelt.

Der Nussbaum reagiert auf Schnittmaßnahmen auch im Alter durch intensiven Wiederaustrieb, allerdings kommt es bei großen Schnittwunden auf Grund der mäßigen Kompartimentierung zu Fäulefortschritt in Ästen und ggf. im Stamm. Schnitthinweise: Schnittmaßnahmen meist nicht erforderlich, jedoch analog Kernobst-Hochstämmen möglich.

Anfangs entwickelt der Nussbaum eine Pfahlwurzel, die später in ein Herzwurzelsystem bis 2 m Tiefe übergeht, mit Ektomykorrhiza (selten Endomykorrhiza). Er ist stockausschlagfreudig (nur bei vollem Lichtgenuss). Eine immer wieder genannte Eigenschaft des Nussbaumes ist die, dass er andere Pflanzenarten in seinem Umfeld vergiftet („Alleleopathie“: durch Ausscheidung toxischer Inhaltstoffe aus Blättern und Wurzeln) – dies hat sich jedoch als nicht zutreffend erwiesen.

Das Holz ist halbringporig und schwer, mit hell- bis dunkelbraunem oder grauem Kern.

Die Walnuss ist eine Übergangsbaumart (zwischen Pionier- und Klimaxbaumarten).

Die Nährstoffansprüche der Walnuss sind mäßig (3), der Wasserbedarf ebenso (3). Der Lichtbedarf ist bereits in der Jugend anspruchsvoller (4), im frühen Alter benötigt sie dann bereits eine freie Krone (5). Die Frosthärte beträgt −20 °C. Die Trockenstressanpassung ist mäßig (s. Kap. 7). Das größte Risiko ist die Spätfrostempfindlich-

Erläuterung Boden- und Umweltansprüche
(1) sehr gering
(2) gering
(3) mäßig
(4) anspruchsvoller
(5) hoch

Abb. 5.42. Sehr beliebter Hausbaum Walnuss wegen Schattenwirkung, Ungeziefer-Fernhaltens und wertvoller Früchte.

keit, der 25. April wird im Nussbau als Nusskillertag bezeichnet: wenn es dann oder danach noch friert, fällt die diesjährige Nussernte wegen der erfrorenen Blüten aus.

Der Nussbaum toleriert auch alkalische Bodenreaktionen, er wächst am besten in schweren/tonigen oder durchlässigen Böden und ist immissionstolerant sowie mäßig überschüttungsempfindlich. Als Solitärgehölz kann er seine Wirkung besonders gut entfalten und ist strahlungstolerant. Er ist ein Bienennährgehölz.

Nach der KlimaArtenMatrix KLAM (s. Kap. 6) ist der Nussbaum auch zukünftig als Stadtbaumart gut verwendbar, mit geringen Einschränkungen wegen der Spätfrostempfindlichkeit (Bewertung 2.3), nach GALK-Liste ist er als Straßenbaum ungeeignet. Die Baumart ist geeignet für Nebenstraßen, Parks, Plätze, Promenaden/Fußgängerzonen, Entrees, Gärten und als Hausbaum.

Bei der Nutzung sind natürlich als erstes die wertvollen Früchte zu nennen, wegen derer der Baum früher weit verbreitet verehrt wurde. Auch die Nutzungsmöglichkeiten für Kosmetik, Arzneimittel (blutreinigend und gegen Hautkrankheiten wie Herpes, Akne, Ekzeme) und zur Farbstoffgewinnung sind vielfältig, attraktiv und beeindruckend. Aus der grünen Fruchthülle lassen sich intensive braune Farbstoffe herstellen, die Blätter haben Heilwirkungen bei Hautleiden. Die jungen Blätter riechen sehr angenehm und können zum Parfümieren der Wohnung verwendet werden. Ein Walnussbaum am Haus oder Hundezwinger hält Ungeziefer fern.

Das Holz kann wegen seines dunklen Kerns Tropenholz ersetzen, selbst Äste lassen sich verkaufen. Am wertvollsten sind die Maserköpfe an der Stammbasis, die ehemaligen Veredlungsstellen. Deshalb werden die Bäume sogar ausgegraben statt gefällt.

Abb. 5.43. Auffallend helle Rinde eines jungen Nussbaumes.

Abb. 5.44. Grüne Fruchthüllen am Baum zur Reifezeit.

Junge Nussbäume lassen sich schlecht verpflanzen – sie können mit Absterben darauf reagieren, wenn zu viele Wurzeln (vor allem die Pfahlwurzel) beschädigt werden.

Zu dieser Baumart gibt es besonders viele interessante Sprüche:
„Faule Nüsse werden auch verkauft."
„Er hat eine harte Nuss zu knacken."
„Der muss keine Nüsse knacken, der hohle Zähne hat."
„Die schönste Nuss hat oft einen faulen Kern."
„Gott gibt die Nüsse, aber er knackt sie nicht."

Die Walnuss war 2008 Baum des Jahres.

Steckbrief Gemeine Walnuss (bedeutsame Eigenschaften als Stadtbaum)

+ attraktive, essbare Früchte
+ schicke silbrige Rinde
+ später Austrieb, früher Blattfall
+ knorriger Habitus
+ Bienen- und Tiernährgehölz
~ mäßige Kompartimentierung
~ mäßige Reiterationsfreudigkeit
~ Krankheiten/Schäden s. Kap. 8.2.13
- keine Herbstfärbung, abgefallene Blätter im Herbst schnell unansehnlich
- färbende Fruchthüllen

5.13.1 Weitere häufige Nussbaumart in der Stadt

J. nigra (Schwarznuss): größere Blätter, Alleloptahie, kalktolerant

5.14 Larix decidua: Europäische Lärche

Die Lärche hat unter den heimischen Nadelbäumen die Besonderheit, dass sie im Herbst ihre Nadeln abwirft. Das hat zur Folge, dass sie eine sehr schöne Herbstfärbung entwickelt und im Winter lichte Kronen hat. Dies sowie ihr frühes Ergrünen im April macht sie als Stadtbaum beliebt. Es findet also wie bei Laubbäumen alljährlich eine komplette Erneuerung der Belaubung statt. Heimisch ist sie in Deutschland nur in einem Mini-Areal bei Garmisch, womit sie für den Naturschutz eine einheimische Baumart bis Flensburg ist.

Die Nadeln verfärben sich im späten Oktober bis in den November hinein leuchtend gelb und werden mit als letzte unter den Baumarten abgeworfen. Fast ebenso attraktiv ist das zarte Hellgrün der austreibenden Nadeln. Allerdings können ihre Nadeln im Herbst zu Belästigungen führen, wenn sie als dickes Polster auf dem Boden liegen oder sich in Dachrinnen ansammeln.

Für Nadelbäume ungewöhnlich entwickelt die Lärche neben Langtrieben auch Kurztriebe, letztere erscheinen bereits Anfang April mit etwa 40 Nadeln im Büschel, erst 4–6 Wochen später kommen die Langtriebe.

Die Blüten erscheinen bereits kurz vor bzw. mit dem Austrieb und sind unscheinbar; wenn man genau hinsieht, sind sie allerdings wunderschön anzusehen, da die weiblichen Blütenstände leuchtend rot sein können, die männlichen Blüten hellgrün sind. Die Zapfen bleiben jahrelang am Baum und öffnen sich nur allmählich.

Die Rinde zeigt im Alter eindrucksvolle Plattenstrukturen, die rötlich-braunen Borkeschuppen werden sehr dick und ähneln dann der heimischen Kiefer und dem nordamerikanischen Riesenmammutbaum.

Junge Lärchen können einen Jahreshöhenzuwachs von fast einem Meter erreichen, zeigen also im Freistand und bei guter Wasserversorgung schnelles Wachstum, das allerdings nicht lange anhält. In der Jugend erfolgt das Wachstum frei (der Trieblängenzuwachs hält bis zum Spätsommer an), im Alter ist es gebunden (Beendigung 4–6 Wochen nach Austrieb). Typisch für Nadelbäume hat auch die Lärche lange Zeit ihres Lebens einen dominanten Wipfeltrieb.

Lärchen können in der Stadt mehrere 100 Jahre alt werden und Stammdicken von etwa 1 m sowie eine Höhe bis zu 30 m erreichen. Die Krone entwickelt eine mittlere Breite und lässt relativ viel Licht durch.

Die Lärche reagiert auf stärkere Schnittmaßnahmen durch intensiven Wiederaustrieb. Schnitthinweise: Baum i. d. R. mit durchgehendem Stamm; Einkürzung in der Höhe führt zu mechanisch instabilen Reiteraten (Ersatzgipfel); bei Bedarf Aufasten und Kronenauslichtung möglich.

Anfangs entwickelt sich eine Pfahlwurzel, die bald zu einem herzförmigen Wurzelsystem wird und etwa 2 m Tiefe erreicht, mit Ektomykorrhiza. Bei entsprechenden Bodenverhältnissen kann es auch zur Bildung eines Flachwurzelsystems und zu Bodenbelagshebungen durch oberflächennahe Wurzeln kommen. Die Lärche treibt kaum aus dem Stock wieder aus (nur in der Jugend und bei vollem Lichtgenuss).

Das Holz ist Nadelholz, mit einem rötlichen Kern. Es ist sehr harzreich, zur Vorbeugung gegen Insekten- und Pilzbefall, auch bei Verletzungen.

Die Lärche ist eine Pionierbaumart.

Das Immissions-Reduktionsvermögen der Lärche ist das höchste aller untersuchten Baumarten, auch das macht sie als Stadtbaum interessant. Die Baumart ist für die Ingenieurbiologie im Gebirge bedeutsam (Lawinenschutz für Siedlungen).

Die Nährstoffansprüche der Lärche sind gering (2), der Wasserbedarf ebenfalls (2). Der Lichtbedarf ist aber bereits in der Jugend anspruchsvoller (4), sie benötigt dann schnell eine freie Krone (5). Die Frosthärte beträgt −35 °C. Die Trockenstressanpassung ist sehr hoch (s. Kap. 7).

Die Lärche toleriert auch alkalische Bodenreaktionen, sie wächst am besten in leichten/sandigen Böden und ist immissionstolerant (außer Ozon). Sie ist als Baumart des Hochgebirges überschüttungsresistent. Als Solitärgehölz in Grünanlagen und Gärten kann sie ihre Wirkung besonders gut entfalten und ist strahlungstolerant.

Nach der KlimaArtenMatrix KLAM (s. Kap. 6) ist die Lärche auch

Erläuterung Boden- und Umweltansprüche

(1) sehr gering
(2) gering
(3) mäßig
(4) anspruchsvoller
(5) hoch

Abb. 5.45. Beliebter Hausbaum Europäische Lärche mit lichter Krone.

weiterhin als Stadtbaumart sehr gut verwendbar (Bewertung 1.1), nach GALK-Liste ist sie als Straßenbaum ungeeignet. Die Baumart ist geeignet für Nebenstraßen, Parks, große Gärten und als Hausbaum.

Als Schutzbaum vor bösen Geistern, Blitzeinschlägen und anderem Unheil stand und steht die Lärche im Gebirge oft in der Nähe des Wohnhauses bzw. Hofes, in der Stadt ist dies bisher deutlich seltener der Fall.

Abb. 5.46. Leuchtende späte Herbstfärbung Mitte November.

Abb. 5.47. Markanter Solitär mit geschwungenem Stamm zur Zeit der Herbstfärbung.

Die Lärche ist ein idealer Garten- und Stadtbaum, da sie viel Licht durchlässt, im Frühling sehr früh austreibt und sich im Herbst sehr spät und leuchtend verfärbt. Die Schönheit dieser Baumart ist vielfach in Dichtung, Kunst und Fotografie verewigt worden. Ihr filigraner Habitus und die Fähigkeit zur Kurztriebbildung machen sie zudem zu einem besonders beliebten Baum der Bonsaifreunde.

Das beste Terpentin stammt von Lärchen, es wird aus noch frischen Harzausflüssen der Europäischen Lärche gewonnen. Daraus lässt sich ein wertvolles Terpintinöl gewinnen, das lange Zeit das wertvollste Heilmittel bzw. Grundlage für Heilsalben war. Bedeutung in der Heilkunde hat die Lärche daher wohl bereits seit der Steinzeit erlangt: Lärchensalbe ist sehr wirksam zur Wundheilung, bei Rheuma und Erkältungskrankheiten, Rezepte dafür wurden schon bei den Römern beschrieben. Auch die positive Wirkung in der Aromatherapie und Duftheilkunde ist seit langem bekannt.

Die Lärche war 2012 Baum des Jahres.

Steckbrief Europäische Lärche (bedeutsame Eigenschaften als Stadtbaum)

+ gute Kompartimentierung
+ leuchtende, späte Herbstfärbung
+ lichte Krone
+ hohes Immissionsreduktionsvermögen

~ mäßige Reiterationsfreudigkeit
~ Krankheiten und Schäden s. Kap. 8.2.14
- jedes Jahr im Herbst intensiver Nadelfall

5.14.1 Weitere häufige Lärchenart in der Stadt

L. kaempferi (Japanische L.): besser für luftfeuchte Lagen geeignet, z. B. an der Küste oder in Tallagen

5.15 Liquidambar styraciflua: Amerikanischer Amberbaum

Der Amberbaum ist erst in jüngerer Zeit so häufig in Städten geworden, dass er mit in die Auswahl der hier vorgestellten Baumarten fällt. Demzufolge sind die meisten Bäume noch jüngeren und mittleren Alters, bewähren sich aber in der Stadt insbesondere auch als Straßenbaum, da die Baumart sehr anspruchslos und tolerant ist, zudem eine brillante Herbstfärbung zeigt (gelb über orange bis rot) und nur mittelgroße Kronen entwickelt.

Der Amberbaum stammt aus dem östlichen Nordamerika und Mexiko.

Die Blätter sind ahornähnlich fingerförmig gelappt, stehen jedoch wechselständig am Zweig. Der Austrieb erfolgt erst im Mai.

Die windbestäubten Blüten erscheinen im Mai mit den neuen Trieben und stehen in eingeschlechtigen Köpfchen, männliche und weibliche getrennt an demselben Baum (einhäusig), die weiblichen gestielt. Daher sind auch die Fruchtstände Köpfchen und gestielt, ähnlich der Platane. Die Früchte sind Kapseln, reifen im Oktober und werden vom Wind verbreitet. Die kugeligen Fruchtstände bleiben im Winter lange an den 5–10 cm langen Stielen hängen (Wintersteher) und fallen durch ihr stacheliges Aussehen auf.

Die Rinde entwickelt sich zu einer dunkelgrauen, dick-korkigen Netzborke.

Als maximale Jahreszuwächse werden 50 cm Trieblänge erreicht. In der Jugend erfolgt das Wachstum frei (der Trieblängenzuwachs hält bis zum Spätsommer an), im Alter ist es gebunden (Beendigung 4–6 Wochen nach Austrieb).

Der Amberbaum wird 20–25 m hoch mit aufrechter Krone. Der Stamm kann in der Stadt 1 m dick werden, das Höchstalter beträgt 200 Jahre.

Er reagiert auf Schnittmaßnahmen auch im Alter durch intensiven Wiederaustrieb, allerdings kommt es bei großen Schnittwunden auf Grund der schwachen Kompartimentierung zu erheblichem Fäulefortschritt in Ästen und ggf. im Stamm. Schnitthinweise: wächst meist mit durchgehendem Stamm, bei genügend Platz sind Kronenschnitte zur Korrektur des Kronenaufbaus i. d. R. nicht erforderlich.

Anfangs entwickelt sich eine kräftige Pfahlwurzel, dann ein Herzwurzelsystem bis 2 m Tiefe, mit Endomykorrhiza. Bei entsprechenden Bodenverhältnissen kann es zur Bildung eines Flachwurzelsystems und zu Bodenbelagshebungen durch oberflächennahe Wurzeln kommen, aus denen auch Wurzelbrut auftritt. Der Amberbaum ist stockausschlagfreudig (nur bei vollem Lichtgenuss).

Das Holz ist zerstreutporig und schwer, mit rötlich-braunem Kern.

Der Amberbaum ist eine Pionierbaumart.

Erläuterung Boden- und Umweltansprüche
(1) sehr gering
(2) gering
(3) mäßig
(4) anspruchsvoller
(5) hoch

Die Nährstoffansprüche des Amberbaums sind gering (2). Der Wasserbedarf ist gering (2). Der Lichtbedarf ist in der Jugend mäßig (3), bereits in mittlerem Alter benötigt er eine freie Krone (5). Die Frosthärte beträgt −25 °C. Die Trockenstressanpassung ist mäßig (s. Kap. 7), er erträgt auch längere Vernässung.

Der Amberbaum hat Probleme mit alkalischen Bodenreaktionen (pH > 7,5). Er wächst in leichten/sandigen, schweren/tonigen oder durchlässigen Böden und ist strahlungs- und salztolerant. Er hat keine Probleme mit Bodenverdichtung und ist mäßig überschüttungsempfindlich. Als Solitärgehölz oder in Alleen kann er seine Wirkung besonders gut entfalten und ist strahlungstolerant.

Nach der KlimaArtenMatrix KLAM (s. Kap. 6) ist der Amberbaum zukünftig als Stadtbaumart weiterhin gut verwendbar (Bewertung 2.2), nach GALK-Liste mit Einschränkungen auch als Straßenbaum. Die Baumart ist geeignet für Alleen, Parkplätze, Parks, Plätze, Promenaden/Fußgängerzonen, Entrees, Gärten und als Hausbaum.

Abb. 5.48. Amberbäume als genügsamer Stadtbaum mit Schattenwirkung auf einem Stadtplatz.

Abb. 5.49. Gruppe alter Amberbäume in einem Stadtpark.

Abb. 5.50. Brillante rote und orange Herbstfärbung im Oktober mit Indian Summer-Wirkung.

Abb. 5.51. Auffällige hängende, stachelige Fruchtstände im Spätwinter.

Aus der Rinde werden Heilmittel gegen Halsschmerzen und Husten sowie Geruchsstoffe für Seifen und Zusatzstoffe für Kaugummi gewonnen (Sweet Gum).

Steckbrief Amerikanischer Amberbaum (bedeutsame Eigenschaften als Stadtbaum)

+ phänomenale Herbstfärbung
+ schickes Blatt
+ attraktive Krone im Winter wegen der baumelnden Fruchtstände
+ bei Standortbeachtung keine nennenswerten Krankheiten und Schäden, s. Kap. 8.2.15

~ mäßige Reiterationsfreudigkeit
- schwache Kompartimentierung
- alkalische Bodenreaktion problematisch

5.16 Malus domestica/-Sorten/-Hybriden: Kultur-Apfel und Apfel-Sorten/-Hybriden

Der Kultur-Apfel hat in der Stadtbevölkerung viele Liebhaber auf Grund seiner besonders schönen Blüte: die Kronen sind dann über und über voll mit dezent angenehm duftenden Blüten, die beim Öffnen außen meist einen zarten Rosaton zeigen. Der Habitus des Apfelbaumes ist i. d. R. eher breitkronig und kurzstämmig, er hat eine lichte Krone, wächst nicht besonders schnell und wird nicht so groß wie viele andere Baumarten. Die Früchte spielen hingegen heute eher eine untergeordnete Rolle, meist bleiben sie hängen und vertrocknen am Baum oder fallen irgendwann herunter, werden also nicht mehr regelmäßig genutzt.

Die Blätter sind eher unauffällig, typischerweise filzig behaart, mit gelbgrüner Herbstfärbung.

Die weißlichen, fünfzähligen, zwittrigen Blüten erscheinen Mitte bis Ende April (meist nach den Zwetschgen, Birnen und Kirschen) kurz nach den Blättern und werden vorwiegend von Bienen und Hummeln bestäubt. Aus ihnen entwickeln sich bis zum Herbst Sammelfrüchte, die im Inneren als „Kerngehäuse" 5 sternförmig angeordnete Balgfrüchtchen enthalten, worin sich die Samen („Kerne") befinden. Die relativ großen und schweren Früchte werden heute oft eher als Last empfunden, da man sie aufsammeln und beseitigen muss, wenn sie überreif vom Baum fallen. Sie werden z. T. von verschiedenen Tierarten verzehrt (Vögel, Kleinsäuger, Wespen u. a.) und von ihnen teilweise als Samen verbreitet. An (Fahrrad-)Wegen können sie bei großer Anzahl zu Problemen der Verkehrssicherheit führen.

Die Rinde ist eine silbriggraue Schuppenborke mit abgerundeten Schuppen. Kultur-Apfelbäume sind wie Kirschen meist veredelt, was man z. T. an einem Durchmessersprung oder am scharfen Wechsel des Rindenbildes am Stamm erkennt (s. *Prunus*).

Das Wachstum ist gebunden (Beendigung 4–6 Wochen nach Austrieb), es werden maximale Trieblängen von etwa 60 cm erreicht. Ähnlich wie beim Birnbaum, wenn auch nicht ganz so auffällig, bilden sich im Alter in der Oberkrone sog. Fruchtbögen: die Wipfeltriebe hängen über und Seitentriebe setzen das Höhenwachstum fort, erfahren bald aber dasselbe Schicksal. An der Verzweigung von Birnbäumen fallen die zahlreichen Kurztriebketten auf, an denen sich wie bei Kirsche und Birne die Blüten und Früchte entwickeln.

Kultur-Apfelbäume können 80 cm dick und 10 m hoch (mit breiter Krone) werden, veredelt erreichen sie nur etwa 50 Jahre.

Der Kultur-Apfel stammt im Gegensatz zu Kultur-Birne und Süß-Kirsche nicht vom heimischen Wild-Apfel ab, sondern ist ein Kreuzungsprodukt südwest- bzw. zentralasiatischer Wildäpfel und bereits vor etwa 3000 Jahren vom Menschen nach Europa gebracht worden.

Die Baumart reagiert auf Schnittmaßnahmen durch intensiven Wiederaustrieb, allerdings kommt es auf Grund der schwachen Kompartimentierung bei größeren Schnittwunden zu erheblichem Fäulefortschritt in Ästen bzw. im Stamm. Schnitthinweis: neigt zu dicht verzweigten Kronen, ggf. rechtzeitige Kronenauslichtungen im Abstand von 4–6 Jahren.

Das Wurzelsystem entwickelt sich flach herzförmig, bis 1 m tief, mit Endo- und Ektomykorrhiza. Bei entsprechenden Bodenverhältnissen kann es zur Bildung eines Flachwurzelsystems kommen. Es tritt häufig Wurzelbrut auf. Der Kultur-Apfel ist stockausschlagfreudig (nur bei vollem Lichtgenuss).

Das Holz ist zerstreutporig und schwer, im Unterschied zum Birnbaum mit rotbraunem Kern.

Der Apfelbaum ist eine Übergangsbaumart (zwischen Pionier- und Klimaxbaumarten).

Die Baumart hat gute Eigenschaften zur Feinstaubbindung.

Die Nährstoffansprüche des Kultur-Apfels sind mäßig (3), der Wasserbedarf ebenfalls (3). Ab frühem Alter benötigt er eine freie Krone (5). Die Frosthärte beträgt −25 °C. Die Trockenstressanpassung ist mäßig (s. Kap. 7).

Erläuterung Boden- und Umweltansprüche

(1) sehr gering
(2) gering
(3) mäßig
(4) anspruchsvoller
(5) hoch

Der Apfelbaum toleriert auch alkalische Bodenreaktionen, er wächst am besten in schweren/tonigen oder durchlässigen Böden und ist überschüttungstolerant. Als Solitärgehölz oder in Alleen an Nebenstraßen kann er seine Wirkung besonders gut entfalten und ist strahlungstolerant.

Nach der KlimaArtenMatrix KLAM (s. Kap. 6) ist der Apfelbaum in Zukunft als Stadtbaumart mit Einschränkungen wegen der Trockenstressanfälligkeit verwendbar (Bewertung 3.2), nach GALK-Liste nicht als Straßenbaum (dafür sind aufrecht wachsende Sorten von Hybriden oder Zieräpfeln zu verwenden). Die Baumart ist geeignet für Nebenstraßen, Parks, Plätze, Gärten und als Hausbaum.

Der Apfelbaum spielte bekanntermaßen schon in der Bibel eine entscheidende Rolle. Seine herausragende Symbolik in Kultur und Mythologie tritt auch in zahlreichen Märchen (Frau Holle), Legenden und Sagen auf. Es gibt Liebesäpfel, Frauenäpfel, Adamsäpfel und den Reichsapfel. Die Geschichte des Kultur-Apfels reicht bereits mehrere

Abb. 5.52. Blühender Kultur-Apfel mit ausschwingenden Seitenästen.

Abb. 5.53. Apfelbaum-Allee an Radweg im Herbstaspekt.

Abb. 5.54. Attraktiver Fruchtbehang im Oktober, großfrüchtige Sorten als Straßenbaum aber deshalb ungeeignet.

tausend Jahre zurück, schon die alten Römer kannten und schätzten ihn. Es gibt mittlerweile einige tausend Kultursorten des Apfels, alte Sorten werden zunehmend verdrängt und geraten in Vergessenheit.

Bei der Nutzung sind als erstes die vielen wertvollen Inhaltsstoffe der Frucht zu nennen. „An apple all day keeps the doctor away." Auch das vor allem aus dem Apfel stammende Geliermittel Pektin leistet bis heute wichtige Dienste z. B. beim Einkochen.

Der Wild-Apfel ist für 2013 zum Baum des Jahres ausgerufen worden.

Steckbrief Kultur-Apfel (bedeutsame Eigenschaften als Stadtbaum)

+ wichtige Bienenweide
+ von sehr vielen Menschen geliebte Baumart
+ lichte, nicht zu große und zu hohe Krone
+ Frühlingsbote, wunderschöne Blüte
~ Krankheiten/Schäden s. Kap. 8.2.16
- Früchte gelegentlich lästig
- schwache Kompartimentierung

Einige Sorten und Hybriden haben eine aufrechte und schlankere Wuchsform und sind daher als Nebenstraßenbäume geeignet.

5.16.1 Weitere häufige Apfelarten in der Stadt

M. baccata (Beeren-A.): weiße Blüten, kleine rote oder gelbe Früchte
M. floribunda (Vielblütiger A.): Blüten in der Knospe tief rot, dann rosa verblassend, Erbsenfrüchte
M. prunifolia (Kirsch-A.): Blüten in der Knospe rosa, dann verblassend, kirschenähnliche rote Früchte

5.17 Picea pungens: Stech-/Blau-Fichte

Die Stech-Fichte ist in vielen Städten die am häufigsten anzutreffende Nadelbaumart, da ihr gleichmäßig aufrechter, kompakter Habitus und ihre blau-silbrige Nadelfärbung beliebt sind. Außerdem kommt die Baumart gut mit Trockenheit, Immissionen und Strahlung zurecht. Am häufigsten ist sie in privaten Gärten zu finden, wo sie anfangs meist als Outdoor-Weihnachtsbaum für Lichterketten gepflanzt wird und dann weiterwächst. Gelegentlich hat man den Eindruck (wenn man sich genauer mit dieser Baumart befasst), dass in jedem ordentlichen Garten mindestens eine Blau-Fichte stehen muss – wo sie fehlt, „stimmt etwas nicht". Die Häufigkeit der Baumart fällt besonders im Winter auf, wenn die Laubbäume kahl sind. Insbesondere dann und beim Austreiben sieht die silbrig bläuliche Kronenfarbe tatsächlich recht attraktiv aus. Die Stech-Fichte stammt aus den Gebirgen des westlichen Nordamerikas.

Der Austrieb erfolgt erst spät, im Mai. Die Nadeln sind sehr steif und stechend (Name), stehen rundherum vom Zweig ab und sind bei den meist-verwendeten Varietäten/Sorten bläulich bis silberfarben, daher auch der Name Blau-Fichte (bisweilen großzügig als Blau-„Tanne" bezeichnet). Sie bleiben ca. 9 Jahre am Baum, bei Stress oder Schädlingsbefall kürzer. Sie können sehr effektiv Nebel auskämmen sowie Tau sammeln und aufnehmen.

Die Blüten sind unauffällig, eingeschlechtig (die männlichen als Einzelblüten, die weiblichen in zapfenförmigen Blütenständen auf demselben Baum, also einhäusig), und die weiblichen entwickeln sich im oberen Kronenviertel zu ca. 10 cm langen Zapfen. Die Bäume beginnen etwa im Alter 30 zu blühen und werden wie alle Nadelbäume vom Wind bestäubt, haben aber keine allergene Wirkung. In unregelmäßigen Abständen kann es zu massenhaftem Zapfenanhang kommen, sodass die Kronenspitze dann von weitem betrachtet braun aussieht, sich der Wipfel umbiegt und schließlich sogar herabhängt. Die geflügelten Samen werden vom Wind 500 m weit verfrachtet.

Die Rinde entwickelt sich zu einer unregelmäßigen graubraunen Schuppenborke.

Typisch wie bei den meisten Nadelbaumarten ist bei der Stech-Fichte die Dominanz des Wipfeltriebes, der meist bis ins Alter frei von Konkurrenztrieben senkrecht emporstrebt und mit Jahreszuwächsen von 30–60 cm einen durchgehenden Stamm entwickelt. Die Seitentriebe sind deutlich nachgeordnet, da sie unter der hormonellen Kontrolle des Wipfels stehen und schräg bis horizontal orientiert sind. Auf Grund dieser und der z. T. hängenden Anordnung der Hauptäste sowie der dichten Benadelung tropft der Niederschlag bevorzugt außen an der Krone ab, der zentrale Wurzelbereich bleibt dadurch relativ trocken.

Es werden hierzulande in der Stadt Baumhöhen von 15 m mit der für Fichten typischen schlanken Krone und Stammstärken von 80 cm erreicht, das maximale Lebensalter erreicht 250 Jahre.

Das Trieblängenwachstum erfolgt gebunden (Beendigung 4–6 Wochen nach Austrieb).

Totäste bleiben lange am Stamm hängen („Totasterhalter"). Schnitthinweise: Baum i. d. R. mit durchgehendem Stamm; Einkürzung in der Höhe führt zu mechanisch instabilen Reiteraten (Ersatzgipfel), bei Bedarf Aufasten und Kronenauslichtung möglich.

Die Wurzel bildet ein Herz- bis Flachwurzelsystem aus, das mit seinen Senkern meist tiefer als das der heimischen Fichte reicht (bis ~1 m), mit Ektomykorrhiza. Bei entsprechenden Bodenverhältnissen kann es zur Bildung eines Flachwurzelsystems und zu Bodenbelagshebungen durch oberflächennahe Wurzeln kommen. Die Blau-Fichte treibt ab mittlerem Alter nicht mehr aus dem Stock wieder aus.

Das Holz ist Nadelholz, ohne Kern. Es ist sehr harzreich, zur Vorbeugung gegen Insekten- und Pilzbefall, auch bei Verletzungen.

Die Stech-Fichte ist eine Übergangsbaumart (zwischen Pionier- und Klimaxbaumarten).

Sie hat gute Eigenschaften zur Lärmminderung, auch im Winter.

Die Nährstoffansprüche der Stech-Fichte sind gering (2). Der Wasserbedarf ist sehr gering bis gering (1–2). Der Lichtbedarf ist in der Jugend mäßig (3), bereits in frühem Alter benötigt sie eine freie

Erläuterung Boden- und Umweltansprüche
(1) sehr gering
(2) gering
(3) mäßig
(4) anspruchsvoller
(5) hoch

Abb. 5.55. Stech-Fichte auf Marktplatz mit attraktiv schlankem Habitus und silbrig bläulicher Färbung.

Abb. 5.56. Silberblaue Benadelung mit hellerem Neuaustrieb im Juni-Aspekt.

Abb. 5.57. Hausbaum mit hohem Nutzwert auch im Winter durch immergrüne Benadelung und für die Nutzung als Outdoor-Weihnachtsbaum.

Krone (5). Die Frosthärte beträgt −35 °C. Die Trockenstressanpassung ist sehr hoch (s. Kap. 7).

Die Stech-Fichte toleriert saure und alkalische Bodenreaktionen, sie wächst in leichten/sandigen, schweren/tonigen, humosen oder durchlässigen Böden und ist immissions- und salztolerant, aber überschüttungsempfindlich. Als Solitärgehölz kann sie ihre Wirkung besonders gut entfalten und ist extrem strahlungstolerant (durch den blaugrauen Wachsüberzug auf Nadeln).

Nach der KlimaArtenMatrix KLAM (s. Kap. 6) ist die Stech-Fichte auch weiterhin als Stadtbaumart sehr gut bis gut verwendbar (Bewertung 2.1), nach GALK-Liste ist sie als Straßenbaum ungeeignet. Die Baumart ist geeignet für Parks, Entrees, Gärten und als Hausbaum.

Dass die Blau-Fichte Baum und Wahrzeichen der 1950er-Jahre-Wohnviertel ist, stimmt so nicht: bei genauerem Hinsehen findet man auch reichlich jüngere Bäume. Ihr häufigster Verwendungszweck war und ist seit langer Zeit als Weihnachtsbaum (sie sieht geschmückt sehr gut aus und riecht angenehm aromatisch in der Stube), allerdings durch die immer beliebtere, nicht stechende Nordmanns-Tanne inzwischen etwas aus der Mode gekommen. Sie ist aber nach wie vor einer der beliebtesten Gartenbäume bei kontinentalerem Klima und wird als Outdoor-Weihnachtsbaum gerne mit Lichterketten behängt, ihre Zweige sind zudem für Adventsgestecke/-kränze und zur winterlichen Beetabdeckung nutzbar. Oft wird sie als schnell wachsender Sichtschutz zu Nachbarn gepflanzt, der seine Funktion auch im Winter behält.

Steckbrief Stech-Fichte (bedeutsame Eigenschaften als Stadtbaum)

+ hohe Reiterationsfreudigkeit (aber nur Ersatztriebe nach Nadelfall betreffend)
+ attraktive silbrig-bläuliche Nadelfärbung, auch im Winter
+ „Nebennutzung" als Outdoor-Weihnachtsbaum
+ guter Sichtschutz auch im Winter, immergrüner Stadtbaum
~ bei Standortbeachtung kaum Krankheiten und Schäden, s. Kap. 8.2.17
- schwache Kompartimentierung
- stechende Zweige (Nadeln)

5.17.1 Weitere häufige Fichtenarten in der Stadt

P. abies (Gemeine F.): derzeit häufigste Forstbaumart, salz-, immissions- und trockenheitsempfindlich
P. omorika (Omorika-F.): schmalkronig, daher in kleinen Gärten beliebt, trockenheits- und kalktolerant
P. sitchensis (Sitka-F.): trockenheits-, salz- und immissionstolerant

5.18 Pinus nigra: Schwarz-Kiefer

Die Schwarz-Kiefer ist neben der Stech-Fichte eine der in Städten am häufigsten anzutreffenden Nadelbaumarten, da sie relativ trockenheits- und immissionsunempfindlich sowie anspruchslos ist. Beliebt ist sie auch wegen ihres schnellen Wachstums und der im Alter schönen Schirmkrone. Sie stammt aus dem Mittelmeerraum und Österreich.

Nadelbäume sind in Großstädten seltener als im Umland anzutreffen, da sie i. d. R. immissionsempfindlicher als Laubbäume sind – Laubbäume können ihre belasteten Blätter jedes Jahr nach einer Saison „entsorgen". Im Spritzwasserbereich von Straßen findet man Koniferen fast gar nicht, da die wintergrünen Nadeln dort direkt vom Auftausalz geschädigt werden. Die Schwarz-Kiefer gilt als relativ salzunempfindlich, weshalb sie auch häufig im Küstenbereich zur Dünenaufforstung verwendet wird.

Die Nadeln stehen paarweise an Kurztrieben, erscheinen erst im Mai, werden 3–4 Jahre alt und können sehr effektiv Nebel auskämmen sowie Tau sammeln und aufnehmen. Sie rauschen sehr angenehm und charakteristisch im Wind, dadurch verbreitet die Baumart Küstenstimmung, durch ihren Habitus auch etwas südliches Flair.

Die männlichen Blüten stehen ab etwa Alter 25 am unteren Jahresabschnitt der jüngsten Triebe, die weiblichen Blütenstände seitlich an deren Ende auf demselben Baum (also einhäusig) und werden wie bei allen Nadelbäumen vom Wind bestäubt. Da viel Pollen produziert wird (nicht allergen), kann es zur Blütezeit zu gelben Belägen auf Autos und Terrassenmöbeln kommen. Die Samen reifen im Herbst des zweiten Jahres und werden vom Wind bis etwa 250 m weit verbreitet. Die Zapfen befinden sich immer zu mehreren seitlich am Ende der Zweigjahresabschnitte, werden 6–8 cm lang und können bisweilen nach dem Abfallen im 3./4. Jahr etwas lästig werden, wenn sie zusammen mit den Nadeln zu Hunderten unter dem Baum liegen. Gelegentlich wird die Schwarz-Kiefer als invasiv bezeichnet, da sie sich auf geeigneten Standorten gut verjüngt und ausbreitet (z. B. auf Kalkfelsen).

Die Rinde entwickelt sich zu einer dunkelbraunen bis schwarzgrauen Schuppenborke (im Unterschied zur Gemeinen Kiefer mit ihrer rötlichen Spiegelrinde).

Junge Schwarz-Kiefern können einen Jahreshöhenzuwachs von 60–80 cm erreichen, zeigen also im Freistand und bei guter Wasserversorgung schnelles Wachstum, das allerdings nicht lange anhält. In der Jugend und im Alter erfolgt das Trieblängenwachstum gebunden (Beendigung 4–6 Wochen nach Austrieb). Die jüngsten Triebe sind sehr dick. Die Verzweigung der Kiefern ist quirlartig, d. h. die Seitenzweige stehen im Bereich der Jahresgrenzen dichtgedrängt an den Hauptachsen und bilden so deutliche Absätze (ähnlich wie bei der Kirsche).

Ihr Lebensalter erreicht in der Stadt 300 Jahre, die Baumhöhe bis 30 m. Der Stamm kann bis etwa 1 m dick werden. Die Krone ist locker, breit aufrecht und dunkler/dichter als die der Gemeinen Kiefer. Bei starkem Windeinfluss ist sie im Alter oft einseitig von der Hauptwindrichtung abgewandt entwickelt („Windflüchter“).

Die Schwarz-Kiefer zeigt nach Schnittmaßnahmen eine sehr gute Kompartimentierung, kaum Fäulefortschritt. Totäste bleiben lange am Stamm hängen („Totasterhalter“). Schnitthinweise: Schnittmaßnahem in höherem Alter sind problematisch, da das Reaktionspotenzial der Baumart deutlich nachlässt; sie neigt zur Bildung basaler Totalreiterate, meist durch Aufrichten von Seitenachsen mit mechanisch instabiler Anbindung; rechtzeitiges Einkürzen sich aufrichtender Seitenachsen auf Zug- bzw. Versorgungsäste kann diese Entwicklung verhindern.

Die Schwarz-Kiefer entwickelt anfangs eine kräftige Pfahlwurzel, dann ein Herzwurzelsystem mit Wurzeltiefen bis 2,5 m, mit Ektomykorrhiza. Bei entsprechenden Bodenverhältnissen kann es zur Bildung eines Flachwurzelsystems und zu Bodenbelagshebungen durch

Abb. 5.58. Markanter Stadtbaum Schwarz-Kiefer mit im Alter ausladender Krone.

Abb. 5.59. Kronenansicht mit langer Benadelung und reifenden Zapfen.

oberflächennahe Wurzeln kommen. Die Schwarz-Kiefer treibt aus dem Stock nicht wieder aus.

Das Holz ist Nadelholz, mit rötlich gelbem bis braunrotem Kern. Es ist sehr harzreich, zur Vorbeugung gegen Insekten- und Pilzbefall, auch bei Verletzungen.

Die Schwarz-Kiefer ist eine Pionierbaumart.

Das Immissions-Reduktionsvermögen der Schwarz-Kiefer ist sehr hoch, auch das macht sie als Stadtbaum interessant. Die Baumart ist für die Ingenieurbiologie bedeutsam.

Die Nährstoffansprüche der Schwarz-Kiefer sind sehr gering (1). Der Wasserbedarf ist sehr gering bis gering (1–2). Der Lichtbedarf ist aber schon in der Jugend anspruchsvoller (4), bereits in frühem Alter benötigt sie eine freie Krone (5). Die Frosthärte beträgt −30 °C. Die Trockenstressanpassung ist sehr hoch (s. Kap. 7).

Die Schwarz-Kiefer toleriert saure und alkalische Bodenreaktionen, sie wächst in leichten/sandigen, schweren/tonigen oder durchlässi-

Erläuterung Boden- und Umweltansprüche

(1) sehr gering
(2) gering
(3) mäßig
(4) anspruchsvoller
(5) hoch

Abb. 5.60. Auffallender Habitus, besonders im Winter, an Nebenstraße.

gen Böden und ist immissions-, salz- und überschüttungstolerant. Als Solitärgehölz kann sie ihre Wirkung besonders gut entfalten und ist extrem strahlungstolerant.

Nach der KlimaArtenMatrix KLAM (s. Kap. 6) ist die Schwarz-Kiefer auch weiterhin als Stadtbaumart sehr gut verwendbar (Bewertung 1.1, also mit Bestnote), nach GALK-Liste ist sie als Straßenbaum ungeeignet. Die Baumart ist geeignet für Nebenstraßen, Parks, Plätze, Promenaden/Fußgängerzonen, Gärten und als Hausbaum.

Eindrucksvoll und attraktiv ist das Rauschen der Schwarzkieferkronen im Wind, es kann sehr beruhigend wirken und ein Grund für die Verwendung im Garten sein, ebenso der intensiv aromatische Harzgeruch an warmen Frühlings- und Sommertagen.

Zudem ist bei der Verwendung im Stadtbereich nochmals der ästhetische Aspekt zu betonen: Kiefernkronen vor blauem Himmel sind einfach wunderschön anzusehen. Mit Kiefernholzspänen (Kienspänen) lässt sich besonders gut der Kamin entzünden, früher wurden sie auch als Beleuchtungsmittel verwendet (nicht ganz ungefährlich). Das Harz war lange Zeit wichtig für Terpentin-, Kolophonium-, Pech- und Lackfarbenherstellung. Die Nadelinhaltsstoffe helfen gegen Hals- und Erkältungskrankheiten.

Steckbrief Schwarz-Kiefer (bedeutsame Eigenschaften als Stadtbaum)

+ gute Kompartimentierung
+ südliches Flair
+ Kronenrauschen im Wind
+ immergrüne Stadtbaumart
+ hohe Toleranz (außer Beschattung)

~ bei Standortbeachtung kaum Krankheiten und Schäden, s. Kap. 8
- geringe Reiterationsfreudigkeit
- schwer zersetzliche Nadeln und Zapfen

5.18.1 Weitere häufige Kiefernarten in der Stadt

P. sylvestris (Gemeine K.): häufigste Forst-Kiefer, rötliche Spiegelrinde, bodenvag, trockenheits- und immissionstolerant

5.19 Platanus × hispanica (= P. × acerifolia): Ahornblättrige Platane

Die Platane ist seit über 100 Jahren in Großstädten sehr beliebt wegen ihrer attraktiven Rinde und Früchte sowie wegen ihrer (vermeintlichen) Salz- und Immissionsresistenz.

In mitteleuropäischen Städten wird am häufigsten der Bastard zwischen Abendländischer Platane *(P. occidentalis)* aus Nordamerika und Morgenländischer Platane *(P. orientalis)* aus Vorderasien verwendet, da dieser Hybrid frostresistenter als die Morgenländische und schädlingsresistenter als die Abendländische Platane ist.

Der Austrieb erfolgt oft erst Anfang Mai, obwohl es sich um eine zerstreutporige Baumart handelt, die i. d. R. früher als Ringporer austreiben. Die Blätter sind ahornähnlich gelappt *(acerifolia)*, aber wechselständig und unterseits anfangs filzig sternhaarig. Sie verfärben sich im Herbst nur wenig (grünlich gelb) und bleiben oft bis in den November/Dezember hängen, insbesondere um Straßenlaternen und nach Stickstoffdüngung im Sommer. Sie sind schwer zersetzlich. Die Knospen sind unter der Blattstielbasis verborgen und treten daher erst nach dem Blattfall in Erscheinung.

Die Blütezeit ist im Mai, die unauffälligen Blüten sind windbestäubt, in eingeschlechtigen Köpfchen angeordnet und beide Geschlechter an jedem Baum (einhäusig). Die Fruchtstände sind dementsprechend ebenfalls köpfchenartig und hängen als 3–4 cm große

Abb. 5.61. Platanenallee in Fußgängerzone mit schöner Tunnelwirkung.

Abb. 5.62. Platane mit begehrter Schattenwirkung im Stadtpark an einem heißen Sommertag.

Kugeln im Herbst und Winter an 20 cm langen Fruchtstandsachsen in den Kronen („Wintersteher"), sodass sie bei Wind hin- und herschaukeln. Die Früchte sind Nüsschen, die durch daran befindliche Haare vom Wind verbreitet werden („Schirmchenflieger"). Durch die Fruchtstände und durch die Borke ist die Baumart gerade auch im Winter sehr attraktiv.

Die Borke ist eine auffällige und farbintensive Schuppenborke mit beigefarbenen, olivgrünen und dunkelbraunen Farbtönen, bei der sich die ältesten dunkelsten Borkepartien ähnlich dem Berg-Ahorn in großen Schuppen von der Rindenoberfläche lösen. Darunter kommen dann helle, z. T. fast weiße Flächen zum Vorschein, die mit zunehmendem Alter nachdunkeln und alten Platanen einen besonderen und sehr individuellen Charakter verleihen. Es kann in einzelnen Jahren zu einer regelrechten Borkeschütte kommen, wenn jahrelang nur wenige Schuppen abgefallen sind und dann durch starken Zuwachs viele innerhalb kurzer Zeit gleichzeitig abfallen. Das kann gelegentlich wie eine Krankheit aussehen oder als Belästigung beim Wiesemähen empfunden werden. Zudem sehen dadurch die Platanen in manchen Jahren dunkler, in einzelnen Jahren plötzlich sehr hell aus.

Junge Platanen können einen Jahreshöhenzuwachs von fast einem Meter erreichen, zeigen also im Freistand und bei guter Wasserversorgung schnelles Wachstum, das allerdings nicht lange anhält. In der Jugend erfolgt das Wachstum frei (der Trieblängenzuwachs hält bis zum Spätsommer an), im Alter ist es gebunden (Beendigung 4–6 Wochen nach Austrieb).

Platanen können in der Stadt bis 30 m hoch, über einen Meter dick und 500 Jahre alt werden. Sie entwickeln sehr große, breite Kronen, die mäßig licht sind.

Abb. 5.63. Markante attraktive Borke im Spätwinteraspekt.

Die Baumart reagiert auf stärkere Schnittmaßnahmen auch im Alter durch intensiven Wiederaustrieb und verkraftet selbst Kappungen relativ gut, allerdings ist dies keine baumbiologisch akzeptable Maßnahme. Es sollte bei dieser Baumart im Winter oder bei feuchtem Wetter geschnitten werden, um das allergene Potenzial der Blatthaare zu minimieren. Schnitthinweise: sehr schnittverträglich, neigt nach zu drastischen Schnittmaßnahmen zur Bildung von (z. T. mechanisch instabilen) „Wasserreisern“.

Die Wurzeln bilden ein Herzwurzelsystem, das bis zu 2 m tief reichen kann, ohne Mykorrhiza oder vereinzelt mit Endomykorrhiza. Bei entsprechenden Bodenverhältnissen kann es zur Bildung eines Flachwurzelsystems und zu Bodenbelagshebungen durch oberflächennahe Wurzeln kommen. Die Platane ist stockausschlagfreudig (bei gutem Lichtgenuss).

Das Holz ist zerstreutporig, ohne Kern (häufig mit rötlich grauem bis rotbraunem Falschkern).

Sie ist eine Übergangsbaumart (zwischen Pionier- und Klimaxbaumarten).

Die Platane ist als Selbstreiniger unter dem Aspekt Feinstaubfangvermögen bekannt, hat also günstige Blatteigenschaften für die Bindung von Feinstaub.

Neuerdings gibt es bei dieser Baumart vermehrt Probleme mit Krankheiten/Schäden (s. Kap. 8) und durch von ihren Blatthaaren ausgelöste Reizungen der Atemwege („Platanenhusten“, bedeutsam vor allem bei Baumpflegearbeiten im Frühjahr/Sommer).

Die Nährstoffansprüche der Platane sind mäßig (3), und der Wasserbedarf ist gering bis mäßig (2–3). Der Lichtbedarf ist mäßig (3), ab mittlerem Alter benötigt sie dann aber eine freie Krone (5). Die

Erläuterung Boden- und Umweltansprüche

(1) sehr gering
(2) gering
(3) mäßig
(4) anspruchsvoller
(5) hoch

Abb. 5.64. Behaarung der jungen Blattunterseite mit z. T. allergener Wirkung.

Frosthärte beträgt −20 °C. Die Trockenstressanpassung ist gut (s. Kap. 7).

Die Platane toleriert auch alkalische Bodenreaktionen, sie wächst in leichten/sandigen, schweren/tonigen oder humosen Böden und ist salz- und immissionstolerant. Sie ist relativ tolerant gegenüber Bodenverdichtung und -versiegelung und überschüttungstolerant. Als Solitärgehölz oder in Alleen kann sie ihre Wirkung besonders gut entfalten und ist strahlungstolerant.

Nach der KlimaArtenMatrix KLAM (s. Kap. 6) ist die Platane auch weiterhin als Stadtbaumart sehr gut bis gut verwendbar (Bewertung 1.2), nach GALK-Liste mit Einschränkungen auch als Straßenbaum. Die Baumart ist geeignet für Alleen, Parkplätze, Parks, Plätze, Promenaden/Fußgängerzonen, Entrees und große Gärten.

Alte riesige Platanen mit ihren hohlen Stämmen haben die Menschen seit jeher beeindruckt. In ihrer Heimat spielt die (Orientalische) Platane seit der Antike in Mythen und Legenden eine Rolle, und galt als Baum der Gelehrten: durch den kühlenden Schatten waren Platanen oft Treffpunkt von Lehrern und Studenten/Schülern.

Steckbrief Ahornblättrige Platane (bedeutsame Eigenschaften als Stadtbaum)

+ sehr gute Kompartimentierung
+ attraktives Rindenbild
+ schönes Blatt
+ Krone im Winter Hingucker wegen der baumelnden Fruchtstände

~ mäßige Reiterationsfreudigkeit
~ Krankheiten und Schäden s. Kap. 8.2.19
- mäßige Gesundheitsgefährdung durch Blatthaare

5.20 Populus tremula: Zitter-Pappel/Aspe

Die einheimische Zitter-Pappel ist durch Selbstverbreitung die häufigste Pappelart in der Stadt, dies erreicht sie einerseits durch Samen, vor allem aber durch intensive Wurzelbrut. Ihr deutscher Name bezieht sich auf die ständig flatternden Blätter („Zittern wie Espenlaub"), was bei einigen Pappelarten durch ein bestimmtes Verhältnis von Blattstiellänge und -querschnitt zur Spreitengröße hervorgerufen wird. Dies dient dem verbesserten Gasaustausch und der Blattkühlung und macht sie z. B. an Badeseen attraktiv und auffällig.

Die Blätter sind bis 7 cm lang gestielt, rundlich ohne ausgeprägte Spitze und gezähnt. Ihre Herbstfärbung kann sehr intensiv gelb, auch orange und rot ausfallen – auf Brachflächen durchaus ein nennenswertes Highlight im Herbst.

Die Blüten sind in eingeschlechtigen Kätzchen angeordnet, männliche und weibliche auf verschiedenen Bäumen (zweihäusig). Die männlichen Kätzchen können bereits im Januar gut sichtbar aus den Knospen erscheinen (reguläre Blütezeit März/April), die weiblichen werden bis 12 cm lang. Die Fruchtstände sind Kapseln, die bereits im Mai reif am Baum aufplatzen und die Samen mit Haarschopf entlassen. Diese können wie Wattebäusche weit durch die Luft verfrachtet werden („Pappelwolle", Cottonwood Tree), im Extremfall bis über 10 km. Das kann zu Belästigungen führen, da sie durch Kippfenster auch in Wohnungen eindringen. Die Früchte sind wie bei Weiden nach ihrer Landung auf dem Boden nur 2 Tage keimfähig – wenn dann keine Feuchtigkeit herrscht/kommt, gehen sie wieder ein, das Schicksal der allermeisten Pappelsamen, auch da sie Rohboden benötigen.

Die zunächst hellgraue Rinde bleibt lange glatt und wird im Alter zu einer dunkelgrauen Netzborke. Die Zitter-Pappel wächst oft schief und mehrstämmig.

Junge Zitter-Pappeln können einen Jahreshöhenzuwachs von einem Meter erreichen, zeigen also im Freistand und bei guter Wasserversorgung schnelles Wachstum, das allerdings nicht lange anhält. Das Wachstum erfolgt bis ins Alter frei (der Trieblängenzuwachs hält bis zum Spätsommer an).

Das Höchstalter beträgt 100 Jahre, es kann durch die Klonbildung aber auch über 1000 Jahre erreichen. Maximale Stammdimensionen erreichen in der Stadt 80 cm, die Baumhöhe bis 25 m mit sehr lockerer, eiförmig aufrechter Krone.

Die Aspe reagiert auf Schnittmaßnahmen durch intensiven Wiederaustrieb, allerdings kommt es bei größeren Schnittwunden auf Grund der schwachen Kompartimentierung zu erheblichem Fäulefortschritt in Ästen und ggf. im Stamm. Schnitthinweis: Schnittmaßnahmen (außer zur Kronenkorrektur) in der Regel nicht erforderlich.

Die Wurzel entwickelt sich zu einem intensiven Herzwurzelsystem bis 1,5 m Tiefe (im Extrem bis 4 m) mit weit horizontaler Ausbreitung an der Bodenoberfläche und reichlich Wurzelbrut, mit Endo- und Ektomykorrhiza. Bei entsprechenden Bodenverhältnissen kann es zur Bildung eines Flachwurzelsystems und zu Bodenbelagshebungen durch oberflächennahe Wurzeln kommen. Die Zitter-Pappel ist stockausschlagfreudig (nur bei vollem Lichtgenuss).

Sie kann sich durch die Wurzelbrut sehr unbeliebt machen, denn diese kann große Flächen bedecken, von einem Mutterbaum ausgehend. Die Tochterbäume eines Klons werden zunächst vom Mutterbaum noch mitversorgt (selten kann es auch umgekehrt sein), bis die Verbindung aufgegeben wird. Die Intensität der Wurzelbrut ist sortenabhängig. Die Nordamerikanische Zitter-Pappel *(P. tremuloides)* bildet durch Wurzelbrut den größten Baum der Welt: ein Klon der 43 ha bedeckt, einen eigenen Namen 'Pando' erhalten hat, aus fast 50 000 Einzelindividuen besteht ('the trembling giant', der „zitternde Gigant") und mehrere 10 000 Jahre alt sein soll. Zu solchen Werten schafft es die heimische Zitter-Pappel zwar nicht, aber auch ihr Ausbreitungsvermögen ist beeindruckend.

Erläuterung Boden- und Umweltansprüche
(1) sehr gering
(2) gering
(3) mäßig
(4) anspruchsvoller
(5) hoch

Das sehr weiche und leichte Holz ist zerstreutporig, ohne Kern (häufig mit dunklerem Falschkern).

Die Zitter-Pappel ist eine Pionierbaumart. Sie ist von allen häufigeren Pappelarten die anspruchsloseste und nicht auf gute Wasser-und Nährstoffversorgung angewiesen, kommt daher auch nicht besonders häufig an Flüssen vor.

Die Baumart ist für die Ingenieurbiologie interessant und hat gute Eigenschaften zur Feinstaubbindung.

Die Nährstoffansprüche der Zitter-Pappel sind sehr gering (1), der Wasserbedarf ebenfalls (1). Der Lichtbedarf ist in der Jugend anspruchsvoller (4), bei Wurzelbrut mäßig (3), da diese noch vom Mutterbaum mitversorgt wird. Danach benötigt sie dann aber bald eine

Abb. 5.65. Aspen-Solitär ohne Wurzelbrut.

Abb. 5.66. Zitterpappel-Klondickicht aus Wurzelbrut mit Potenzial zu Belästigungen.

freie Krone (5). Die Frosthärte beträgt −50 °C. Die Trockenstressanpassung ist sehr hoch (s. Kap. 7), sie erträgt auch längere Vernässung.

Von allen hier verbreiteten Pappelarten ist die Zitter-Pappel die anspruchsloseste (in Bezug auf Nährstoffe, Wasser, Licht, Klima) – mit ein Grund für Ihre Häufigkeit.

Die Zitter-Pappel wächst in leichten/sandigen, schweren/tonigen oder durchlässigen Böden und ist immissions-, salz- und überschüttungstolerant. Als Solitärgehölz kann sie ihre Wirkung besonders gut entfalten und ist strahlungstolerant. Sie ist ein Bienennährgehölz.

Nach der KlimaArtenMatrix KLAM (s. Kap. 6) ist die Zitter-Pappel auch weiterhin als Stadtbaumart sehr gut verwendbar (Bewertung 1.1), nach GALK-Liste ist sie als Straßenbaum ungeeignet. Die Baumart ist geeignet für Parks, Brachland und Böschungen (ggf. auf geringere Wurzelbrutneigung achten).

Über das Zittern der Aspenblätter machte man sich seit alter Zeit Gedanken und verband damit verschiedene Legenden und Mythen.

„Pappelwolle" (die Samenbüschel) kann für Kissen- und Deckenfüllungen verwendet werden, sie isoliert besser als Daunen. Die Ernte (an verschiedenen Pappelarten) ist allerdings sehr aufwändig, mit Fesselballon oder Baumkletterern, und hat daher ihren Preis. Pappelrinde wurde als Wundverband genutzt und gegen Gicht, Schmerzen und rheumatische Beschwerden, außerdem Knospen und Blätter für verschiedene weitere Heilzwecke – die Pappel war eine anerkannte Heilpflanze. Der seit dem Altertum bekannte Wirkstoff Propolis, auf den auch heute noch viele Menschen schwören, stammt u. a. aus Pappelknospen und wird von Bienen gesammelt und mit ihrem Wachs vermischt. Die Innenrinde der Zitter-Pappel ist der Lieblingsfraß der Biber.

Nachdem Napoleon Moskau 1812 in Schutt und Asche hinterließ, sollen Zitterpappel-Sämlinge für ein schnelles Wiederergrünen der Ruinen gesorgt haben, was tatsächlich gut zum Pioniercharakter dieser Baumart passt.

Steckbrief Zitter-Pappel (bedeutsame Eigenschaften als Stadtbaum)

+ sehr tolerant gegenüber Bodenfaktoren
+ zitternde Blätter
+ lichter Habitus
+ attraktive Herbstfärbung
+ Bienengehölz
~ mäßige Reiterationsfreudigkeit
~ Krankheiten und Schäden s. Kap. 8.2.20
- schwache Kompartimentierung
- Wurzelbrut, intensive Ausbreitung
- behaarte Samenbüschel können zu Belästigungen führen (nur weibliche Bäume)

5.20.1 Weitere häufige Pappelarten in der Stadt

P. alba (Silber-P.): helle Blattunterseiten, trockenheits- und immissionstolerant, hohe Feinstaubbindung, intensive Wurzelbrut
P. balsamifera (Balsam-P.): aromatischer Geruch vor und beim Austreiben, kalktolerant
P. × *berolinensis* (Berliner P.): breit säulenförmig, trockenheits- und immissionstolerant, als Straßenbaum geeignet (GALK: m. E.)
P. × *canescens* (Grau-P.): trockenheits-, immissions- und kalktolerant, Wurzelbrut
P. lasiocarpa (Großblatt-P.): höhere Feuchte- und Nährstoffansprüche
P. nigra 'Italica' (Säulen-P.): attraktiver schlanker Habitus, im Alter oft Wipfeldürre

Abb. 5.67. Brillante rötliche Herbstfärbung, an anderen Bäumen auch leuchtend gelb.

5.21 Prunus avium: Vogel-/Süß-Kirsche

Die Vogel-Kirsche ist nach einer aktuellen Befragung eine der beliebtesten Stadtbaumarten (vor allem als Haus- und Gartenbaum), wegen ihrer kleinen und lichten Krone, der frühen wunderschönen Blüte, der attraktiven Früchte und der brillanten orange-rötlichen Herbstfärbung. Auch die rotbraune Rinde kann sich sehen lassen: sie ringelt sich waagerecht wie bei der Birke vom Stamm ab, und es kommen immer wieder kupferfarben glänzende junge Rindenflächen zum Vorschein.

Die Blätter weisen am Blattstiel Nektarien (Drüsen zur Nektarproduktion) auf, die als Attraktion für Ameisen dienen, und diese schützen dann als „Gegenleistung“ den Baum vor Fraßschädlingen, auch nach der Blütezeit.

Die weißen, fünfzähligen, zwittrigen Blüten erscheinen büschelweise Mitte bis Ende April unmittelbar vor dem Blattaustrieb und sorgen weit verbreitet für Frühlingsstimmung, indem sie viele Gärten für wenige Tage in ein weißes Blütenmeer verwandeln. Sie werden vor allem von Bienen bestäubt, und daher ist die Baumart eine der wichtigsten Bienenweiden. Das größte Risiko sind um diese Zeit Spätfröste, denn es ist ja noch April. Blüten und demzufolge auch Früchte entwickeln sich nur an Kurztrieben, die also bei dieser Baumart wie auch bei vielen anderen Obstbäumen eine besondere Funktion und Bedeutung haben. Früchte entwickeln sich bei der Vogel-Kirsche zudem nur bei Fremdbestäubung, also müssen dafür mindestens zwei Kirschbäume in Bienenflugentfernung stehen. Die dunkelroten Steinfrüchte sind bei der Wildform relativ klein und schmecken etwas herb, hingegen sind die von ihr ausgehenden Varietäten der Süß-Kirschen etwa doppelt so dick und deutlich süßer. Die Samen werden durch Tiere verbreitet, die den Kern mit Abstand vom Mutterbaum wieder absetzen. Im Obstbau wird heute allerdings viel häufiger die Sauer-Kirsche *(Prunus cerasus)* angebaut, da sie später austreibt und daher spätfrostresistenter sowie robuster ist.

Kulturkirschen sind immer veredelt, früher war die Pfropfstelle meist in Kopfhöhe und heute am Wurzelanlauf. Die Rinde entwickelt wie Birke, Buche und Hainbuche keine Borke, sondern relativ dünnen Ringelkork.

Junge Vogel-Kirschen können einen Jahreshöhenzuwachs von 80 cm erreichen, zeigen also im Freistand und bei guter Wasserversorgung schnelles Wachstum, das allerdings nicht lange anhält. In der Jugend erfolgt das Wachstum frei (der Trieblängenzuwachs hält bis zum Spätsommer an), im Alter ist es gebunden (Beendigung 4–6 Wochen nach Austrieb). An der Verzweigung der Kirsche fällt auf, dass die Seitenzweige quirlartig an der Hauptachse stehen, wie bei den Kiefern. Bei Verletzungen tritt eine harzige Flüssigkeit aus Ästen und Stamm aus, die an der Oberfläche nach dem Trocknen an der Luft bernsteinartig aussieht („Wundgummi“).

Die Baumhöhe erreicht nur etwa 15 m, die Bäume bleiben also relativ klein, bei der Vogel-Kirsche mit aufrechter Krone, Süß-Kirschen mit breiter Krone. Der Stamm kann 80 cm dick werden. Wild-Kirschen werden 150 Jahre alt, veredelte Kulturkirschen nur 70 Jahre. Allgemein kann man feststellen, dass veredelte Bäume nur die halbe Lebenserwartung erreichen wie durchgewachsene, was bei Stadtbäumen wegen der erhöhten Sicherheitsansprüche bedeutsam sein kann (z. B. bei Blut-Buchen).

Die Baumart reagiert auf Schnittmaßnahmen durch intensiven Wiederaustrieb, allerdings kommt es auf Grund der schwachen Kompartimentierung bei größeren Schnittwunden zu erheblichem Fäulefortschritt in Ästen bzw. im Stamm. Schnitt ist ggf. wie bei Hochstämmen durchzuführen. Totäste bleiben lange am Stamm hängen („Totasterhalter").

Das Wurzelsystem ist herzförmig und bis 1,5 m tief, mit Endo- und Ektomykorrhiza. Aus oberflächennahen Horizontalwurzeln wachsen Schösslinge, die dann bei veredelten Bäumen von der Wildform (Pfropfunterlage) stammen. Die Kirsche ist stockausschlagfreudig (nur bei vollem Lichtgenuss).

Das Holz ist halbringporig, mit gelb- bis goldbraunem oder rötlich braunem Kern.

Erläuterung Boden- und Umweltansprüche
(1) sehr gering
(2) gering
(3) mäßig
(4) anspruchsvoller
(5) hoch

Die Vogel-Kirsche ist eine Übergangsbaumart (zwischen Pionier- und Klimaxbaumarten).

Die Baumart ist für die Ingenieurbiologie interessant und hat gute Eigenschaften zur Lärmminderung und Feinstaubbindung.

Die Nährstoffansprüche der Vogel-Kirsche sind mäßig (3). Der Wasserbedarf ist gering bis mäßig (2–3). Der Lichtbedarf ist in der Jugend gering (3), ab frühem Alter benötigt sie dann aber eine freie Krone (5). Die Frosthärte beträgt −25 °C, mit einer gewissen Spätfrostempfindlichkeit. Die Trockenstressanpassung ist ziemlich hoch (s. Kap. 7).

Vogel- und Süß-Kirschen tolerieren auch alkalische Bodenreaktionen, sie wachsen am besten in schweren/tonigen oder durchlässigen Böden und sind empfindlich gegen Bodenverdichtung und -versiegelung sowie überschüttungsempfindlich. Als Solitärgehölz oder in Alleen an Feldwegen können sie ihre Wirkung besonders gut entfalten und sind strahlungstolerant.

Nach der KlimaArtenMatrix KLAM (s. Kap. 6) ist die Vogel-Kirsche auch weiterhin als Stadtbaumart sehr gut verwendbar (Bewertung 1.1, also mit Bestnote), nach GALK-Liste ist sie als Straßenbaum ungeeignet. Die Baumart ist geeignet für Nebenstraßen, Parks, Plätze, Parkplätze, Promenaden/Fußgängerzonen, Entrees, Gärten und als Hausbaum.

Die Früchte der Vogel- und Süß-Kirsche haben einen hohen Gehalt an wertvollen Inhaltsstoffen. Kirschkernkissen sind nach wie vor sehr beliebt als Wärmflaschenersatz oder Kopfkissen für Allergiker.

„Barbarazweige" schneidet man am 4. Dezember und stellt sie in eine Vase im Zimmer (Wasser häufig wechseln), damit die Kirschzweige Weihnachten blühen.

In der Stadt sind auch sehr beliebt japanische Blütenkirschen, deren Blüten noch auffälliger und oft gefüllt sind, hingegen werden von diesen Bäumen meist keine Früchte erzeugt.

Die Vogel-Kirsche war 2010 Baum des Jahres.

Steckbrief Vogel-Kirsche (bedeutsame Eigenschaften als Stadtbaum)

+ auffälliger Blütenbaum
+ attraktive Herbstfärbung
+ schönes Rindenbild
+ essbare Früchte
+ sehr wichtiges Vogel- und Bienennährgehölz

~ bei Standortbeachtung kaum Krankheiten und Schäden, s. Kap. 8.2.21
~ mäßige Reiterationsfreudigkeit
- schwache Kompartimentierung
- bei Fruchtreife Vogelschwärme

Abb. 5.68. Blühender Kirschbaum, im Garten und in vielen ländlichen Regionen der Inbegriff des Frühlings.

Abb. 5.69. Einer der beliebtesten Hausbäume (Süß-Kirsche) wegen schöner Blüte und Herbstfärbung, kleiner lichter Krone und begehrter Früchte.

Abb. 5.70. Süßkirschen-Allee an Nebenstraße mit attraktiver Herbstfärbung.

5.21.1 Weitere häufige Prunus-Arten in der Stadt

P. cerasifera (Kirschpflaume): sehr frühe Blüte, z. T. schon im März, attraktive essbare Früchte, trockenheits-, immissions- und kalktolerant

P. cerasus (Sauer-Kirsche): geringere Spätfrostgefährdung als Süß-Kirsche

P. padus (Traubenkirsche): sehr früher Austrieb, bodenvag, trockenheits- und immissionstolerant, in Sorten als Straßenbaum geeignet (GALK)

P. serotina (Spätblühende Traubenkirsche): ledriges glänzendes Blatt, intensive Selbstverbreitung, bodenvag, trockenheits- und immissionstolerant

P. serrulata u. a. (Jap. Blütenkirschen, meist Sorten): attraktive frühe Blüte, keine Früchte, kalktolerant, in Sorten als Straßenbaum geeignet (GALK: m. E.)

5.22 Pyrus communis: Kultur-Birne/Birnbaum

Der Birnbaum ist in der Stadt im Straßenraum verbreiteter als Apfelbäume, da Birnen zu schlankerem Wuchs neigen (Äpfel zu breiteren Kronen). Allerdings sind Kultur-Birnen als Straßenbäume ungeeignet, da die großen reifen Früchte auf die Straße und auch auf Fahrzeuge fallen und zu Schäden oder gar Unfällen führen können. An Überlandstraßen werden dadurch zudem Tiere an die Straße gelockt. Daher werden hierfür heute viel häufiger asiatische kleinfrüchtige Birnenarten, sog. Erbsenbirnen, verwendet.

Die Blätter von Birnbäumen sind oberseits dunkelgrün glänzend, haben eine rundliche Spreite und einen relativ langen Stiel, bei Wildformen so lang wie die Spreite. Die Herbstfärbung kann leuchtend gelb, orange bis rot ausfallen.

Die weißlichen, fünfzähligen, zwittrigen Blüten erscheinen Anfang bis Mitte April (meist nach den Zwetschgen, vor Kirschen und Äpfeln) vor dem Blattaustrieb und werden von Bienen und anderen Insekten bestäubt. Sie riechen etwas nach Fisch, was man aber nur in Plantagen oder an geschnittenen Blütenzweigen in geschlossenen Räumen merkt. Aus ihnen entwickeln sich bis zum Herbst Sammelfrüchte, die im Inneren als „Kerngehäuse“ 5 sternförmig angeordnete Balgfrüchtchen enthalten, worin sich die Samen („Kerne“) befinden. Das anfangs harte Fruchtfleisch enthält Steinzellennester mit besonders dicken Zellwänden, die dann bei der Reife teigig werden. Die Früchte und Samen werden durch Tiere verbreitet und können zu Belästigungen führen, wenn sie massenhaft von den Bäumen fallen oder durch ihr Gewicht Äste abbrechen.

Birnbäume sind wie Kirschen oft veredelt, was man z. T. an einem Durchmessersprung oder meist am scharfen Wechsel des Rindenbildes am Stamm erkennt.

Die Rinde ist eine dunkelbraune Schuppenborke mit relativ kleinen, viereckigen Schuppen.

Junge Birnbäume können einen Jahreshöhenzuwachs von 80 cm erreichen, zeigen also im Freistand und bei guter Wasserversorgung schnelles Wachstum, das allerdings nicht lange anhält. In der Jugend erfolgt das Wachstum frei (der Trieblängenzuwachs hält bis zum Spätsommer an), im Alter ist es gebunden (Beendigung 4–6 Wochen nach Austrieb). An der Verzweigung von Birnbäumen fallen die dicht stehenden Kurztriebketten auf (sog. Ringelspieße), an denen sich wie bei Apfelbaum und Kirsche die Blüten und Früchte entwickeln. Alte Birnbäume zeigen zudem in der Oberkrone sog. Fruchtbögen: die Wipfeltriebe biegen sich mit zunehmendem Alter herab (u. a. durch das Fruchtgewicht), sodass Seitentriebe das Höhenwachstum fortsetzen müssen. Wildformen entwickeln Dornen an Stammaustrieben, d. h. seitliche Triebe enden mit einer stechenden Spitze.

Birnbäume entwickeln meist schlanke, lockere, kleine bis mittelgroße Kronen und können 15 m hoch, 80 cm dick und etwa 150 Jahre alt werden, veredelte Bäume werden nur halb so alt (s. *Prunus*).

Der Birnbaum reagiert auf Schnittmaßnahmen durch intensiven Wiederaustrieb. Schnitt ist ggf. wie bei Hochstämmen durchzuführen.

Das Wurzelsystem entwickelt anfangs eine Pfahlwurzel und wird dann herzförmig, bis 1,5 m tief, mit Endo- und Ektomykorrhiza. Bei

Abb. 5.71. Birnbaum-Solitär mit schlankem aufrechtem Habitus.

entsprechenden Bodenverhältnissen kann es zur Bildung eines Flachwurzelsystems kommen. Bei Wildformen kann Wurzelbrut auftreten. Die Kultur-Birne ist stockausschlagfreudig (bei vollem Lichtgenuss).

Das Holz ist zerstreutporig und schwer, ohne Kern (häufig mit braunem bis violettem Falschkern).

Der Birnbaum ist eine Übergangsbaumart (zwischen Pionier- und Klimaxbaumarten).

Die Nährstoffansprüche der Birne sind mäßig (3). Der Wasserbedarf ist gering (2). Der Lichtbedarf ist in der Jugend mäßig (3), ab frühem Alter benötigt sie dann aber eine freie Krone (5). Die Frosthärte beträgt −25 °C. Die Trockenstressanpassung ist ziemlich hoch (s. Kap. 7).

Erläuterung Boden- und Umweltansprüche
(1) sehr gering
(2) gering
(3) mäßig
(4) anspruchsvoller
(5) hoch

Der Birnbaum toleriert auch alkalische Bodenreaktionen, er wächst am besten in schweren/tonigen oder durchlässigen Böden und ist mäßig überschüttungstolerant. Als Solitärgehölz oder in Alleen an Nebenstraßen kann er seine Wirkung besonders gut entfalten und ist strahlungstolerant. Er ist ein Bienennährgehölz.

Nach der KlimaArtenMatrix KLAM (s. Kap. 6) ist der Birnbaum auch weiterhin als Stadtbaumart gut verwendbar (Bewertung 2.2), nach GALK-Liste in Sorten mit Einschränkungen auch als Straßenbaum. Die Baumart ist geeignet für Nebenstraßen, Parks, Plätze, Promenaden/Fußgängerzonen, Entrees, Gärten und als Hausbaum.

Die Birne spielt ähnlich wie der Apfel eine Rolle in vielen Mythen, Symbolik und Volkstum. Ein Beispiel literarischer Würdigung der Birne ist das berühmte Gedicht von Theodor Fontane, in dem es

Abb. 5.72. Spalierbaum an Hauswand, eine Platz sparende Schnittform der Kultur-Birne.

Abb. 5.73. Attraktive Herbstfärbung mit Rot-, Orange- und Gelbtönen und zudem Fruchtbehang.

heißt: „Herr von Ribbeck auf Ribbeck im Havelland – ein Birnbaum in seinem Garten stand“. Apfel- und Birnbaum gehören im Garten als Paar zusammen, wobei der Apfel seit jeher das weibliche Element und die Birne das männliche Element symbolisiert.

Beim Birnbaum ist natürlich der wichtigste Nutzungsaspekt die Verwendung der Früchte. Die Kultur-Birne stammt von der Wild-Birne ab, anders als beim Kultur-Apfel.

Die Geschichte der Kultur-Birne reicht bereits mehrere tausend Jahre zurück, schon die alten Griechen kannten und schätzten sie. Es gibt mittlerweile über tausend Kultursorten der Birne. Die Blätter kann man (für Tee) nutzen, aus den Kernen lässt sich Speiseöl herstellen. Man sprach dem Birnbaum früher auch die Fähigkeit zu, dem Menschen Krankheiten abzunehmen.

Die Wild-Birne war 1998 Baum des Jahres.

Steckbrief Kultur-Birne (bedeutsame Eigenschaften als Stadtbaum)

+ Fruchtbaum	~ mäßige Kompartimentierung
+ attraktive reichliche Blüte	~ mäßige Reiterationsfreudigkeit
+ schöne Herbstfärbung	~ Krankheiten und Schäden s. Kap. 8.2.22
+ schlanker Habitus	- große schwere Früchte können zu Schäden/Belästigungen führen
+ wichtiges Vogel- und Bienennährgehölz	

5.22.1 Weitere häufige Birnenart in der Stadt

P. calleryana (Chinesische B.): kleine Früchte (1 cm dick), trockenheits- und immissionstolerant, als Straßenbaum geeignet (GALK: Sorten, m. E.)

5.23 Quercus robur ssp. robur (= Q. robur), ssp. sessiliflora (= Q.petraea), Q. rubra: Stiel-, Trauben- und Rot-Eiche

Drei Eichen(unter)arten sind in der Stadt sehr häufig zu finden und haben sich als Stadt- und Straßenbäume bewährt: Stiel-, Trauben- und Rot-Eiche. Von diesen ist die Rot-Eiche die am schnellsten wachsende, sie erreicht allerdings auch nicht das hohe Alter der beiden anderen und stammt aus Nordamerika. Heimische und nichtheimische Eichen haben sich auch und gerade in letzter Zeit unter den Stadt- und Straßenbaumarten besonders bewährt.

Die Blätter der drei Eichen sind gelappt. Die der Rot-Eiche unterscheiden sich deutlich durch die spitzen Lappen, bei Stiel- und Trauben-Eiche sind sie hingegen stumpf abgerundet. Der Austrieb aller drei Arten erfolgt erst Ende April bis Anfang Mai, da es sich um ringporige Baumarten handelt, die im Frühjahr zuerst einen neuen Jahrring bilden müssen. Die Herbstfärbung von Stiel- und Trauben-Eiche ist gelbgrün, gelbbraun, gelb und schließlich graubraun, die Blätter sind relativ schwer zersetzlich und bleiben daher lange erhalten. Die Rot-Eiche verfärbt sich intensiv leuchtend scharlachrot (daher ihr dt. Name), ihre Blätter können im Herbst auf dem Boden rutschig werden. Bei vielen, vor allem jüngeren freistehenden Eichen bleiben die Blätter im Herbst und Winter braun in der Krone hängen (ähnlich *Carpinus*, weiteres s. dort).

Man diskutiert seit einiger Zeit darüber, ob Stiel- und Trauben-Eiche eigentlich überhaupt verschiedene Arten sind, denn sie kreuzen sich problemlos miteinander, und es kommen alle möglichen Übergangsformen vor, die man als solche nicht oder nur schwer erkennt (bis zu 50 % der als Stiel- oder Trauben-Eichen identifizierten Bäume können Hybride sein). Ggf. sind es nur Unterarten, wie zu Linné's Zeiten. Das müssen die Genetiker klären, sie können die beiden bisher allerdings nicht unterscheiden – ein ernst zu nehmender Hinweis auf fehlende Artunterschiede. Auch die äußerliche Unterscheidung ist nicht ganz einfach, u. a. wegen der fließenden Übergänge auf Grund der Bastardierung – wenn man sicher sein will, muss man drei Blattmerkmale prüfen: Buchtennerven (Hauptseitennerven, die in die Blattbuchten führen; nur bei Stiel-Eiche), Büschelhaare (büschelartige Behaarung entlang der Hauptnerven; nur bei Trauben-Eiche) und Blattstiellänge (bei Stiel-Eiche <1 cm, bei Trauben-Eiche mindestens 1 cm). Dann muss es entweder 3:0 oder zumindest 2:1 für Trauben- oder Stiel-Eiche ausgehen.

Bei der Rot-Eiche wurde festgestellt, dass die Blätter in der Oberkrone tiefer gelappt sind als im unteren Kronenbereich und so mehr Licht ins Kroneninnere gelangt.

Die Blüten erscheinen mit dem Austrieb Ende April/Anfang Mai, die männlichen in Kätzchen, die weiblichen zu wenigen an langen

Stielen bei Rot- und Stiel-Eiche (daher ihr dt. Name) und fast sitzend traubig genähert bei Trauben-Eiche (dt. Name). Beide Geschlechter befinden sich auf demselben Baum (Einhäusigkeit). Die Früchte entwickeln sich in dem etwa ein Drittel ihrer Länge umfassenden schuppigen Fruchtbecher und fallen bei ihrer Reife im Oktober lederbraun aus diesem heraus oder mit diesem herunter (Plumpsfrüchte). Sie können in sog. Mastjahren mit besonders vielen Früchten zu Belästigungen führen (Gefahr des Ausrutschens). Die Fruchtreife dauert bei der Rot-Eiche ein Jahr länger, also bis zum Herbst des zweiten Jahres. Die Fruchtverbreitung erfolgt durch Tiere, z. B. Eichelhäher und Eichhörnchen. Die Eicheln enthalten so viele Reservestoffe, dass sich die Sämlinge über ein Jahr lang von diesen Inhaltsstoffen am Leben halten können und erst dann physiologisch autark werden müssen durch selbstständige Photosynthese (das kann man an weißblättrigen Eichensämlingen erkennen, die erst dann absterben). Da die Eicheln Wildtiere (vor allem Wildschweine und Reh-/Rotwild) anlocken, sind die Eichen als Alleebäume außerhalb von Städten nur eingeschränkt geeignet. Die Rot-Eiche kann sich intensiv ausbreiten und gelegentlich fast invasiv werden.

In Trockenperioden können Eichen einen Teil ihrer Zweige mit grünen Blättern daran abwerfen, sog. Absprünge. Diese liegen dann auf dem Boden unter den Bäumen und man könnte es für eine Krankheit halten. Durch diesen Mechanismus kann schnell die Verdunstungsfläche reduziert werden, allerdings verbunden mit Zweigverlusten, sodass bei besseren Bedingungen zur Kompensation ein verstärkter Neuaustrieb erfolgen muss.

Stiel- und Trauben-Eiche entwickeln eine dicke, tief gefurchte graubraune Netzborke, die zunächst grünliche Rinde der Rot-Eiche bleibt hingegen lange glatt und reißt schließlich ebenfalls zu einer graubraunen Netzborke auf, mit „Skispuren" am höheren Stamm (parallele Linien, wo die Rinde erstmalig aufreißt).

In der Jugend können die 3 Baumarten, vor allem die Rot-Eiche, einen Jahreshöhenzuwachs von über einem Meter erreichen, zeigen also im Freistand und bei guter Wasserversorgung schnelles Wachstum, das allerdings nicht lange anhält. Das Wachstum erfolgt nur bei der Rot-Eiche in der Jugend frei (der Trieblängenzuwachs hält bis zum Spätsommer an) und ist bei ihr im Alter wie auch bei jungen bis alten Stiel-und Trauben-Eichen gebunden (Beendigung 4–6 Wochen nach Austrieb). Bei den beiden letztgenannten treten häufig Johannistriebe auf, ein zweiter Wachstumsschub ab Ende Juni (Johannistag 24.6.), vor allem bei jungen Bäumen und bei voller Besonnung.

Die Bäume können in der Stadt bis 30 m hoch und der Stamm von Stiel- und Trauben-Eiche kann bis über 2 m dick werden, bei der Rot-Eiche bis etwa 1 m. Alte Eichen (vor allem Stiel-Eichen) sehen durch ihren knorrigen Wuchs sehr eindrucksvoll aus und sind für viele Menschen der Inbegriff von Langlebigkeit – „die unverwüstliche Eiche". In mitteleuropäischen Urwäldern kämen sie nur durch menschliche Hilfe langfristig vor, da sie sonst durch die Buche verdrängt würden. Die mit einem Alter von über 500 Jahren ältesten Bäume in Deutschland sind zu über 30 % Stiel-Eichen, viele davon in Dörfern oder Kleinstädten, und oft tragen sie besondere Namen wie z. B. die St.-Wolfgangs-Eiche in Thalmassing und die Ringeiche in Ivenack. Stiel- und Trauben-Eichen können über 700 Jahre alt werden. Sie entwickeln sehr große, breite, mäßig lichte Kronen, ebenso die Rot-Eiche, allerdings mit einem Höchstalter von nur 200 Jahren.

Stiel- und Trauben-Eichen sind sehr schnittverträglich, der Wiederaustrieb erfolgt meist problemlos, selbst bei stärkeren Eingriffen auch im Alter. Die Rot-Eiche ist in dieser Hinsicht weniger tolerant, zudem kommt es bei ihr bei großen Schnittwunden auf Grund der schwachen Kompartimentierung zu erheblichem Fäulefortschritt in Ästen und ggf. im Stamm. Schnitthinweis: bei ausreichend Platz i. d. R. keine Schnittmaßnahmen an Stiel-und Trauben-Eiche erforderlich; Rot-Eiche neigt zur Mehrstämmigkeit mit den entsprechenden mechanischen Problemen im Alter.

Die Wurzeln von Stiel- und Trauben-Eiche entwickeln für lange Zeit ein Pfahlwurzelsystem mit Ektomykorrhiza, z. B. mit dem Steinpilz. Sie erreichen Tiefen von 2–3 m und können bei großen Bäumen

Abb. 5.74. Alter eindrucksvoller Solitär der Stiel-Eiche auf städtischem Wiesengrundstück.

Abb. 5.75. Stadt- und Straßenbaum Trauben-Eiche mit im Alter großer Krone.

zu Bodenbelagshebungen durch oberflächennahe Wurzeln führen. Bei Rot-Eiche setzt der Wechsel vom Pfahl- zu einem Herzwurzelsystem deutlich früher ein, auch sie erreicht aber 2,50 m (im Extrem 3,50 m) Bodentiefe, mit Ektomykorrhiza. Bei entsprechenden Bodenverhältnissen kann es bei allen 3 Arten auch zur Bildung eines Flachwurzelsystems kommen. Alle drei Eichen sind stockausschlagfreudig, aber nur bei vollem Lichtgenuss.

Das Holz aller 3 Arten ist ringporig und schwer, mit hellbraunem bis rötlich braunem Kern.

Die 3 Eichen sind Übergangsbaumarten (zwischen Pionier- und Klimaxbaumarten).

Rot- und Stiel-Eiche sind für die Ingenieurbiologie interessant. Stiel-und Trauben-Eiche haben gute Eigenschaften zur Feinstaubbindung.

Die Nährstoffansprüche der drei Eichenarten sind gering (2). Der Wasserbedarf der Stiel- und Rot-Eiche ist etwas höher (3) als der der Trauben-Eiche (2). In der Jugend sind alle drei etwa 10–20 Jahre recht schattentolerant (2–3), sodass sie zunächst im Halbschatten anderer Bäume aufwachsen können. Dann benötigen sie aber bald eine freie Krone (5). Die Frosthärte aller drei Arten beträgt −25 °C. Die Trockenstressanpassung der Trauben-Eiche ist hoch, die der Rot- Eiche ziemlich hoch und die der Stiel-Eiche gut (s. Kap. 7).

Erläuterung Boden- und Umweltansprüche
(1) sehr gering
(2) gering
(3) mäßig
(4) anspruchsvoller
(5) hoch

Stiel- und Trauben-Eiche tolerieren auch alkalische Bodenreaktionen, für Rot-Eiche hingegen sind diese problematisch. Erstere reagieren empfindlich auf Grundwasserabsenkung und -anstieg im Alter, bis hin zum Absterben oder Umfallen. Alle drei Eichen wachsen in leichten/sandigen, schweren/tonigen, humosen oder durchlässigen Böden und sind immissions- und salztolerant. Stiel- und Trauben-Eiche sind als natürliche Auenwaldbaumarten überschüttungstolerant, wohingegen die Rot-Eiche überschüttungsempfindlich ist. Als Solitärgehölz und in städtischen Alleen können die Eichen ihre Wirkung besonders gut entfalten und sind strahlungstolerant.

Nach der KlimaArtenMatrix KLAM (s. Kap. 6) sind Trauben- und Rot-Eiche auch weiterhin als Stadtbaumart gut verwendbar (Bewertung 2.2), die Stiel-Eiche ebenfalls (2.1). Nach GALK-Liste sind alle 3 Arten auch als Straßenbäume verwendbar, die Rot-Eiche mit Einschränkungen. Die drei Eichenarten sind geeignet für innerstädtische Alleen, Parkplätze, Parks, Plätze, Promenaden/Fußgängerzonen und als Hausbaum.

In Roteichen-Stämmen wurden von allen in diesem Buch vorgestellten Baumarten die schnellsten Wasserleitungsgeschwindigkeiten festgestellt mit 30 m/Std an einem heißen Sonnentag.

In heimischen Eichenkronen leben besonders viele Tiere (vor allem Vogel- und Insektenarten), dies ist ein nicht unwichtiger Aspekt der Verwendung auch bzw. gerade in der Stadt.

Stiel- und Trauben-Eichen sind neben Linden seit jeher die am häufigsten verehrten Bäume, wegen ihres eindrucksvollen Habitus‘ und ihrer Langlebigkeit. Wer eine Eiche pflanzt, glaubt an die Zukunft, denn den ausgewachsenen Baum werden erst die Urururenkel erleben. Die lange Wachstumsdauer bis zur Nutzung kann auch in der Forstwirtschaft gelegentlich zu Irritationen führen, wenn z. B. vor über 200 Jahren Förster in England und Schweden Eichenbestände

Abb. 5.76. Naturdenkmal (Stiel-Eiche) mit problematischem Baumumfeld im Straßenraum .

Abb. 5.77. Alleebaum Rot-Eiche mit eingeschränktem Wurzelraum.

für die Seefahrt gepflanzt haben und diese Bestände jetzt erntereif sind, wofür sie nun niemand mehr braucht.

Das Eichenblatt gilt als Symbol für Beständigkeit, daher auch seine Darstellung auf vielen Münzen und Urkunden.

Vor langer Zeit wurden Eicheln auch von Menschen als Nahrungsmittel verwendet, später dann (im Mittelalter) nur noch für Haustiere, die sog. Eichenmast (vor allem für Schweine), und das Wild. In Notzeiten lassen sich die Eicheln zur Mehl- und Kaffeeherstellung verwenden. Auch die Rinde ist zur Gerb- und Farbstoffgewinnung nutzbar. Seit dem Altertum fanden Rinde, Blätter und Früchte eine breite Anwendung in Heilkunst und Volksmedizin, vor allem für entzündungshemmende Heilmittel.

Der Spruch „Vor den Eichen sollst du weichen, die Buchen sollst du suchen" (bei Gewitter) ist mit Vorsicht zu genießen, denn als Ursache für die häufiger sichtbaren Blitzeinschläge in Eichen spielt auch eine Rolle, dass Blitze an Buchen oft außen auf der nassen Rinde herablaufen – also evtl. genau dort wo man sich schutzsuchend hingestellt oder -gesetzt hat! Sie schlagen dann nicht in den Baum ein, sodass das Ereignis anschließend nicht mehr sichtbar ist, im Gegensatz zu zerborstenen Eichen.

Die Wetterregel „Treibt die Eiche vor der Esche, gibt's im Sommer große Wäsche, treibt die Esche vor der Eiche, folgt im Sommer große Bleiche" soll vorhersagen, ob der Sommer nass oder trocken wird. Dafür muss man natürlich etwa gleichalte, nebeneinander und einigermaßen freistehende Bäume miteinander vergleichen. Abgesehen davon dass selbst die Meteorologen von heute eine so langfristige Vorhersage nicht schaffen, fasziniert doch wie oft diese Regel zutrifft

Abb. 5.78. Brillante Herbstfärbung der Rot-Eiche mit allen Variationen von Rot- und Orangetönen.

und sich deshalb großer Beliebtheit erfreut. Wenn man sich kritisch fragt, woher Eichen und Eschen den kommenden Sommer vorhersehen können, stellt man zumindest anerkennend fest, dass dieser Spruch von besonders cleveren Zeitgenossen erfunden worden ist: wenn nämlich zwei Ereignisse, von denen jedes mit 90 %iger Wahrscheinlichkeit eintritt (hier das Austreiben der Eiche vor der Esche und die in Mitteleuropa meist feuchten Sommer), miteinander kombiniert werden, tritt die Folge immerhin mit 81 %iger Wahrscheinlichkeit ein, trifft also eigentlich fast immer zu.

Die Stiel-Eiche war 1989 der erste Baum des Jahres.

Steckbrief Stiel- und Trauben-Eiche (bedeutsame Eigenschaften als Stadtbaum)

+ sehr gute Kompartimentierung
+ hohe Reiterationsfreudigkeit
+ attraktiver Habitus
+ große Toleranz gegenüber urbanen Stressfaktoren
+ kaum Krankheiten und Schäden, s. Kap. 8.2.23
- Früchte können in Mastjahren zu Belästigungen führen
- Absprünge (nur kleine Zweige)
- schwere Äste (bei Astbruch erhöhtes Schadensrisiko)

Steckbrief Rot-Eiche (bedeutsame Eigenschaften als Stadtbaum)

+ phänomenale Herbstfärbung
+ große Toleranz gegenüber urbanen Stressfaktoren
~ mäßige Reiterationsfreudigkeit
~ Krankheiten/Schäden s. Kap. 8.2.23
- schwache Kompartimentierung
- ungeeignet bei alkalischer Bodenreaktion
- Früchte können in Mastjahren zu Belästigungen führen
- nach Blattfall auf dem Boden rutschige Blätter

5.23.1 Weitere häufige Eichenarten in der Stadt

Qu. cerris (Zerr-E.): trockenheits-, immissions- und kalktolerant, als Straßenbaum geeignet (GALK)

Qu. frainetto (Ungarische E.): sehr schönes glänzendes und gelapptes Blatt, trockenheits-, immissions- und kalktolerant, als Straßenbaum geeignet (GALK: m. E.)
Qu. × *hispanica* (Spanische E.): immergrünes, schlankes, nur schwach gelapptes Blatt, profitiert von wärmeren Wintern
Qu. palustris (Sumpf-E.): trockenheitstolerant, kalkempfindlich, als Straßenbaum geeignet (GALK)

5.24 Robinia pseudoacacia: Gemeine Robinie/ Scheinakazie

Die Robinie stammt aus Nordamerika, wurde 1635 in Deutschland eingeführt und ist hier eine der trockenheitstolerantesten Stadtbaumarten. Sie macht sich jedoch durch eine z. T. ungebremste Ausbreitung unbeliebt, ist also invasiv, denn ihre Wurzelbrut lässt sich bisweilen nur schwer eindämmen – je mehr man sie bekämpft (abschneidet), desto mehr Neuaustriebe erfolgen. Diese Eigenschaft ist allerdings sortenabhängig und manchmal auch erwünscht, z. B. zur Böschungssicherung. I. d. R. lässt sich das Problem in der Stadt beherrschen.

Die Blätter sind gefiedert. Der Austrieb erfolgt erst Anfang Mai, da es sich um eine ringporige Baumart handelt, die zuerst im Frühjahr einen neuen Jahrring bilden muss. Im Herbst verfärben sich die Blättchen kaum, sie fallen gelblich grün vom Baum, die Blattspindel erst verzögert. Die Blättchen sind nach dem Blattfall kein Streitfaktor, da sie sehr klein sind und sich beim Eintrocknen einrollen. Wie auch bei Esche, Walnuss, Schnurbaum und Götterbaum sind die gefiederten Blätter als Wegwerftriebe zu interpretieren, denn es wird im Grunde die feinste Verzweigungsordnung (die Blattspindel) mit den Blättchen abgeworfen. Eine Besonderheit der Blätter ist ihre „Schlafstellung“: nachts hängen die Fiederblättchen herab, entfalten sich bei Sonnenaufgang in die Waagerechte, und bei Trockenstress falten sie sich nach oben zusammen.

Die zwittrigen Blüten erscheinen in langen hängenden Trauben erst Ende Mai, sind eine wertvolle Bienenweide („Akazienhonig“) und duften intensiv aromatisch, sodass man Robinien sehr gut am angenehmen Geruch erkennen kann. Da die Baumart zu den Schmetterlingsblütlern gehört, weist die Einzelblüte 4 Kronblätter mit Fahne, Flügeln und Schiffchen auf. Der Blütenfall nach dem Verblühen kann zu geringfügigen Belästigungen führen, da es sehr viele Blütenblätter sein können. Allerdings trocknen diese dann schnell zu kleinen Krümeln ein. Die Früchte sind Hülsen, sehen also bohnenähnlich aus und werden 5–10 cm lang, sie öffnen sich an Bauch- und Rückennaht. Sie sind ebenso wie die Blätter giftig.

Die Rinde wird eine sehr dicke, tief gefurchte graubraune Netzborke.

Junge Robinien können einen Jahreshöhenzuwachs von über einem Meter erreichen, zeigt also im Freistand und bei guter Wasserversorgung sehr schnelles Wachstum. In der Jugend erfolgt das Wachstum frei (der Trieblängenzuwachs hält bis zum Spätsommer an), im Alter ist es gebunden (Beendigung 4–6 Wochen nach Austrieb). Die Zweige sind an den Blattansatzstellen durch immer zwei große Dornen charakterisiert, die aus umgewandelten Nebenblättern entstanden sind und ursprünglich zur Fraßabwehr dienen. Sie können bei Pflegearbeiten und spielenden Kindern zu Verletzungen führen. Die Knospen sind äußerlich nicht sichtbar, da sie unter den Blattnarben verborgen sind und erst beim Austreiben daraus hervorbrechen.

Die Bäume können in der Stadt bis 30 m hoch werden und große, überhängende, lockere Kronen entwickeln. Der Stamm wird bis zu 1,50 m dick, das Höchstalter erreicht über 100 Jahre. Robinien neigen zu Schiefstand, allerdings meist ungefährlich, da der Baum gut verwurzelt ist. Am Habitus alter Robinien fällt der in der schirmförmigen Außenkrone knickige, teils bizarre Wuchs auf.

Die Robinie reagiert auf Schnittmaßnahmen durch intensiven Wiederaustrieb, allerdings kommt es bei größeren Schnittwunden auf Grund der mäßigen Kompartimentierung vor allem im Alter zu Fäulefortschritt in Ästen und ggf. im Stamm. Im Alter kann Windbruch und Totasthäufung auftreten. Schnitthinweis: schnittverträglich, zusätzliche Schittmaßnahmen meist nicht erforderlich.

Die Wurzel bildet zunächst eine Pfahlwurzel, dann bald ein Herzwurzelsystem mit einer Tiefe bis zu 2 m (im Extrem bis 8 m), ohne Mykorrhiza oder vereinzelt mit Endomykorrhiza. Bei entsprechenden

Abb. 5.79. Robinien-Paar mit markantem Habitus auf einem Stadtplatz.

Abb. 5.80. Blühender Hausbaum mit bemerkenswerter Nähe zum Wohngebäude und zur Straße.

Bodenverhältnissen kann es zur Bildung eines Flachwurzelsystems und zu Bodenbelagshebungen durch oberflächennahe Wurzeln kommen. Aus oberflächennahen Horizontalwurzeln wachsen zudem viele Schösslinge, sog. Wurzelbrut. Diese kann so intensiv werden, dass sich Robinien nur noch schwer vom Standort entfernen lassen. Man kann sie aber auch gezielt zur Böschungsbefestigung einsetzen. Die Robinie ist stockausschlagfreudig (nur bei vollem Lichtgenuss).

Da die Robinie zu den Leguminosen gehört, fixieren an ihren Wurzeln Bakterien in einer Symbiose den Luftstickstoff, was die Baumart vom Standort unabhängiger macht und zur Düngung des Bodens führt. Dies kann regelmäßig an den vielen Stickstoffzeigern der Bodenvegetation unter Robinien erkannt werden und macht ihre Selbstausbreitung so problematisch, da sie den Standort verändert. Es wird angenommen, dass Robinien wie der Götterbaum (s. dort) giftige Substanzen aus ihren Wurzeln ausscheiden, um Konkurrenzpflanzen zu behindern/beseitigen („Allelopathie").

Das Holz ist ringporig und schwer, mit hellgelbem bis grünlich-gelbem Kern.

Die Robinie ist eine Pionierbaumart.

Sie ist für die Ingenieurbiologie interessant (allerdings Invasivität zu beachten).

Die Nährstoffansprüche der Robinie sind sehr gering (1), ebenso der Wasserbedarf (1). Der Lichtbedarf ist nach Pflanzung bereits in der Jugend anspruchsvoller (4), bei Wurzelbrut mäßig (3), da diese noch vom Mutterbaum mitversorgt wird. Ab frühem Alter benötigt sie dann eine freie Krone (5). Die Frosthärte beträgt −25 °C. Die Trockenstressanpassung ist hoch (s. Kap. 7).

Erläuterung Boden- und Umweltansprüche

(1) sehr gering
(2) gering
(3) mäßig
(4) anspruchsvoller
(5) hoch

Abb. 5.81. Wurzelbrut (links) einer Robinie (Mutterbaum rechts) aus oberflächennahen Wurzeln.

Die Robinie toleriert auch alkalische Bodenreaktionen, sie wächst in leichten/sandigen, schweren/tonigen oder durchlässigen Böden und ist immissions- und salztolerant. Sie kommt auch gut mit Bodenverdichtung und Überschüttung zurecht. Als Solitärgehölz kann sie ihre Wirkung besonders gut entfalten und ist strahlungstolerant.

Nach der KlimaArtenMatrix KLAM (s. Kap. 6) ist die Robinie auch weiterhin als Stadtbaumart sehr gut verwendbar (Bewertung 1.1, also mit Bestnote), nach GALK-Liste auch als Straßenbaum. Die Baumart ist geeignet für Alleen, Parkplätze, Parks, Plätze, Promenaden/Fußgängerzonen und Entrees (auf Sorten mit wenig/ohne Wurzelbrut achten).

Hauptargument für die Verwendung der Robinie in der Stadt sind ihre attraktiv aussehenden und duftenden Blüten. Sie liefert den „Akazienhonig", in Brandenburg in manchen Jahren die Hälfte der Honigernte. Aus Robinienblüten lässt sich zudem ein schmackhaftes Getränk herstellen. Neben der Invasivität ist die Giftigkeit der Früchte zu beachten, sie sollte daher nicht an Kindergärten oder auf Spielplätzen verwendet werden.

Steckbrief Gemeine Robinie (bedeutsame Eigenschaften als Stadtbaum)

+ sehr tolerant gegenüber Bodenfaktoren und Stadtstress
+ Blüten aromatisch duftend und schön aussehend
+ wichtiges Bienengehölz
~ mäßige Reiterationsfreudigkeit
~ mäßige Kompartimentierung
~ Krankheiten/Schäden s. Kap. 8.2.24
- Wurzelbrut
- intensive Selbstausbreitung
- Dornen können zu Verletzungen führen

5.25 Salix alba, S. × rubens: Silber-, Fahl-Weide

Die Silber-Weide ist eine Augenweide, wegen ihrer silbrigen Blätter und ihres in Sorten melancholischen Habitus'. An welchem größeren Parkgewässer steht heute keine Trauerweide? Dort kommt ihr Charakter so richtig zur Geltung, wenn ihre Zweige über oder im Wasser schwingen und sie sich auf der Wasseroberfläche spiegelt. Meist werden als Trauerweiden Varietäten oder Hybriden der Silber-Weide verwendet. Die biegsamen Zweige der Silber-Weide und vieler anderer Weidenarten machen es den Bäumen leicht, sich in die Strömung zu legen, wenn sie nah an Fließgewässern wachsen und bei Hochwasser im Fluss stehen. Dadurch brechen dann weniger Zweige ab. Auch dass die Blätter wie Paddelboote aussehen, dürfte kein Zufall sondern wiederum Strömungsanpassung sein.

Silber-und Fahl-Weide (Letztere ist der Bastard zwischen Silber- und Korb-Weide) sind Vertreter der wenigen heimischen Baumweiden, die meisten *Salix*-Arten wachsen hingegen strauchförmig. Der Bastard Fahl-Weide kommt heute viel häufiger an Fließgewässern vor als die reine Silber-Weide, wird aber wegen der ebenfalls silbrigen Blätter meist für letztere gehalten.

Der Austrieb beginnt sehr früh, bereits Ende März bis Anfang April, bei einzelnen Sorten/Varietäten verfärben sich zudem die jüngsten Zweige schon lange vor dem Austreiben intensiv grünlich bis dottergelb (sog. Dotterweiden), was sehr attraktiv aussieht und die Frühlingsstimmung bisweilen schon im Februar steigen lässt. Von weitem auffallend sind ihre silbrigen lanzettlichen Blätter, deren Färbung durch tote Härchen auf der Blattunterseite zustande kommt und auf einen verbesserten Verdunstungsschutz hinweist. Die Herbstfärbung ist gelblich grün, also eher unauffällig.

Die eingeschlechtigen Blütenkätzchen erscheinen bei Silber- und Fahl-Weide erst mit den Blättern im April/Mai, im Unterschied z. B. zur Sal-Weide mit ihrer Blütezeit im März lange vor dem Blattaustrieb. Weiden sind zweihäusig, es gibt also nur weibliche oder männliche Bäume. Die Bestäubung erfolgt durch Insekten (u. a. Bienen) und den Wind. Die Früchte sind schon im Mai/Juni reif und wie bei Pappeln Kapseln, die am Baum aufplatzen und die sehr zahlreichen Samen mit Haarschopf entlassen („Wattebüschel"). Diese werden sehr weit vom Wind verbreitet, im Extrem bis 20 km, sind nach ihrer Landung auf dem Boden wie bei Pappeln aber nur 2 Tage keimfähig – wenn dann keine Feuchtigkeit herrscht/kommt, gehen sie wieder ein, das Schicksal der allermeisten Weidensamen, auch da sie nackten Boden benötigen.

Die Rinde entwickelt sich zu einer dicken grauen Netzborke.

In der Jugend können Silber- und Fahl-Weiden einen Jahreshöhenzuwachs von deutlich über einem Meter erreichen, zeigen also im Freistand und bei guter Wasserversorgung schnelles Wachstum (das zweitschnellste aller hier vorgestellten Baumarten nach dem Götterbaum), das allerdings nicht lange anhält. Das Wachstum erfolgt frei (der Trieblängenzuwachs hält bis zum Sommer an).

Silber- und Fahl-Weiden werfen in Trockenstressperioden regelmäßig grün belaubte Zweige ab, sog. Absprünge (wie Eiche und Pappel), die am Naturstandort ins Fließgewässer fallen können, fortgespült werden und an einem anderen Ort am Ufer landen, um sich dort ggf. zu bewurzeln. Steckhölzer bewurzeln sich sehr leicht, auch bis zu erstaunlichen Dimensionen, sodass man daraus lebende Weidendome und neuerdings begehbare Plattformen konstruieren kann (sog. Baubotanik).

Silber- und Fahl-Weiden können in der Stadt bis 150 Jahre alt werden, Höhen von 30 m und Stammdurchmesser von über 1 m erreichen. Der Stamm ist in höherem Alter im Inneren regelmäßig faul und hohl, und darin entwickeln sich sehr oft Innenwurzeln. Die Krone ist relativ lichtdurchlässig und breit. Sie sind die größten heimischen Baumweiden, weitere baumförmige Weiden sind Korb-, Knack- und Sal-Weide.

Sie reagieren auf stärkere Schnittmaßnahmen durch intensiven Wiederaustrieb (wenn sie ausreichend Licht erhalten), allerdings kommt es bei großen Schnittflächen auf Grund der schlechten Kompartimentierung zu erheblichem Fäulefortschritt in Ästen bzw. im Stamm. Schnittmaßnahmen sind meist nicht erforderlich. Beide Arten werden als Kopfweiden genutzt (s. unten). Im Alter kann es zu Astbrüchen kommen.

Abb. 5.82. Silberweiden-Solitär als Parkbaum.

Das herzförmige Wurzelsystem erreicht etwa 1,5 m Tiefe, mit Endo- und Ektomykorrhiza. Bei entsprechenden Bodenverhältnissen kann es zur Bildung eines Flachwurzelsystems und zu Bodenbelagshebungen durch oberflächennahe Wurzeln kommen. Silber- und Fahl-Weide sind sehr stockausschlagfreudig (aber nur bei vollem Lichtgenuss).

Das sehr weiche Holz ist zerstreutporig, ohne Kern (häufig mit rötlich braunem Falschkern). Es ist das leichteste Holz von allen hier vorgestellten Baumarten – ein toter, trockener Weidenast wiegt nur etwa halb so viel wie ein gleich starker toter Eichenast.

Die Silber-Weide ist eine Pionierbaumart.

Silber- und Fahl-Weide sind für die Ingenieurbiologie bedeutsam und haben gute Eigenschaften zur Feinstaubbindung.

Die Nährstoffansprüche der Silber- und Fahl-Weide sind gering (2). Der Wasserbedarf ist gering bis mäßig (2–3). Der Lichtbedarf ist bereits in der Jugend hoch (5), sie benötigen immer eine freie Krone. Die Frosthärte beträgt −35 °C. Die Trockenstressanpassung ist gut (s. Kap. 7). Keine andere der hier vorgestellten Baumarten erträgt so lange Überflutung, bis über ein halbes Jahr – auch Überschüttung und Vernässung, da sie dies am Naturstandort auch häufig erlebt.

Erläuterung Boden- und Umweltansprüche
(1) sehr gering
(2) gering
(3) mäßig
(4) anspruchsvoller
(5) hoch

Silber- und Fahl-Weiden kommen bevorzugt an Feuchtstandorten vor, können allerdings auch problemlos auf fast jedem anderen Standort wachsen. Unter natürlichen Verhältnissen werden sie dort jedoch von anderen Baumarten verdrängt. Die Weide toleriert auch alkalische Bodenreaktionen, sie wächst am besten in feuchten schwe-

Abb. 5.83. Frühes Austreiben der Trauer-Weide als Hausbaum.

ren/tonigen Böden und ist immissions- und salztolerant. Als Solitärgehölz oder in Parkanlagen (an Gewässern) kann sie ihre Wirkung besonders gut entfalten und ist strahlungstolerant.

Nach der KlimaArtenMatrix KLAM (s. Kap. 6) ist die Silber-Weide auch weiterhin als Stadtbaumart gut verwendbar (Bewertung 3.1), wenn der Wasserbedarf gewährleistet ist, nach GALK-Liste ist sie als Straßenbaum ungeeignet. Die Baumart ist geeignet für Nebenstraßen, Parkplätze, Parks, Plätze, Promenaden/Fußgängerzonen, Entrees, große Gärten und als Hausbaum. Besonders beliebt sind Hängeformen.

Baumweiden werden verbreitet zur Kopfweidenbewirtschaftung erzogen, indem sie alle 1–3 Jahre bis auf den etwa 2 m hohen Stamm zurückgeschnitten werden. Die dann neu entstehenden Ruten sind besonders wüchsig und biegsam und wurden früher für die Flechterei und zum Binden verwendet für Körbe und weitere kleinere und größere Gebrauchsgegenstände (heute nur noch selten). Das Problem ist allerdings der erhebliche Fäulefortschritt im Stammkopf, der sich nur bei sehr regelmäßigem Schnitt in Grenzen hält.

Weidenrinde ist seit über 1000 Jahren für ihre fiebersenkenden und schmerzstillenden Inhaltsstoffe (Salycilsäure) bekannt, und wurde bis zur Erfindung synthetischer Schmerzmittel als wichtigstes Wundmittel verwendet. Aus dem Holz werden Holzschuhe hergestellt. Die Blätter wurden früher zum Wollefärben mit leuchtenden Grüntönen verwendet.

Abb. 5.84. Kopfbäume auf sehr gut geeignetem Wiesenstandort am Fluss.

Die Weide spielt in Mythologie und Esoterik eine bedeutende Rolle.

Die Silber-Weide war 1999 Baum des Jahres.

Steckbrief Silber-/Fahl-Weide (bedeutsame Eigenschaften als Stadtbaum)

+ silbrige Kronenfärbung
+ frühes Austreiben
+ schwingender Habitus
+ Bienengehölz
~ sehr schnell wachsend
~ mäßige Reiterationsfreudigkeit
~ Krankheiten und Schäden s. Kap. 8.2.25
- schwache Kompartimentierung
- früh im Stamminneren faul werdend
- schnell sehr großer Baum

5.25.1 Weitere häufige Baumweidenarten in der Stadt

S. caprea (Sal-W.): Schuttbesiedler, nicht an Gewässer gebunden, sehr früh blühend, sehr wichtige Bienenweide, klein bleibend, max. 60 Jahre alt werdend
S. fragilis (Knack-W.): häufige Kopfweide, Zweige etwas brüchiger
S. viminalis (Korb-W.): häufige Kopfweide

5.26 Sophora japonica: Japanischer Schnurbaum/ Pagodenbaum

Hauptargument für die Verwendung des Japanischen Schnurbaumes sind seine Unempfindlichkeit gegenüber Immissionen und Streusalz sowie seine filigrane Krone, die etwas an tropische Akazien erinnert. Seine Heimat ist China und Korea (nicht Japan). Attraktiv wird die Baumart durch die relativ späte, auffällige und reichliche Blüte im August/September: dann sind die Kronen weithin sichtbar weiß. Außerdem bleiben sie auch im Winter zartgrün.

Die Blätter tragen 7 bis 17 kleine Fiederblättchen, womit sich die Baumart als Vertreter der Schmetterlingsblütler zu erkennen gibt (wie Robinie). Daher bindet sie mithilfe von Bakterien an ihren Wurzeln auch den Luftstickstoff und wird dadurch von der N-Versorgung des Standortes unabhängiger. Die Blättchen des Schnurbaums verfärben sich daher im Herbst kaum, sie fallen gelblich-grün von der Blattspindel, die schließlich selbst mit den letzten Fiederblättchen abgeworfen wird. Wie die der Robinie rollen sie sich nach dem Blattfall beim Eintrocknen ein und sind daher keine Belästigung. Gefiederte Blätter können als „Wegwerftriebe“ interpretiert werden, denn es wird im Grunde die feinste Verzweigungsordnung (die Blattspindel) mit den Blättchen abgeworfen.

Die cremeweißen Blüten erscheinen erst Ende August, sodass man Schnurbäume daran gut erkennen kann, denn um diese Zeit blühen kaum noch andere Baumarten, schon gar nicht so auffällig. Da die

Baumart zu den Schmetterlingsblütlern gehört, weist die Einzelblüte 4 Kronblätter mit Fahne, Flügeln und Schiffchen auf, und die Blüten sind in Rispen angeordnet. Die Bestäubung erfolgt durch Hautflügler, vor allem Bienen. Der Blütenfall nach dem Verblühen kann etwas zu Belästigungen führen, da es sehr viele Blütenblätter sein können. Allerdings trocknen diese dann schnell zu kleinen Krümeln ein. Die Früchte sind dementsprechend Hülsen (Familienmerkmal), also bohnenähnlich und 5–8 cm lang, sie öffnen sich an beiden Seitennähten. Der Name Perlschnurbaum bezieht sich auf die um die Samen herum stark eingeschnürten Hülsen. Sie bleiben teilweise unreif den Winter über am Baum (Wintersteher) und führen dann zu einer gelbgrünen Färbung der Kronen, sodass man denken könnte, sie treiben aus oder blühen in Kürze.

Die Rinde entwickelt sich zu einer dunkelgrauen Netzborke.

Junge Schnurbäume können einen Jahreshöhenzuwachs von fast 1 m erreichen, zeigen also im Freistand und bei guter Wasserversorgung schnelles Wachstum, das allerdings nicht lange anhält. In der Jugend erfolgt das Wachstum frei (der Trieblängenzuwachs hält bis zum Spätsommer an), im Alter ist es gebunden (Beendigung 4–6 Wochen nach Austrieb). Die Knospen sind unter den Blattstielen verborgen und werden erst nach dem Blattfall sichtbar.

Der Baum wird in der Stadt 20–25 m hoch, mit großer, lichter, oft ausladender Krone, der Stamm erreicht einen Meter Durchmesser, das Alter 150 Jahre. Im Alter sieht die Krone Akazien ähnlich und daher attraktiv aus.

Abb. 5.85. Straßenbaum-Solitär des Schnurbaumes mit eindrucksvoller Habitus-Wirkung.

Abb. 5.86. Gelblich grüne Winterfärbung der Kronen durch die hängenden bleibenden Früchte.

Der Schnurbaum reagiert auf Schnittmaßnahmen durch intensiven Wiederaustrieb, allerdings kommt es bei größeren Schnittwunden auf Grund der mäßigen Kompartimentierung zu Fäulefortschritt in Ästen und ggf. im Stamm. Schnitthinweis: alle Schnittmaßnahmen möglich, meist aber keine erforderlich.

Die Wurzeln entwickeln sich zu einem oberflächennah intensiven Herzwurzelsystem bis 1,5 m Tiefe, ohne Mykorrhiza oder vereinzelt mit Endomykorrhiza. Bei entsprechenden Bodenverhältnissen kann es zur Bildung eines Flachwurzelsystems und zu Bodenbelagshebungen durch oberflächennahe Wurzeln kommen. Der Schnurbaum ist stockausschlagfreudig (nur bei vollem Lichtgenuss).

Das Holz ist ringporig und schwer, ohne Kern (häufig mit rötlichbraunem Falschkern).

Der Schnurbaum ist eine Übergangsbaumart (zwischen Pionier- und Klimaxbaumarten).

Er hat gute Eigenschaften zur Feinstaubbindung.

Die Nährstoffansprüche des Schnurbaums sind gering (2), der Wasserbedarf ebenso (2). Der Lichtbedarf ist in der Jugend mäßig (3), danach benötigt er dann aber schnell eine freie Krone (5). Die Frosthärte beträgt −20 °C. Die Trockenstressanpassung ist sehr hoch (s. Kap. 7).

Der Schnurbaum toleriert auch alkalische Bodenreaktionen, er wächst am besten in schweren/tonigen oder durchlässigen Böden und ist salz- und immissionstolerant, aber empfindlich gegenüber Staunässe und mäßig überschüttungstolerant. Als Solitärgehölz oder in Alleen kann er seine Wirkung besonders gut entfalten und ist strahlungstolerant.

Erläuterung Boden- und Umweltansprüche

(1) sehr gering
(2) gering
(3) mäßig
(4) anspruchsvoller
(5) hoch

Abb. 5.87. Früchte („Perlschnüre“) im Winter.

Nach der KlimaArtenMatrix KLAM (s. Kap. 6) ist der Schnurbaum auch weiterhin als Stadtbaumart sehr gut bis gut verwendbar (Bewertung 1.2), nach GALK-Liste mit Einschränkungen auch als Straßenbaum. Die Baumart ist geeignet für Alleen, Parkplätze, Parks, Plätze und Promenaden/Fußgängerzonen.

Aus ungeöffneten Blütenknospen werden medizinische Präparate gewonnen (blutdrucksenkend), getrocknete Blüten zum Färben verwendet (gelbe Farbe der chinesischen Mandaringewänder).

Seine Bezeichnung „Chinesischer Gelehrtenbaum“ weist darauf hin, dass er in Europa seit Jahrhunderten besonders gerne an Universitäten gepflanzt wurde.

Steckbrief Japanischer Schnurbaum (bedeutsame Eigenschaften als Stadtbaum):

- \+ attraktive, späte Blüte
- \+ Früchte lassen im Winter die Kronen gelbgrün aussehen
- \+ Habitus ungewöhnlich, daher attraktiv
- \+ Toleranz gegenüber urbanen Stressfaktoren
- \+ Bienenweide
- \+ kaum Krankheiten und Schäden, s. Kap. 8.2.26
- ~ mäßige Reiterationsfreudigkeit
- \- schwache Kompartimentierung
- \- Mengen von Blüten- und Fiederblättchen

5.27 Sorbus intermedia: Schwedische Mehlbeere/ Oxelbeere

Die Schwedische Mehlbeere ist eine sehr robuste und beliebte Stadt- und insbesondere Straßenbaumart. Sie bildet im Unterschied zu vielen anderen Baumarten nur mittelgroße Kronen, trägt im späten Frühjahr viele auffällige weiße Blütenstände, im Herbst attraktive rote Früchte und hat ein schönes gelapptes Blatt. Sie kommt mit Hitze, Trockenheit und Kälte zurecht, ist strahlungs-, salz- und immissionstolerant und insofern auch eine ideale Alleebaumart.

Abb. 5.88. Schwedische Mehlbeere als geeigneter Straßenbaum.

Die bereits Mitte April erscheinenden Blätter sind oberseits dunkelgrün glänzend, unterseits graugrün (filzig behaart) und weisen viele kleine Lappen auf. Die Herbstfärbung kann attraktiv scharlachrot ausfallen.

Die fünfzähligen Blüten stehen zu 30–50 in Trugdolden und erscheinen erst Ende Mai. Sie werden vor allem von Hautflüglern und Käfern bestäubt. Die alljährlich vielen, etwa 1 cm dicken, essbaren Früchte sind wie bei der Vogelbeere Apfelfrüchtchen (also keine Beeren), fallen im Herbst durch ihre intensiv orangerote Farbe auf und weisen auf die nahe Verwandtschaft zur Vogelbeere hin. Sie sind bei Vögeln und Kleinsäugern sehr beliebt.

Die dunkelgraue Rinde bleibt lange Zeit glatt, eine Borke bildet sich erst an Stämmen über 60 cm Dicke.

Die Baumart ist eher langsamwüchsig, 40 cm Höhenzuwachs pro Jahr in der Jugend ist das Maximum. Das Wachstum erfolgt gebunden (Beendigung 4–6 Wochen nach Austrieb). Knospen und Zweige sind zunächst filzig behaart.

Die Lebenserwartung erreicht 100 Jahre, der Stamm kann in der Stadt über 60 cm dick werden. Der Baum wird nur 10–15 m hoch, bleibt also kleiner als viele andere Baumarten, mit aufrechter, oft lockerer aber dunkler Krone.

Die Schwedische Mehlbeere reagiert auf Schnittmaßnahmen durch intensiven Wiederaustrieb, allerdings kommt es bei größeren Schnittwunden auf Grund der schwachen Kompartimentierung zu erheblichem Fäulefortschritt in Ästen und ggf. im Stamm. Schnitthinweis: am besten nur Totäste entfernen.

Die Wurzel entwickelt ein Herzwurzelsystem bis 1,50 m Tiefe, mit Endo- und Ektomykorrhiza. Bei entsprechenden Bodenverhältnissen kann es zur Bildung eines Flachwurzelsystems und zu Bodenbelagshebungen durch oberflächennahe Wurzeln kommen. Die Schwedische Mehlbeere ist stockausschlagfreudig (nur bei vollem Lichtgenuss).

Das Holz ist zerstreutporig und schwer, ohne Kern (bisweilen mit rötlich braunem Falschkern).

Sie ist eine Pionierbaumart.

Das Feinstaubbindungs- und Lärmminderungsvermögen der Blätter gilt als hoch.

Erläuterung Boden- und Umweltansprüche
(1) sehr gering
(2) gering
(3) mäßig
(4) anspruchsvoller
(5) hoch

Die Nährstoffansprüche der Schwedischen Mehlbeere sind gering (2), ebenso der Wasserbedarf (2). Der Lichtbedarf ist in der Jugend mäßig (3), ab frühem Alter benötigt sie dann aber eine freie Krone (5). Die Frosthärte beträgt −30 °C. Die Trockenstressanpassung ist gut (s. Kap. 7).

Die Schwedische Mehlbeere toleriert auch alkalische Bodenreaktionen, sie wächst in leichten/sandigen, schweren/tonigen oder durchlässigen Böden. Sie ist immissions- und salztolerant, aber überschüttungsempfindlich. Als Solitärgehölz oder in Alleen kann sie ihre Wirkung besonders gut entfalten und ist strahlungstolerant.

Nach der KlimaArtenMatrix KLAM (s. Kap. 6) ist die Schwedische Mehlbeere auch weiterhin als Stadtbaumart sehr gut bis gut verwendbar (Bewertung 2.1), nach GALK-Liste mit Einschränkungen auch als Straßenbaum. Die Baumart ist geeignet für Alleen, Parkplätze, Parks, Plätze, Promenaden/Fußgängerzonen, Entrees, Gärten und als Hausbaum.

Abb. 5.89. Junge Bäume zur Blütezeit.

Abb. 5.90. Attraktiver Fruchtbehang im September, auch für die Tierwelt wertvoll.

Die Art ist als Tripelbastard aus Elsbeere, Mehlbeere und Vogelbeere entstanden *(S. aria × aucuparia × torminalis)* und stammt aus Südskandinavien.

Die Früchte sind (nach Frost) schmackhaft und zur Herstellung von Saft, Marmelade und Gelee geeignet.

Zu Mythologie und Brauchtum liegen keine Informationen aus ihrem Heimatareal vor, hierfür kann nicht die Eberesche herangezogen werden.

Steckbrief Schwedische Mehlbeere (bedeutsame Eigenschaften als Stadtbaum)

- \+ hohe Reiterationsfreudigkeit
- \+ toleriert Hitze und Trockenheit
- \+ große Toleranz gegenüber urbanen Stressfaktoren
- \+ attraktive Blüte und Früchte
- \+ mittlere Kronenausmaße
- \+ Krankheiten/Schäden s. Kap. 8.2.27
- \- schwache Kompartimentierung

5.27.1 Weitere häufige Sorbus-Arten in der Stadt

S. aria (Echte Mehlbeere): helle Blattunterseite, Feinstaubbindung, trockenheits-, immissions- und kalktolerant, als Straßenbaum geeignet (GALK: m. E.)

S. aucuparia (Gemeine Eberesche): schöner Fruchtschmuck, kurzlebig, lichte kleine Krone

5.28 Taxus baccata: Gemeine Eibe

Die Eibe fasziniert viele Menschen, da ihre dichten Nadeln, die dunkle Krone und die rotleuchtenden Samen etwas Ungewöhnliches, bisweilen auch Unheimliches darstellen: ein Friedhof mit vielen Eiben in der Dämmerung oder ein alter Solitär bei Nebel hat schon etwas Mystisches. Die Eibe ist in Europa die Baumart mit der höchsten Lebenserwartung von fast 2000 Jahren. Auch der älteste Baum Deutschlands dürfte wohl eine Eibe (in Balderschwang) sein, mit annähernd

1000 Jahren. Allerdings sind sog. 1000-jährige Eiben oft aus mehreren verwachsenen Bäumen entstanden und dann meist nur einige 100 Jahre alt. In der Stadt beeindruckt die Eibe zudem durch ihre enorme Formenvielfalt. Sie ist einer der wenigen Nadelbäume ohne Zapfen, weshalb sie botanisch auch nicht zu den Koniferen (= Zapfenträger) zählt. Umgangssprachlich werden jedoch einfach alle Nadelbäume als Koniferen bezeichnet, also auch die Eibe. Wildvorkommen der Eibe stehen auf Grund ihrer Seltenheit grundsätzlich unter Naturschutz, als einzige von den hier vorgestellten Baumarten – nicht jedoch gepflanzte Exemplare.

Die relativ weichen Nadeln bleiben bis zu 8 Jahre an den Zweigen; da sie sehr dunkel sind und dicht an den Zweigen stehen, ist es unter einer Eibe so dunkel wie unter keiner anderen heimischen Baumart – nur die Buche kann da noch annähernd mithalten. Sehr wichtig: plötzliche Freistellung, starke Einkürzung und Verpflanzen älterer Bäume nimmt sie übel, da die an Schatten angepassten Nadeln verbrennen können. Erst nach erfolgter Neubildung von Nadeln ist sie dann auf die neue Situation eingestellt, das kann im Extremfall mehrere Jahre dauern, gelegentlich sogar zum Absterben von Bäumen führen. Beim Verpflanzen von größeren Eiben müssen daher unbedingt die vorherigen Himmelsrichtungen der Krone berücksichtigt werden, damit die zuvor schattenangepassten „Nordnadeln" nicht plötzlich zu sonnenexponierten „Südnadeln" werden und verbrennen. Das wussten auch schon unsere Vorfahren und haben um 1900 eine damals 300-jährige Eibe mit mehrjähriger Vorbereitungszeit und 17-tägiger Reisezeit in Frankfurt/Main vom alten in den neuen Botanischen Garten verpflanzt, wobei sie mit Dampfwalzen transportiert wurde. Sie steht dort heute noch im Palmengarten am Gewächshaus.

Die Blüten erscheinen bereits im März und sind vollkommen unscheinbar, zeigen allerdings bei sehr genauem Hinsehen etwas sehr Schönes: zur Blütezeit wird vormittags aus den weiblichen Blüten ein Bestäubungstropfen ausgepresst, der den Pollen männlicher Blüten einfangen soll und dann wieder eintrocknet. Da die Geschlechter auf verschiedenen Bäumen vorkommen (zweihäusig), müssen männliche und weibliche Bäume im Umkreis der Pollenflugentfernung (max. 1 km) stehen, wenn es zu Samenansatz kommen soll. Früchte entwickelt die Eibe als Nacktsamer nicht, sondern es sind Samen mit einer fleischigen roten Hülle, die im Frühherbst reif sind und von Vögeln sehr intensiv verbreitet werden. Der Samenmantel ist das einzige Ungiftige an der Baumart, die deshalb mit weiblichen Exemplaren an keinem Kindergarten stehen darf, da die roten fleischigen Samen zum Verzehr verlocken. Männliche Eiben hingegen sind unproblematisch, da kein Kind (auch kein Erwachsener) 70 g Eibennadeln essen wird, denn die schmecken nicht. Und Pferdefuhrwerke sind auch nicht mehr verbreitet, sodass für diese Tiere auch keine Eibe mehr beseitigt

Abb. 5.91. Eibe als immergrüner Hausbaum.

werden muss. Früher war das ein großes Problem entlang von Wegen und Straßen und führte zum regelmäßigen Absägen vieler Eiben.

Die Rinde entwickelt sich zu einer farbenfrohen Schuppenborke, mit Braun-, Grau-, Grün- und Rottönen.

In der Jugend können Eiben einen Höhenzuwachs von 30–40 cm erreichen, zeigen also nur langsames Wachstum, das immer gebunden erfolgt (Beendigung 4–6 Wochen nach Austrieb). Damit haben Eiben von allen hier vorgestellten Baumarten das langsamste Wachstum, was auch für den Durchmesserzuwachs gilt.

Eiben können Stammdurchmesser von 1 m erreichen. Der Baum entwickelt sich meist breitkronig und erreicht maximal 10 m Höhe, das mögliche Höchstalter in der Stadt von über 1000 Jahren wurde schon erwähnt.

Die Eibe reagiert auf stärkere Schnittmaßnahmen durch intensiven Wiederaustrieb. Auf Grund der guten Schnittverträglichkeit ist sie ein beliebtes Hecken- und Formschnittgehölz. Stärkere Schnittmaßnahmen können zu Sonnenbrand an den verbleibenden Zweigen führen (s. o.). Totäste können über 10 Jahre gefahrlos in der Krone verbleiben, da das Holz so pilzresistent ist („Totasterhalter").

Das herzförmige Wurzelsystem erreicht etwa 2 m Tiefe, mit Endomykorrhiza. Bei entsprechenden Bodenverhältnissen kann es zur Bildung eines Flachwurzelsystems kommen. Die Eibe ist sehr stockausschlagfreudig, auch im Schatten und im Alter.

Das Holz ist harzfreies, schweres Nadelholz, mit einem breiten gelblich rötlichen, oft violett schimmernden Kern.

Die Eibe ist eine sog. Dauerbaumart (s. Kap. 4), d. h. sie wächst relativ unbeeinflusst von Konkurrenten langsam aber stetig vor sich hin, denn sie hat keine Probleme mit Beschattung.

Die Baumart hat gute Eigenschaften zur Feinstaubbindung und für Lärmschutz.

Erläuterung Boden- und Umweltansprüche
(1) sehr gering
(2) gering
(3) mäßig
(4) anspruchsvoller
(5) hoch

Die Nährstoffansprüche der Eibe sind gering (2). Der Wasserbedarf ist mäßig (3). Der Lichtbedarf ist in der Jugend sehr gering (1), im Alter gering (2). Die Frosthärte beträgt −25 °C. Die Trockenstressanpassung ist mäßig (s. Kap. 7). Physiologische Untersuchungen haben gezeigt, dass Eiben bei vollem Lichtgenuss nicht besser wachsen als im Schatten, da sie offenbar in Trockenperioden unter direkter Sonnenbestrahlung schnell Probleme mit der Wasserversorgung ihrer Nadeln bekommen. Ihre Strategie setzt auf Absicherung statt auf schnelles Wachstum – so wird z. B. relativ viel Biomasse in die Wurzel investiert.

Die Eibe toleriert auch alkalische Bodenreaktionen, sie wächst am besten in durchlässigen Böden und ist immissions- und salzempfindlich, aber überschüttungstolerant. Als Solitärgehölz oder in kleinen Gruppen kann sie ihre Wirkung besonders gut entfalten, ist aber etwas strahlungsempfindlich.

Nach der KlimaArtenMatrix KLAM (s. Kap. 6) ist die Eibe auch weiterhin als Stadtbaumart verwendbar (Bewertung 3.2), allerdings besser nur im Halbschatten, nach GALK-Liste ist sie als Straßenbaum ungeeignet. Die Baumart ist geeignet für Parks, Plätze, Gärten und als Hausbaum.

Abb. 5.92. Gartenbäume mit dunkler Krone.

Abb. 5.93. Eiben als Solitäre und Formschnittgehölze in einem Stadtpark.

Männliche Exemplare sollten nicht neben Gemüsebeeten oder an Terrassen stehen, da auch ihr Pollen giftig ist. Es ist jedoch vollkommen ungefährlich, sich in der Nähe von Eiben aufzuhalten.

Ihre Schnittzweige sind ein optimales Deckreisig im Winter, da die Nadeln sehr lange am Zweig bleiben.

Eibenholz ist das beste Bogenholz, z. Zt. der Bogenkriege im Mittelalter der Hauptgrund für die starke Dezimierung der Baumart. Diese war zusammen mit der Beseitigung wegen der Giftigkeit entlang von Fahrwegen für Pferdewagen so einschneidend, dass man heute annimmt, dass sich die Gestalt der Eibe durch die ständige Entnahme der größten Exemplare mehr zum Strauch bzw. Baum mit begrenztem Höhenwachstum hin verändert hat.

Eibenholz lässt sich ohne Schutz im Freien verwenden, Zaunpfosten halten Jahrzehnte lang.

Eiben sind beliebte Friedhofsbäume wegen ihres düsteren Kronenaussehens.

Aus den Nadeln wird seit kurzem ein auch in der Schulmedizin anerkanntes Krebsbekämpfungsmittel gewonnen. Aus den ungiftigen Samenmänteln kann man eine köstliche Marmelade herstellen oder sie roh essen, wenn man mutig ist und keine Kerne verschluckt (denn die sind giftig).

Die Eibe ist die Baumart mit der größten Bedeutung in Esoterik und Mythologie, darüber gibt es ganze Bücher. Den Germanen war sie heilig.

Die Eibe war 1994 Baum des Jahres.

Die Eibe ist eine Baumart mit besonders vielen Sorten, die sich vor allem in der Wuchsform unterscheiden: von Spalierwuchs bis Säulenform ist alles möglich.

Steckbrief Gemeine Eibe (bedeutsame Eigenschaften als Stadtbaum)

- \+ hohe Reiterationsfreudigkeit
- \+ gute Kompartimentierung
- \+ toleriert auch im Alter starke Beschattung
- \+ sehr gut als sattgrüne Kulisse einsetzbar
- \+ wintergrün
- \+ mittlere Kronenausmaße, langsamwüchsig
- \+ kaum Krankheiten und Schäden, s. Kap. 8.2.28
- \- Giftigkeit (Kinderspielplätze, -gärten)
- \- starke Beschattung

5.29 Tilia cordata, T. platyphyllos, T. × vulgaris: Winter-, Sommer- und Holländische Linde

Winter- und Sommer-Linde sind seit jeher die häufigsten Baumarten in vielen mitteleuropäischen Städten. Als Straßenbäume macht ihnen allerdings Salzeintrag zu schaffen, die Blätter bekommen dann braune Ränder. Die Holländische Linde ist der Bastard zwischen beiden Arten und ebenfalls sehr häufig, ihre Merkmale stehen variabel zwischen beiden Elternarten, und sie hat oft einen besonders regelmäßigen Habitus (z. B. sog. Kaiser-Linde).

Die Blätter haben die typische herzförmige Lindenblattform, die der Winter-Linde sind deutlich kleiner als die der Sommer-Linde. Auf der Blattunterseite in den Nervenwinkeln trägt die Winter-Linde rötliche, die Sommer-Linde helle Haarbüschel, die Blattnerven sind unterseits bei der Sommer-Linde hervortretend, bei der Winter-Linde glatt. Die Herbstfärbung beider Arten ist gelbbraun bis leuchtend goldgelb.

Ein Highlight der Linden sind ihre intensiv angenehm duftenden Blüten, die sich zudem erst im Juni/Juli öffnen (Sommer- vor Winter-Linde mit 1- bis 2-wöchigem Abstand) und selbst einem Blinden die Nähe von Linden verraten. Die Blüten werden vor allem von Bienen und Nachtfaltern bestäubt (wichtige Bienenweide: Lindenblütenhonig). Sie stehen bei Winter-Linde zu 3–5, bei Sommer-Linde zu 5–10 in Trugdolden und entwickeln sich zu hellbraunen Nüsschen, die der Winter-Linde sind zerdrückbar, die der Sommer-Linde hart. Der gesamte Blüten- und Fruchtstand weist ein langes Tragblatt auf, das mit der Blütenstandsachse verwachsen ist und verbreitungsbiologische Funktion hat, denn dadurch wird der Fruchtstand bis zu 150 m vom Wind verfrachtet (er fällt im Herbst als Ganzes ab).

Allerdings machen sich die heimischen Lindenarten im Sommer durch aus der Krone tropfenden Honigtau (von Blattläusen) unbeliebt, da die Tröpfchen Fahrradsattel und Autodächer verkleben. Sie werden zwar bei Regen wieder abgewaschen, da es sich nur um Zuckerwasser handelt, aber ohne Regen kann der Belag nach 10 Tagen hässlich schwarz werden durch die Bindung von Feinstaub und Besiedlung mit Mikroorganismen. Die Empfindlichkeit der Bürger gegenüber solchen von Bäumen ausgehenden Unannehmlichkeiten nimmt zu. Daher diskutiert man jetzt häufiger die Verwendung nichtheimischer Linden, vor allem Krim- und Silber-Linden, bei denen dieses Phänomen nicht auftritt. Unter diesen sammeln sich jedoch am Ende des Blühzeitraumes im Juli deutlich mehr tote und absterbende Hummeln als unter heimischen Linden, da sie von den späten Blüten angelockt werden und dann nicht mehr ausreichend Nektar für die vielen Hummeln vorhanden ist. Der Nektar nichtheimischer Lindenarten ist allerdings nicht giftig, wie man zunächst annahm.

Die Rinde entwickelt sich zu einer grau-braunen Netzborke. Der Bast der Lindenrinde ist sehr zugfest, was für die Baumstatik bedeutsam sein kann (Verstärkung von Zugholz) und in anderen Ländern bis heute kommerziell genutzt wird (wie bei uns bis 1900 z. B. als Gärtnerbast). Lästig kann die Neigung der Linden zu Stammaustrieben werden (sortenabhängig): je mehr man sie abschneidet, desto stärker treiben sie wieder aus. Schließlich bilden sich an den Austriebsstellen z. T. Maserknollen.

Junge Linden können einen Jahreshöhenzuwachs von fast einem Meter erreichen, zeigen also im Freistand und bei guter Wasserversorgung schnelles Wachstum, das allerdings nicht lange anhält. In der Jugend erfolgt das Wachstum frei (der Trieblängenzuwachs hält bis zum Spätsommer an), im Alter ist es gebunden (Beendigung 4–6 Wochen nach Austrieb).

Die Wipfeltriebe wachsen zunächst (wie bei der Buche) horizontal und richten sich im folgenden Herbst auf, wenn der Baum ausreichend Licht erhält. Dies weist bereits auf eine gute Schattentoleranz der Linden hin. Die jüngsten Triebe der Sommer-Linde sind behaart, die der Winter-Linde kahl.

Sommer- und Winter-Linde entwickeln große, relativ dunkle, breite (bei Winter-Linde auch aufrechte) Kronen und werden in der Stadt bis etwa 30 m hoch, der Stamm kann über 2 m dick werden.

Die mit einem Alter von über 700 Jahren ältesten Bäume in Deutschland sind zu fast 50 % Linden, viele davon in Dörfern oder Kleinstädten, oft tragen sie besondere Namen wie z. B. die Kunigundenlinde in Kasberg und die Auferstehungslinde in Annaberg. Ob auch der älteste Baum Deutschlands eine Linde ist (die Tanzlinde von Schenklengsfeld), ist umstritten, da niemand ihr genaues Alter kennt – ich schätze sie auf ca. 900 Jahre und damit etwas jünger als die fast 1000-jährige Eibe von Balderschwang. Die Lebenserwartung der Sommer-Linde beträgt 500–800 Jahre, die der Winter-Linde bis etwa 1000–Jahre. Solche alten Bäume sind regelmäßig sehr beeindruckend, vollkommen hohl und nur noch aus Stammfragmenten bestehend. Auch die maximalen Durchmesser sind rekordverdächtig: so ist der dickste Baum Deutschlands eine Winter-Linde (in Heede im Emsland, mit einem BHD von fast 6 m). Oft kann man bei so alten/dicken Bäumen nicht mehr sicher rekonstruieren, ob sie aus mehreren verwachsenen Bäumen oder aus einem Einzelstamm entstanden sind.

Der Habitus der Linden ähnelt interessanterweise sehr dem Blatt, wie ein umgekehrtes Herz, der Schwerpunkt weit unten, nach oben laufen die Kronen etwas spitz aus.

Keine andere der in diesem Buch vorgestellten Baumarten ist so schnittverträglich wie die beiden Lindenarten, selbst Kappung in höherem Alter wird vertragen (wenn auch als nicht fachgerechte Schnittmaßnahme mit deutlichen dauerhaften Stammschäden durch Fäuleausbreitung). Bei Schnittmaßnahmen an Starkästen im Frühjahr kurz vor oder nach dem Austreiben löst sich die Rinde leicht vom Holz („slipping of the bark"), Schnittwunden reißen dann schnell ein und Beklettern führt zu dieser Zeit zu deutlichen Stammverletzungen. Schnitthinweis: Schnittmaßnahmen meist nicht erforderlich, bei Bedarf alle Schnitte möglich. Linden werden oft als Formgehölze erzogen (z. B. Kasten-, Kopf-, Dachlinden). Zudem sind Linden sehr reiterationsfreudig: man findet keine ältere Linde, deren Krone nicht zu einem erheblichen Anteil aus Reiterationen besteht.

Anfangs entwickelt sich eine Pfahlwurzel, die bald zu einem Herzwurzelsystem bis 1,50 m Tiefe übergeht, mit Endo- und Ektomykorrhiza. In alten hohlen Stämmen entstehen sehr häufig Innenwurzeln, die schließlich für sehr alte Linden reguläre, lebenswichtige Wasseraufnahmefunktion übernehmen können, wenn sie den Erdboden erreichen. Bei entsprechenden Bodenverhältnissen kann es zur Bildung eines Flachwurzelsystems und bei großen Bäumen zu Bodenbelagshebungen durch oberflächennahe Wurzeln kommen. Die Linden sind stockausschlagfreudig, auch im Schatten.

Das Holz ist zerstreutporig, ohne Kern.

Die Sommer-Linde ist eine Übergangsbaumart (zwischen Pionier- und Klimaxbaumarten), die Winter-Linde eine Klimaxbaumart.

Beide Lindenarten haben hat gute Eigenschaften zur Lärmminderung, zudem ist das Feinstaubbindungsvermögen der Sommer-Linde relativ hoch.

Die Nährstoffansprüche der Sommer-Linde sind mäßig (3), die der Winter-Linde gering (2). Der Wasserbedarf der Sommer-Linde ist höher (3) als der der Winter-Linde (2). Der Lichtbedarf der Winter-Linde ist geringer als der der Sommer-Linde, in der Jugend sind beide allerdings etwa 10–20 Jahre recht schattentolerant, sodass sie zunächst im (Halb-)Schatten anderer Bäume aufwachsen können (2). Die Sommer-Linde benötigt dann früher mehr Licht (4) als die Winter-Linde, die auch in höherem Alter noch Halbschatten erträgt (3). Die Frosthärte beider Arten beträgt −35 °C. Die Trockenstressanpassung der Holländischen und der Winter-Linde ist hoch, die der Sommer-Linde mäßig (s. Kap. 7).

Erläuterung Boden- und Umweltansprüche

(1) sehr gering
(2) gering
(3) mäßig
(4) anspruchsvoller
(5) hoch

Abb. 5.94. Dickster Baum Deutschlands, eine Winter-Linde in Heede (Emsland) mit ca. 18 m Stammumfang.

Abb. 5.95. Holländische Linden als Alleebäume mit Tunnelwirkung.

Beide Linden tolerieren auch alkalische Bodenreaktionen, die Winter-Linde wächst am besten in leichten/sandigen oder durchlässigen Böden, die Sommer-Linde in schweren/tonigen Böden. Beide sind überschüttungstolerant, aber salz- und immissionsempfindlich, vor allem die Sommer-Linde, die auch empfindlicher gegen Bodenverdichtung ist. Als Solitärgehölz oder in Alleen können sie ihre Wirkung besonders gut entfalten und sind strahlungstolerant, aber in der Jugend ist Stammschutz sinnvoll.

Nach der KlimaArtenMatrix KLAM (s. Kap. 6) ist die Winter-Linde auch weiterhin als Stadtbaumart sehr gut bis gut verwendbar (Bewertung 2.1), die Sommer-Linde mit Einschränkungen wegen der zunehmenden Trockenstressperioden (3.2), letztere ist nach GALK-Liste als Straßenbaum ungeeignet, die Winter-Linde geeignet mit Einschränkungen. Die Linden sind geeignet für Alleen, Parkplätze, Parks, Plätze, Promenaden/Fußgängerzonen, Entrees, große Gärten und als Hausbaum. Die längste und stammreichste Lindenallee Deutschlands dürfte die mehr als 2 km lange Herrenhäuser Allee in den Hannoverschen Herrenhäuser Gärten mit vierreihig über 1000 Bäumen sein.

Dorflinden, Gerichtslinden, Kirchlinden, Tanzlinden, Hofbäume, Sagen, Gebräuche und Ortsnamen zeugen von der jahrhundertelangen vielseitigen Bedeutung dieser Baumarten. In Mythologie und Brauchtum spielten sie eine wichtige Rolle. Der Treffpunkt unter der Linde im Ortszentrum war lange Zeit (vor Telefon und Internet) die Kommunikations-, Informations- und Schaltzentrale für die Bevölkerung oder Treffpunkt für Verliebte.

Beim Pflanzen einer Linde sollte man bedenken, dass sie 1000 Jahre alt werden kann – dann wird man etwas ehrfürchtig und beginnt, nachhaltig(er) zu denken.

Lindenblüten sind bedeutsam für Tee, die Imkerei und die Gewinnung von ätherischen Ölen für Parfum. Lindenholz ist das beste Schnitzholz – viele Kasperlepuppen und Krippenfiguren bestehen daraus. Der Bast wurde für Schnüre und Kleidung verwendet.

Die Sommer-Linde war 1991 Baum des Jahres.

Steckbrief Winter-Linde (bedeutsame Eigenschaften als Stadtbaum)

+ sehr gute Kompartimentierung
+ sehr hohe Reiterationsfreudigkeit
+ wichtiges Bienen-/Hummelgehölz
+ späte, aromatisch duftende Blüte
+ anspruchslos und tolerant
+ kaum Krankheiten und Schäden, s. Kap. 8.2.29
- tropfender Honigtau
- Jungbäume empfindlich für Sonnenbrand

Steckbrief Sommer-Linde (bedeutsame Eigenschaften als Stadtbaum)

+ sehr gute Kompartimentierung
+ sehr hohe Reiterationsfreudigkeit
+ wichtiges Bienen-/Hummelgehölz
+ späte, aromatisch duftende Blüte
+ kaum Krankheiten und Schäden, s. Kap. 8.2.29
- tropfender Honigtau
- Jungbäume empfindlich für Sonnenbrand
- Lieblingsbaum vieler Stadtbewohner

5.29.1 Weitere häufige Lindenarten in der Stadt

T. × *euchlora* (Krim-L.): trockenheits- und immissionstolerant, Hummelfalle, als Straßenbaum geeignet (GALK)
T. tomentosa (Silber-L.): trockenheits- und immissionstolerant, Hummelfalle, als Straßenbaum geeignet (GALK: m. E.)

Abb. 5.96. Innenwurzeln in Sommerlinden-Stamm, bei alten Linden häufiger zu finden.

Abb. 5.97. Kopfbaum-Allee mit skurrilem Habitus, allerdings hohem Schnittaufwand.

5.30 Ulmus glabra, U. laevis, U. × hollandica: Berg-, Flatter-, Holländische Ulme

Lohnt es noch, sich mit den Ulmen zu befassen, wenn sie sowieso vom Aussterben bedroht sind (durch das sog. „Ulmensterben", s. Kap. 8)? Ganz so dramatisch stellt sich die Situation doch nicht dar, am stärksten von der Krankheit ist die Feld-Ulme betroffen, deren Status tatsächlich kritisch ist. Berg-, Flatter- und Holländische Ulme hingegen sind vergleichsweise weniger betroffen, und in der Stadt werden seit Längerem fast nur noch (z. T. vermeintlich) resistente Sorten verwendet, am häufigsten der Holländischen Ulme, dem Bastard zwischen Berg- und Feld-Ulme. Im Auenbereich ist nach wie vor die Flatter-Ulme häufig, in Stadtwäldern auch die Berg-Ulme. Da die Ulme ansonsten eine Gattung mit sehr günstigen Eigenschaften für die Stadt ist (trockenheitsresistent etc.), bleibt zu hoffen, dass sie auch weiter mit im Programm der Baumpflanzungen enthalten bleibt.

Charakteristisch für Ulmen ist der schiefe (asymmetrische) Blattgrund: die eine Blatthälfte reicht am Blattstiel weiter herab als die gegenüber befindliche und ist z. T. sogar öhrchenartig über den Blattstiel gebogen. Die Blattoberseite kann durch steife kurze Härchen sehr rau sein, wenn man mit der Fingern darüberstreicht (Berg-Ulme: man hört dann sogar ein Raspeln) oder verkahlen (Flatter-Ulme). Der Austrieb erfolgt meist erst Anfang Mai, da es sich um eine ringporige Baumart handelt, die im Frühjahr zuerst einen neuen Jahrring bilden muss. Die Herbstfärbung kann gelbbraun bis leuchtend gelb ausfallen.

Die unauffällige zwittrige Blüte findet ab Alter 30 sehr früh im Jahr, z. T. schon im März statt. Die windbestäubten Blüten stehen in Trugdolden, der Pollen ist nicht allergen. Wenig später zeigen die Fruchtflügel mit den reifenden Nüsschen durch ihre grüne Farbe, dass sie Photosynthese betreiben. Da Ulmen sehr zahlreich blühen können, wirken dann oft schon im April die Kronen von weitem betrachtet grün, obwohl die Blätter noch gar nicht ausgetrieben sind. Die Flügelnüsschen sind bereits im Mai reif, fallen dann schon von den Bäumen und keimen. Sie werden vom Wind als „Scheibenflieger" bis etwa 150 m weit verbreitet. Die Flatter-Ulme hat ihren Namen wegen der lang gestielten Blüten und Früchte, die oft im Wind flattern.

Die Holländische Ulme steht in ihren Merkmalen zwischen den Eltern, sie ist zu erkennen an der blattoberseits und an den jüngsten Trieben schwachen Behaarung und an Früchten, deren Nüsschen sich oberhalb der Mitte im bis zur Nuss eingeschnittenen, kurz gestielten Fruchtflügel befinden, bei Flatter- und Berg-Ulme sind sie mittig und bei Flatter-Ulmen zudem lang gestielt.

Abb. 5.98. Markanter Solitär der Flatter-Ulme an problematischem Stadtstandort.

Abb. 5.99. Durch Ulmenkrankheit geschädigte Allee (Holländische Ulme).

Die Rinde entwickelt sich zu einer dunkelgrauen Netzborke.

Junge Bäume können einen Jahreshöhenzuwachs von einem Meter erreichen, zeigen also im Freistand und bei guter Wasserversorgung schnelles Wachstum, das allerdings nicht lange anhält. In der Jugend erfolgt das Wachstum frei (der Trieblängenzuwachs hält bis zum Spätsommer an), im Alter ist es gebunden (Beendigung 4–6 Wochen nach Austrieb). Die Wipfeltriebe wachsen zunächst (wie bei der Buche) horizontal und richten sich im folgenden Herbst auf, wenn der Baum ausreichend Licht erhält. Dies weist bereits auf eine gute Schattentoleranz der Ulmen hin. An der Verzweigung fällt zudem die streng zweizeilige Anordnung der Seitentriebe an den Hauptachsen auf (sieht wie eine Leiter aus), die auch von weitem besonders gut bei jungen Ulmen im Winter zu erkennen ist.

Die drei Ulmen können in der Stadt 200–300 Jahre alt und 30 m hoch werden, der Stamm 1,5 m dick. Die Kronen werden groß, breit bis aufrecht und dunkel.

Die Ulmen reagieren auf Schnittmaßnahmen auch im Alter durch intensiven Wiederaustrieb, allerdings kommt es bei großen Schnittwunden auf Grund der mäßigen Kompartimentierung zu Fäulefortschritt in Ästen und ggf. im Stamm. Schnitthinweis: besondere Schnittmaßnahmen bei genügend Platz i. d. R. nicht erforderlich; bei Bedarf alle Schnitte möglich.

Das Wurzelsystem entwickelt sich herzförmig und erreicht Tiefen von 2 m, mit Endo- und Ektomykorrhiza. Bei entsprechenden Bodenverhältnissen kann es zur Bildung eines Flachwurzelsystems und bei

Erläuterung Boden- und Umweltansprüche
- (1) sehr gering
- (2) gering
- (3) mäßig
- (4) anspruchsvoller
- (5) hoch

großen Bäumen zu Bodenbelagshebungen durch oberflächennahe Wurzeln kommen. Die Ulmen sind stockausschlagfreudig.

Das Holz ist ringporig, mit hell- bis schokoladenbraunem Kern.

Die Ulmen sind Übergangsbaumarten (zwischen Pionier- und Klimaxbaumarten).

Die Nährstoffansprüche der Ulmen sind mäßig (3). Der Wasserbedarf ist gering bis mäßig (2–3). Der Lichtbedarf ist in der Jugend gering, bis in mittleres Alter sind sie schattentolerant (2), sodass sie im (Halb-)Schatten anderer Bäume aufwachsen können. In höherem Alter benötigen sie dann mindestens Halbschatten (3–4). Die Frosthärte beträgt −25 °C. Die Trockenstressanpassung ist mäßig (s. Kap. 7).

Die Ulmen wachsen am besten in durchlässigen Böden und sind überschüttungstolerant. Als Solitärgehölz können sie ihre Wirkung besonders gut entfalten und sind strahlungstolerant. Sie sind Bienennährgehölze.

Nach der KlimaArtenMatrix KLAM (s. Kap. 6) sind die drei Ulmen zukünftig als Stadtbaumart nur mit deutlichen Einschränkungen verwendbar wegen der zunehmenden Trockenstressperioden (Bewertung 4.1). Nach GALK-Liste sind Berg- und Flatter-Ulme als Straßenbäume ungeeignet, die Holländische Ulme (Sorten) ist mit

Abb. 5.100. Dominierender Straßenbaumbestand mit fast ausschließlich Holländischer Ulme in Amsterdam.

Abb. 5.101. Frühes Ergrünen der Holländischen Ulme durch reife Früchte im Mai.

Einschränkungen geeignet. Die Ulmenarten sind geeignet für Alleen, Parkplätze, Parks, Plätze, Promenaden/Fußgängerzonen, Entrees, große Gärten und als Hausbaum.

Ulmen spielten wegen ihrer früher viel größeren Verbreitung und ihres markanten Habitus‘ seit dem Altertum eine Rolle in Mythologie und Brauchtum. Die Lutherulme bei Worms war z. B. lange Zeit ein weithin bekannter Baum.

Die Innenrinde und Blätter wurden früher bei rheumatischen Krankheitsbildern sowie gegen Hautausschläge und Abszesse verwendet. Aus den Nusskernen wurde ein schmackhaftes Öl gepresst.

Die Berg-Ulme war 1992 Baum des Jahres.

Steckbrief Holländische/Berg-/Flatter-Ulme (bedeutsame Eigenschaften als Stadtbaum)

+ gute Kompartimentierung
+ frühe auffällige Fruchtentwicklung (vorzeitiges Ergrünen)
+ interessante Verzweigung
+ attraktives Blatt
+ schöne Herbstfärbung
+ Bienengehölz
~ mäßige Reiterationsfreudigkeit
- Krankheiten/Schäden s. Kap. 8.2.30
- Risiko Ulmenkrankheit

5.30.1 Weitere häufige Ulmenarten in der Stadt

U. pumila (Sibirische U.): kleinblättrig, trockenheits-, salz- und immissionstolerant

U. minor (Feld-U.): von der Ulmenkrankheit stark dezimiert, sehr selten

6 Klimawandel und Stadtbaumarten

(unter Mitarbeit von Sten Gillner)

In diesem Kapitel soll eine Bewertung von Stadtbaumarten im Hinblick auf den ablaufenden und erwarteten Klimawandel erfolgen. Das Ziel besteht darin, eine Auswahl von Baumarten zu benennen, die sommerliche Trockenzeiten gut überdauern, an die extremere städtische Klimasituation gut angepasst sind und gleichzeitig den winterlichen Temperaturen in Deutschland und angrenzenden Ländern standhalten. Da die Bewertung vorwiegend anhand von Literaturstudien erfolgt, können nur Arten berücksichtigt bzw. bewertet werden, für die ausreichend zuverlässige Informationen vorliegen. Aus dieser Zielstellung heraus wurden einerseits Gehölzarten bewertet, die schon bisher eine breite Verwendung im urbanen Bereich erfahren haben, zum anderen wurden durch die Literaturrecherchen aber auch bisher selten verwendete Baumarten einbezogen, die in Gebieten mit ähnlichen Wintertemperaturen, aber verstärkten sommerlichen Trockenzeiten natürlich vorkommen. Bei Annahme der Prognosen für die nächsten Jahrzehnte, mit abnehmenden Sommerniederschlägen bei gleichzeitiger Zunahme von Starkniederschlägen und zunehmenden Temperaturen besonders in den Städten, wird klar, dass eine Bewertung von Bäumen hinsichtlich ihrer Eignung für trockene Standorte unbedingt vorrangig ist (s. Kap. 7).

6.1 Klimaänderung und Artenwahl

Vor dem Hintergrund des bereits stattfindenden Klimawandels stellt sich die Frage, wie Park- und Stadtbäume, die schon jetzt teilweise extremen Bedingungen ausgesetzt sind, mit weiteren Verschlechterungen ihrer Standortbedingungen zurechtkommen werden. Baumbiologische Konsequenzen und sich daraus ergebende Handlungsempfehlungen sind in Roloff & Rust (2007) dargelegt.

Überlegungen zu den möglichen Konsequenzen des Klimawandels auf die Baumartenwahl werden auch im forstlichen Bereich angestellt, um so zu einer Risikominimierung zu kommen.

6.2 Besonderheiten des Stadtklimas

Das Stadtklima weist gegenüber den Verhältnissen auf unbebauten Flächen einige Besonderheiten auf. Insbesondere die stärkere Aufheizung der Innenstädte in Hitzeperioden und die geringere nächtliche Abkühlung können negative Auswirkungen auf Pflanzen und natürlich auch den Menschen haben. In Städten bildet sich ein durch Abwärme von Bauwerken beeinflusstes Klima aus. Das Resultat der Bebauung ist eine Oberflächenvergrößerung, die zu erhöhter Einstrahlung tagsüber und verringerter Abstrahlung in der Nacht führt. Der anthropogene Einfluss auf das Klima wird verschärft durch die Veränderung der natürlichen Luftzusammensetzung auf Grund der Abgase und Aerosole. Die nächtliche Abstrahlung wird durch die Gegenstrahlung der in der Atmosphäre enthaltenen Gas- und Staubpartikel verringert. Die nächtlichen Minimumtemperaturen liegen daher über denen des Umlandes. Hinzu kommt die ungünstige Niederschlagsverteilung mit relativ häufigen Starkregenereignissen in den Sommermonaten, die zu einem hohen oberflächennahen Abfluss und geringeren Versickerungsraten führen können.

Der in Zukunft noch wachsenden Bedeutung von Bäumen im urbanen Bereich steht daher nunmehr ihre zunehmende Gefährdung durch Witterungsextreme und hier insbesondere sommerliche Hitze- und Dürreperioden gegenüber.

6.3 Klimatische Verhältnisse von potenziellen Herkunftsgebieten

In Deutschland gibt es eine breite Streuung der klimatischen Verhältnisse. Beispielhaft für den Westen des Landes sei hier Essen mit etwa 950 mm jährlichem Niederschlag und einem deutlich ozeanisch geprägten Klima genannt. Demgegenüber liegen Leipzig und Erfurt mit ca. 500 mm Jahresniederschlag im subkontinentalen Klimabereich. Da Klimaforscher von einem deutlichen Rückgang der Sommerniederschläge ausgehen, sollten zukünftige Stadtbäume ihr natürliches Areal in Klimazonen mit maximal ca. 500 mm jährlichem Niederschlag oder weniger haben. Ein weiteres wichtiges Kriterium bei der Auswahl der Klimazonen ist möglicher Frost bis in den Mai hinein und eine ausreichende Winterfrosthärte.

Auf der Basis der durchschnittlichen jährlichen Tiefsttemperaturen existiert für Nordamerika die „Plant Hardiness Zone Map“ (USDA 1965, zit. in Heinze & Schreiber 1984), welche potenzielle Verbreitungsgrenzen von Baumarten darstellt. Für den europäischen Raum wurden nach dem nordamerikanischen Vorbild ebensolche Winterhärtezonen-Karten entwickelt. Um die Vergleichbarkeit der Winterhärte von nordamerikanischen und europäischen Baumarten zu gewährleisten, wurden die Temperaturgrenzen übernommen (Heinze & Schreiber 1984, Bärtels 2001). Die Zonen mit den dazu gehörigen Temperaturbereichen sind in Tabelle 6.1 dargestellt. Für die Verwendung als Stadtbäume in Deutschland sollten nur Arten in Betracht gezogen werden, welche mindestens den Bereich der jährlichen durchschnittlichen Tagesminimumtemperatur von −17,8 °C bis −23,3 °C ertragen. Dieser Wertebereich entspricht der Winterhärtezone 6, sie

Tab. 6.1. Winterhärtezonen und deren Temperaturbereiche, basierend auf mittleren jährlichen Tagesminimumtemperaturen (nach Roloff & Bärtels 2008, unterhalb Linie: geforderte Toleranz).

Zone Nr.	Temperaturbereich in °C	gegeben z. B. in
1	unter −45,5	NO-Sibirien
2	−45,5 bis −40,1	Sibirien
3	−40,0 bis −34,5	Nordskandinavien
4	−34,4 bis −28,9	Mittelnorwegen
5	−28,8 bis −23,4	Baltikum
6	−23,3 bis − 17,8	Ostdeutschland
7	−17,7 bis −12,3	Westdeutschland
8	−12,2 bis − 6,7	Frankreich
9	6,6 bis − 1,2	Italien
10	1,1 bis + 4,4	Mittelmeerküsten
11	über + 4,4	Mittelmeerinseln

gilt hier zwar vornehmlich für Ostdeutschland, damit ist und bleibt man aber auf der sicheren Seite, was so beabsichtigt ist. Nach Heinze & Schreiber (1984) und Roloff & Bärtels (2008) ist eine 80-prozentige Überlebenschance eines Gehölzes in der ihm zugeordneten niedrigsten Winterhärtezone zu erwarten.

Aus den oben genannten Anforderungen einer Toleranz von maximal 500 mm Jahresniederschlag ergibt sich für Nordamerika ein Areal möglicher Gehölzherkünfte, das sich nördlich des 40. Grades nördlicher Breite und östlich des 120. Grades westlicher Länge befindet. Spätfröste sind bis in den Mai hinein möglich. In östlicher Richtung wird das Gebiet ungefähr ab dem 95.–100. Grad westlicher Länge durch ansteigende jährliche Niederschläge über 500 mm begrenzt (Abb. 1). In den USA zählen folgende westliche Bundesstaaten dazu: Washington (z. T.), Oregon (z. T.), Nevada, Utah, Idaho, Colorado, Wyoming, Montana, North Dakota, South Dakota, Nebraska und Kansas. Auch Baumarten mit einem Verbreitungsgebiet in West-Kanada können Verwendung finden, abgesehen von einem Streifen entlang der Pazifikküste.

Die Klimadaten Südosteuropas, Osteuropas und Vorderasiens unterscheiden sich bezüglich des durchschnittlichen jährlichen Niederschlages nicht stark von denen der nordostdeutschen Tiefebene. Beispielsweise erreicht Moskau mit 688 mm Jahresniederschlag einen höheren Wert als Berlin. In Tiflis, der Hauptstadt Georgiens, fallen hingegen jährlich nur 492 mm Niederschlag, womit die Region des

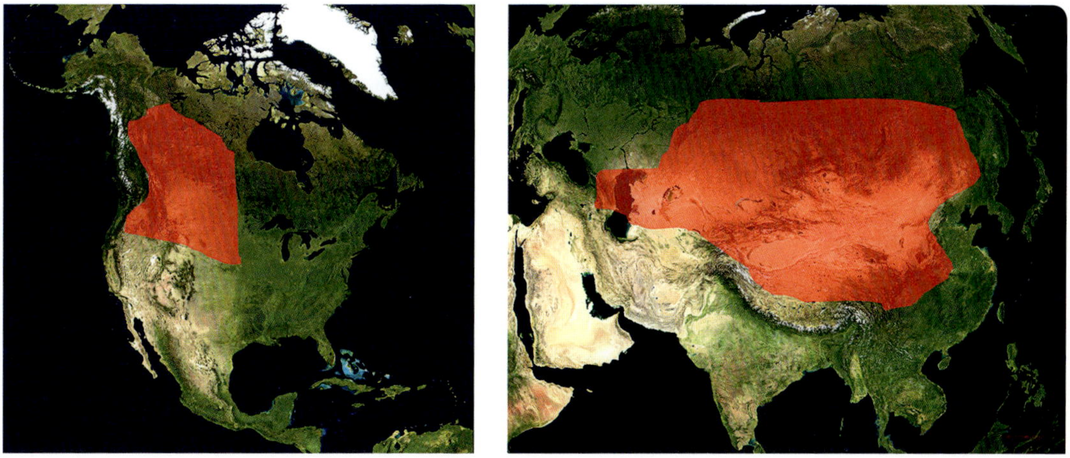

Abb. 6.1. Mögliche nordamerikanische (a: links) und asiatische Herkunftsgebiete (b: rechts), dargestellt als rote Flächen, von potenziell für Deutschland bei Klimawandel geeigneten Stadtbäumen.

Kaukasus mit den Ländern Georgien, Armenien, Aserbaidschan und das südliche Russland interessant für die Suche nach weiteren Baumarten ist, mit Ausnahme der Küsten zum Schwarzen und Kaspischen Meer (Abb. 6.1 a).

Erst östlich des Urals unterschreitet die jährliche Niederschlagsmenge den Wert von 500 mm und erreicht z. B. in Jekaterinburg 487 mm. Dieses kontinentale Gebiet erstreckt sich vom 60. Grad östlicher Länge über Sibirien, die Mongolei bis nach China. Ausgenommen sind hier die tropischen Regionen im Süden und Osten Chinas und die Pazifikküste von Russland bis China. Westlich des Himalajas stellt etwa der 40. Breitengrad die südliche Grenze dar. In den mittelasiatischen Ländern Tadschikistan, Turkmenistan und Usbekistan sind zwar die Jahresniederschläge sehr gering, dagegen müssen hier die Jahresmitteltemperaturen und der Jahrestemperaturverlauf genauer betrachtet werden, um Gehölze mit subtropischen Temperaturansprüchen auszuschließen. Hingegen bestehen in den beiden mittelasiatischen Staaten Kasachstan und Kirgistan keine Einschränkungen bei der Suche nach geeigneten Klimaverhältnissen (Abb. 6.1 b).

Schwieriger ist die Nordgrenze der ausgeschiedenen Gebiete zu definieren, sie wird etwa durch den 60. Breitengrad markiert.

6.4 Vorgehensweise für die Bewertung der Trockentoleranz und der Winterhärte

Für die Bewertung der Baumarten wurden zunächst der Lebensbereich sowie die Boden- und Klimafaktoren nach Kiermeyer (1995) und Roloff & Bärtels (2008) hinsichtlich ihrer Eignung für trockene Standorte eingeordnet. Dabei erfolgt eine Benotung von 1 bis 4. Die Note 1 wurde vergeben, wenn sich die Art in der jeweiligen Kategorie als sehr gut geeignet für trockene Standorte erweist, und die Zuordnung 4 erfolgte bei nur sehr eingeschränkter Eignung.

Tab. 6.2. Bewertung der Trockentoleranz und Winterhärte am Beispiel der Flaum-Eiche *(Quercus pubescens)*.

	Trockentoleranz			**Winterhärte**							
Quercus pubescens	A	B	C	E	F	G	H	I	J	K	L
Einordnung	6	3	2	6b		(x)	(x)	>20			
Einzelwertung (Note)	1	2	1	1	1	2	3				
Gesamt (Finalnoten)			**1,33**				**1,75**		**1**	**1**	**w***
Bewertung (Notenpaar)	**1.2**										

* w = winterhart

Erläuterung: A Lebensbereich, B Bodenfaktoren, C Klimafaktoren, E Winterhärtezone, F Frostempfindlichkeit, G Frosthärte, H Spätfrostgefährdung, I Höhe in m (alle Angaben nach Roloff & Bärtels 2008); J Trockentoleranz, K Bodenansprüche, L Winterhärte (nach weiteren Literaturangaben).

Auch die Gesamtnote der Winterhärte, in die die Einzelwertungen der Winterhärtezone, der Winterhärte, der Frostempfindlichkeit und der Spätfrostgefährdung einfließen, wurde mit sehr geeignet (1), geeignet (2), problematisch (3) und sehr eingeschränkt geeignet (4) klassifiziert.

Am folgenden Beispiel für die Flaum-Eiche *(Quercus pubescens)* wird die Vorgehensweise erläutert (Tab. 6.2).

Der Lebensbereich (Spalte A) der Flaum-Eiche, also die Standorte ihres bevorzugten Vorkommens, sind die Steppengehölze und Trockenwälder. Deshalb ist diese Baumart an sommertrockenes, warmes Klima adaptiert und erhält die Bewertung 1. Der Bodenfaktor (Spalte B) der Flaum-Eiche deutet auf einen mäßig trockenen bis frischen Standort, auf dem sie Luft- und Bodentrockenheit verträgt (Bewertung 2). Auch die Angaben zum Klimafaktor (Spalte C) konnten mit 1 (sehr geeignet für trockene Standorte) bewertet werden.

Anschließend werden diese drei Einzelnoten durch einfache Mittelwertbildung zu einem Gesamtwert der Trockentoleranz für die Angaben nach Roloff & Bärtels (2008) verdichtet, der für die Flaum-Eiche 1,33 beträgt und somit auf eine sehr gute Eignung für Trockenstandorte verweist. Als zweiter Parameter wurde die Winterhärte bewertet. Dabei ist die Flaum-Eiche nach Roloff & Bärtels (2008) ab der Winterhärtezone 6b zu finden (Spalte E; sehr geeignet = 1), nicht frostempfindlich (Spalte F) und mäßig bis meist frosthart (Spalte G; geeignet = 2). Gelegentlich können Spätfröste Schäden verursachen (Spalte H), deshalb wurde dieser Punkt mit 3 (kritisch) bewertet. Insgesamt ist die Flaum-Eiche jedoch in unseren Breiten winterhart genug, was durch den Mittelwert von 1,75 zum Ausdruck kommt (Tab. 2).

Zusätzlich wurden der Gesamtwert für die Eignung für Trockenstandorte und der Gesamtwert für die Winterhärte durch Literaturstu-

Tab. 6.3. Bewertung der Trockentoleranz und Winterhärte am Beispiel der Amerikanischen Gleditschie *(Gleditsia triacanthos)*; Erläuterung der Spalten s. Legende zu Tab. 6. 2.

	Trockentoleranz			Winterhärte							
Gleditsia triacanthos	A	B	C	E	F	G	H	I	J	K	L
primäre Einordnung	2	5	1	6b		(x)	(x)	>20			
Einzelwertung (Note)	4	3 (4)	1	1	1	2	3				
Gesamt I (Primärnoten)			**2,83**				**1,75**				
sekundäre Einordnung	6	3	2								
Einzelwertung (Note)	1	2	1								
Gesamt II (Finalnoten)			**1,33**						**1**	**2**	**w(fe)***
Bewertung (Notenpaar)	**1.2**										

* w (fe) = winterhart, teilweise frostempfindlich

dien jeder einzelnen Baumart überprüft und nach den Kriterien Trockentoleranz (Spalte J: trockenresistent, dürreresistent, verträgt Trockenheit, reagiert empfindlich auf Trockenheit, etc.), Bodenansprüche (Spalte K: toleriert Bodentrockenheit, verträgt mäßig trockene Böden, frische, feuchte Böden etc.) und Winterhärte (Spalte L: winterhart, frostempfindlich, spätfrostgefährdet, frühfrostgefährdet) bewertet. Am Beispiel der Flaum-Eiche wird durch die Bewertung weiterer Literaturangaben die bis dahin ermittelte sehr gute Eignung für Trockenstandorte bei einer ausreichend guten Winterhärte bestätigt (Tab. 2, Spalten J, K, L). Daraufhin wurde die Flaum-Eiche letztendlich mit dem Notenpaar 1.2 bewertet und in die entsprechende Kategorie 1.2 aufgenommen.

Sind nach Roloff & Bärtels (2008) für die betreffende Art mehrere Lebensbereiche angeführt, in denen die Art eine unterschiedliche Bewertung der Trockentoleranz erzielte, richtet sich die Endbewertung der Trockentoleranz für Roloff & Bärtels (2008) grundsätzlich nach der besseren Benotung, da hier nicht das standortspezifische Optimum der Art von Interesse ist, sondern die Eignung für Trockenstandorte. Arten, die eine abweichende Bewertung nach weiteren Literaturangaben im Vergleich zur Gesamtwertung nach Roloff & Bärtels (2008) erhielten, wurden nochmals kritisch daraufhin beurteilt, ob sie sich für trockene Standorte eignen. Am Beispiel für die Amerikanische Gleditschie *(Gleditsia triacanthos)* wird dies erklärt (Tab. 6.3).

Vorrangig kommt die Gleditschie in feuchten Lagen und an Ufer- und Randzonen von Gewässern vor (Lebensbereich 2), ist also auf den ersten Blick für Trockenstandorte ungeeignet (Bewertung 4). Jedoch ist diese Art auf Grund ihrer weiten Standortamplitude auch als Bestandteil von Steppengehölzen und Trockenwäldern zu finden (Le-

Tab. 6.4. Bewertung der Trockentoleranz und Winterhärte am Beispiel des Rot-Ahorns *(Acer rubrum)*; Erläuterung der Spalten s. Legende zu Tab. 6.2.

	Trockentoleranz			Winterhärte							
Acer rubrum	A	B	C	E	F	G	H	I	J	K	L
primäre Einordnung	2	3	2	4		x	x	>15			
Einzelwertung (Note)	4	4	2	1	1	1	4				
Gesamt I (Primärnoten)			**3,33**				**1,75**				
sekundäre Einordnung	3	2	4								
Einzelwertung (Note)	2 (3)	4	2								
Gesamt II (Finalnoten)			2,83						1	2	**w***
Bewertung (Notenpaar)	1.2										

* w = winterhart

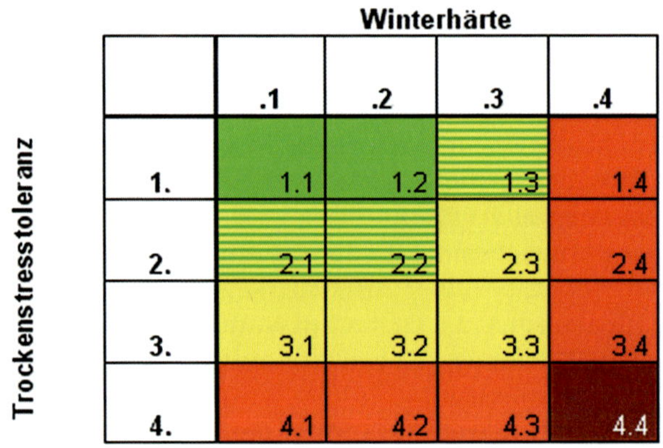

Abb. 6.2. KlimaArtenMatrix (KLAM) der 16 Einstufungen („Notenpaare") nach Trockentoleranz und Winterhärte (Abstufungen grün = „sehr gut geeignet": 1.1, 1.2 / gelbgrün = „gut geeignet": 1.3, 2.1, 2.2 / gelb = „geeignet aber z. T. problematisch": 2.3, 3.1, 3.2, 3.3 / rot = „nur sehr eingeschränkt geeignet": 1.4, 2.4, 3.4, 4.1, 4.2, 4.3 / violett = „ungeeignet": 4.4).

bensbereich 6) und widersteht heißen, trockenen Standortbedingungen ausgezeichnet, was ebenfalls durch die Bewertung der Standortfaktoren weiterer Literaturangaben belegt wird. Auch diese Art wurde daraufhin mit dem Notenpaar 1.2 bewertet.

Am Beispiel vom Rot-Ahorn *(Acer rubrum)* wird exemplarisch die Vorgehensweise bei widersprüchlichen Angaben aufgezeigt (Tab. 6.4). Trotz einer kritischen Einschätzung der Trockentoleranz nach Roloff & Bärtels (2008) wurde der Art letztendlich die Note 1 zugeordnet. Begründet wird diese Einordnung wiederum nach Literaturangaben, die neben einem Standortsoptimum auf frischen bis feuchten und nährstoffreichen Böden eine Eignung für sehr trockene Standorte angeben. Auch diese Art wurde daher letztlich mit dem Notenpaar 1.2 bewertet.

Tab. 6. 5. KlimaArtenMatrix (KLAM) – Einstufung wichtiger Gehölzarten nach ihrer Eignung für eine Verwendung im Stadtbereich bei prognostiziertem Klimawandel (fett: heimische Arten).

Kategorie 1.1 Bäume, die nach der Bewertung in beiden Kategorien (**Trockentoleranz, Winterhärte** [Frostempfindlichkeit, Frosthärte, Spätfrostgefährdung]) als **sehr geeignet** eingestuft werden

	Botanischer Name	Deutscher Name
Bäume über 10 m	*Acer campestre* L. subsp. *campestre*	**Feld-Ahorn**
	Acer negundo L. subsp. *negundo*	Eschen-Ahorn
	Acer × *zoeschense* Pax	Zoeschener Ahorn
	Alnus incana (L.) Moench	**Grau-Erle**
	Cladrastis sinensis Hemsl.	Chinesisches Gelbholz
	Fraxinus pallisiae Wimott ex Pallis	Behaarte Esche
	Juniperus communis L. subsp. *communis*	**Gewöhnlicher Wacholder**
	Juniperus scopulorum Sarg.	Westliche Rotzeder
	Juniperus virginiana L.	Rotzeder
	Ostrya carpinifolia Scop.	Gemeine Hopfenbuche
	Phellodendron sachalinense (Fr. Schmidt) Sarg.	Sachalin-Korkbaum
	Pinus heldreichii H. Christ	Panzer-Kiefer
	Pinus nigra Arnold subsp. *nigra*	Schwarz-Kiefer
	Pinus sylvestris L. var. *sylvestris*	**Wald-Kiefer**
	Populus tremula L.	**Zitter-Pappel**
	Prunus avium (L.) L. var. *avium*	**Vogel-Kirsche**
	Quercus bicolor Willd.	Zweifarbige Eiche
	Quercus macrocarpa Michx. var. *macrocarpa*	Klettenfrüchtige Eiche
	Robinia pseudoacacia L.	Gemeine Robinie
	Robinia viscosa Vent.	Klebrige Robinie
	Sorbus aria (L.) Crantz	**Echte Mehlbeere**
	Sorbus badensis Düll.	**Badische Eberesche**
	Sorbus × *thuringiaca* (Ilse) Fritsch	**Thüringer Mehlbeere**
	Tilia mandshurica Rupr.et Maxim.	Mandschurische Linde
	Ulmus pumila L. var. *pumila*	Sibirische Ulme
Bäume bis 10 m	*Acer tataricum* L. subsp. *tataricum*	Steppen-Ahorn
	Buxus sempervirens L.	**Gewöhnlicher Buchsbaum**

	Botanischer Name	Deutscher Name
	Cornus mas L.	**Kornelkirsche**
	Crataegus × lavallei Hénricq. ex Lavallée 'Carrierei'	Lederblättriger Weißdorn
	Crataegus wattiana Hemsl. et Lace	Watts Weißdorn
	Pinus aristata Engelm.	Grannen-Kiefer
	Prunus mahaleb L.	**Felsen-Kirsche**
	Rhamnus cathartica L.	**Echter Kreuzdorn**
	Rhus typhina L.	Essigbaum
	Robinia luxurians (Dieck) C. K. Schneid.	Üppige Robinie
	Sorbus folgneri (C. K. Schneid.) Rehder	Folgners Eberesche

Kategorie 1.2 Bäume, die nach der Bewertung in der Kategorie **Trockentoleranz** als **sehr geeignet** eingestuft werden, und in der Kategorie **Winterhärte** mit **geeignet** bewertet werden

	Botanischer Name	Deutscher Name
Bäume über 10 m	*Acer opalus* Mill. subsp. *opalus*	**Schneeballblättriger Ahorn**
	Acer rubrum L.	Rot-Ahorn
	Ailanthus altissima (Mill.) Swingle	Drüsiger Götterbaum
	Carya tomentosa (Lam. ex Poir.) Nutt.	Spottnuss
	Catalpa speciosa (Warder ex Barney) Engelm.	Prächtiger Trompetenbaum
	Cedrus brevifolia (Hook.f.) Henry	Zypern-Zeder
	Cedrus libani A.Rich. subsp. *Stenocoma* P. H. Davis	Libanon-Zeder
	Celtis caucasica Willd.	Kaukasische Zürgelbaum
	Celtis glabrata Planch	Kahler Zürgelbaum
	Celtis occidentalis L. var. *occidentalis*	Amerikanischer Zürgelbaum
	Cupressus arizonica Greene var. *arizonica*	Arizona-Zypresse
	Diospyros lotus L.	Lotuspflaume
	Fraxinus angustifolia Vahl subsp. *angustifolia*	Schmalblättrige Esche
	Fraxinus quadrangulata Michx.	Blau-Esche
	Ginkgo biloba L.	Ginkgo, Fächerbaum
	Gleditsia japonica Micq.	Japanische Gleditschie
	Gleditsia triacanthos L.	Amerikanische Gleditschie
	Morus alba L. var. *alba*	Weißer Maulbeerbaum

	Botanischer Name	Deutscher Name
	Ostrya virginiana (Mill.) K. Koch	Virginische Hopfenbuche
	Pinus bungeana Zucc.ex Endl.	Bunges Kiefer
	Pinus ponderosa Douglas ex C. Lawson	Gelb-Kiefer
	Pinus rigida Mill.	Pech-Kiefer
	Platanus × hispanica Münchh. *(P. × acerifolia* Ait.*)*	Ahornblättrige Platane
	Platycladus orientalis (L.) Franco *(Thuja orientalis* L.)	Morgenländischer Lebensbaum
	Populus alba L.	**Silber-Pappel**
	Quercus cerris L.	Zerr-Eiche
	Quercus coccinea Münchh.	Scharlach-Eiche
	Quercus frainetto Ten.	Ungarische Eiche
	Quercus macranthera Fisch. et C. A. Mey. ex Hohen.	Persische Eiche
	Quercus muehlenbergii Engelm.	Gelb-Eiche
	Quercus prinus L. (*Q. montana* Willd.)	Kastanien-Eiche
	Quercus pubescens Willd. subsp. *pubescens*	**Flaum-Eiche**
	Sophora japonica L.	Japanischer Schnurbaum
	Sorbus domestica L.	**Speierling**
	Sorbus latifolia (Lam.) Pers.	**Breitblättrige Mehlbeere**
	Sorbus torminalis (L.) Crantz	**Elsbeere**
	Tilia tomentosa Moench	Silber-Linde
Bäume bis 10 m	*Acer monspessulanum* L.	**Französischer Ahorn**
	Carpinus orientalis Mill.	Orientalische Hainbuche
	Celtis glabrata Planch.	Kahler Zürgelbaum
	Colutea arborescens L.	Gewöhnlicher Blasenstrauch
	Elaeagnus commutata Bernh. Ex Rydb.	Silber-Ölweide
	Juniperus rigida Siebold et Zucc.	Nadel-Wacholder
	Maclura pomifera (Raf.) C. K. Schneid.	Osagedorn
	Prunus armeniaca L.	Kultur-Aprikose
	Prunus cerasifera Ehrh. subsp. *cerasifera*	Kirschpflaume
	Pyrus calleryana Decne. var. *calleryana*	Chinesische Birne
	Pyrus salicifolia Pall.	Weidenblättrige Birne

	Botanischer Name	Deutscher Name
	Pyrus spinosa Forssk.	Dornige Birne
	Quercus libani Olivier	Libanon-Eiche
	Rhus chinensis Mill.	Gallen-Sumach
	Rhus sylvestris Siebold et Zucc.	Wald-Sumach
	Tamarix tetrandra Pall. ex M. Bieb.	Viermännige Tamariske

Kategorie 1.3 Bäume, die nach der Bewertung in der Kategorie **Trockentoleranz** als **sehr geeignet** eingestuft werden, und in der Kategorie **Winterhärte** mit **problematisch** bewertet werden

	Botanischer Name	Deutscher Name
Bäume über 10 m	*Celtis australis* L.	Südlicher Zürgelbaum
	Celtis reticulata Torr.	Netznerviger Zürgelbaum
	Gleditsia sinensis Lam.	Chinesische Gleditschie
	Pinus armandii Franch.	Armands Kiefer
	Pinus coulteri D. Don	Coulters Kiefer
	Platanus orientalis L.	Morgenländische Platane
Bäume bis 10 m	*Crataegus azarolus* L. var. *azarolus*	Welsche Mispel
	Prunus sibirica L.	Sibirische Aprikose

Kategorie 1.4 Bäume, die nach der Bewertung in der Kategorie **Trockentoleranz** als **sehr geeignet** eingestuft werden, und in der Kategorie **Winterhärte** mit **nur sehr eingeschränkte Eignung** bewertet werden

	Botanischer Name	Deutscher Name
Bäume über 10 m	*Cedrus atlantica* (Endl.) Manetti ex Carrière	Atlas-Zeder
	Cedrus libani A. Rich. subsp. *libani*	Libanon-Zeder
	Cupressus sempervirens L.	Zypresse, Mittelmeer-Zypresse
	Fraxinus ornus L.	Blumen-Esche
	Juniperus excelsa M. Bieb.	Kleinasiatischer Wacholder
	Pinus monophylla Torr. et Frém.	Einnadelige Kiefer
Bäume bis 10 m	*Cercis siliquastrum* L.	Gemeiner Judasbaum
	Fraxinus xanthoxyloides (G. Don) DC.	Afghanische Esche
	Idesia polycarpa Maxim.	Orangenkirsche
	Juniperus foetidissima Willd.	Stinkender Baum-Wacholder

	Botanischer Name	Deutscher Name
	Juniperus oxycedrus L. subsp. *oxycedrus*	Rotbeeriger Wacholder, Baum-W.
	Koelreuteria panicuala Laxm. var. *paniculata*	Rispiger Blasenbaum
	Prunus dulcis (Mill.) D. A. Webb. var. *dulcis* (*Amygdalus communis* L.)	Kultur-Mandel

Kategorie 2.1 Bäume, die nach der Bewertung in der Kategorie **Trockentoleranz** als **geeignet** eingestuft werden, und in der Kategorie **Winterhärte** mit **sehr geeignet** bewertet werden

	Botanischer Name	Deutscher Name
Bäume über 10 m	*Acer buergerianum* Miq.	Dreispitziger Ahorn
	Acer platanoides L.	**Spitz-Ahorn**
	Aesculus × carnea Hayne	Rotblühende Kastanie
	Alnus × spaethii Callier	Spaeths Erle
	Betula pendula Roth	**Sand-Birke**
	Carpinus betulus L.	**Gemeine Hainbuche**
	Crataegus laciniata Ucria	Woll-Apfel
	Fraxinus pennsylvanica Marshall var. *pennsylvanica*	Grün-Esche, Rot-Esche
	Malus tschonoskii (Maxim.) C. K. Schneid.	Woll-Apfel
	Picea omorika (Pancic) Purk.	Serbische Fichte
	Populus × berolinensis (K. Koch) Dippel	Berliner Pappel
	Quercus robur L. ssp. *robur*	**Stiel-Eiche**
	Sorbus intermedia (Ehrh.) Pers.	**Schwedische Mehlbeere**
	Tilia cordata Mill.	**Winter-Linde**
	Tilia × euchlora K. Koch	Krim-Linde
Bäume bis 10 m	*Amelanchier arborea* (F. Michx.) Fernald	Schnee-Felsenbirne
	Crataegus crus-galli L.	Hahnensporn-Weißdorn
	Crataegus monogyna Jacq. subsp. *monogyna*	**Eingriffliger Weißdorn**
	Hippophaë rhamnoides L. subsp. *rhamnoides*	**Gewöhnliche Sanddorn**
	Pinus mugo Turra subsp. *mugo*	**Berg-Kiefer**
	Salix caprea L.	**Sal-Weide**

Kategorie 2.2 Bäume, die nach der Bewertung in beiden Kategorien **(Trockentoleranz und Winterhärte)** als **geeignet** eingestuft werden

	Botanischer Name	Deutscher Name
Bäume über 10 m	*Alnus cordata* (Loisel.) Desf.	Herzblättrige Erle
	Carya ovata (Mill.) K. Koch	Schuppenrinden-Hickory
	Castanea sativa Mill.	**Ess-Kastanie**
	Celtis bungeana Blume	Bungens Zürgelbaum
	Corylus colurna L.	Baum-Hasel
	x *Cupressocyparis leylandii* Dallim.	Leylandzypresse
	Diospyros virginiana L.	Persimone
	Fraxinus excelsior L.	**Gemeine Esche**
	Gymnocladus dioicus (L.) K. Koch	Amerikanischer Geweihbaum
	Liquidambar styraciflua L.	Amerikanischer Amberbaum
	Maackia amurensis Rupr. et Maxim. var. *amurensis*	Asiatisches Gelbholz
	Nyssa sylvatica Marshall	Wald-Tupelobaum
	Phellodendron amurense Rupr.	Amur-Korkbaum
	Pinus peuce Griseb.	Rumelische Kiefer
	Platanus occidentalis L.	Amerikanische Platane
	Pyrus communis L.	**Kultur-Birne**
	Pyrus pyraster Burgsd.	**Wild-Birne**
	Quercus imbricaria Michx.	Schindel-Eiche
	Quercus palustris Münchh.	Sumpf-Eiche
	Q. robur ssp. *sessiliflora* (Salisb.) A. DC. (*Q. petraea* (Matth.) Liebl.)	**Trauben-Eiche**
	Quercus rubra L.	Rot-Eiche
	Ulmus parvifolia Jacq.	Chinesische Ulme
	Zelkova serrata (Thunb. Ex Murray) Makino	Japanische Zelkove
Bäume bis 10 m	*Cercis canadensis* L.	Kanadischer Judasbaum
	Laburnum anagyroides Medik.	Gewöhnlicher Goldregen
	Mespilus germanica L.	**Mispel**
	Pterostyrax hispida	Borstiger Flügelstorax
	Pyrus elaeagrifolia Pall.	Ölweidenblättrige Birne

Kategorie 2.3 Bäume, die nach der Bewertung in der Kategorie **Trockentoleranz** als **geeignet** eingestuft werden, und in der Kategorie **Winterhärte** mit **problematisch** bewertet werden

	Botanischer Name	Deutscher Name
Bäume über 10 m	*Morus nigra* L.	Schwarzer Maulbeerbaum
Bäume bis 10 m	*Fraxinus syriaca* Boiss.	Syrische Esche

Kategorie 2.4 Bäume, die nach der Bewertung in der Kategorie **Trockentoleranz** als **geeignet** eingestuft und in der Kategorie **Winterhärte** mit **nur sehr eingeschränkte Eignung** bewertet werden

	Botanischer Name	Deutscher Name
Bäume über 10 m	*Paulownia tomentosa* (Thunb. Ex Murray) Steud.	Kaiser-Paulownie
	Pterocarya stenoptera C. DC.	Chinesische Flügelnuss
	Quercus falcata Michx.	Sumpf-Rot-Eiche
Bäume bis 10 m	*Broussonetia papyrifera* (L.) Vent.	Papiermaulbeerbaum
	Quercus marilandica Münchh.	Black-Jack-Eiche

Kategorie 3.1 Bäume, die nach der Bewertung in der Kategorie **Trockentoleranz** als **problematisch** eingestuft werden, und in der Kategorie **Winterhärte** mit **sehr geeignet** bewertet werden

	Botanischer Name	Deutscher Name
Bäume über 10 m	*Acer saccharinum* L.	Silber-Ahorn
	Acer velutinum Boiss. var. *velutinum*	Samt-Ahorn
	Metasequoia glyptostroboides Hu et W. C. Cheng	Urweltmammutbaum
	Populus laurifolia Ledeb.	Lorbeerblättrige Pappel
	Populus × canescens (Aiton) Sm.	**Grau-Pappel**
	Salix alba L. var. *alba*	**Silber-Weide**
	Sorbus aucuparia L. subsp. *aucuparia*	**Gewöhnliche Eberesche**
	Tilia americana L.	Amerikanische Linde
	Tilia × vulgaris Hayne (*Tilia europaea* L. p. p.)	Holländische Linde
Bäume bis 10 m	*Acer glabrum* Torr. subsp. *glabrum*	Kahler Ahorn
	Crataegus laevigata (Poir.) DC.	**Zweigriffliger Weißdorn**
	Prunus × schmittii Rehder	Schmitts Kirsche

Kategorie 3.2 Bäume, die nach der Bewertung in der Kategorie **Trockentoleranz** als **problematisch** eingestuft werden, und in der Kategorie **Winterhärte** mit **geeignet** bewertet werden

	Botanischer Name	Deutscher Name
Bäume über 10 m	*Aesculus hippocastanum* L.	Gemeine Rosskastanie
	Carya cordiformis (Wangenh.) K. Koch	Bitternuss
	Carya ovalis (Wangenh.) Sarg.	Süße Ferkelnuss
	Fagus sylvatica L.	**Rot-Buche**
	Liriodendron tulipifera L.	Amerikanischer Tulpenbaum
	Picea asperata Mast.	Raue Fichte
	Populus simonii Carrière	Simons Pappel
	Prunus sargentii Rehder	Berg-Kirsche
	Quercus phellos L.	Weiden-Eiche
	Tilia platyphyllos Scop.	**Sommer-Linde**
Bäume bis 10 m	*Crataegus phaenopyrum* (L. f.) Medik.	Washington-Weißdorn
	Magnolia kobus DC.	Kobushi-Magnolie
	Malus sylvestris Mill.	**Holz-Apfel**
	Quercus ilicifolia Wangenh.	Busch-Eiche

Kategorie 3.3 Bäume, die nach der Bewertung in beiden Kategorien **(Trockentoleranz und Winterhärte)** mit **problematisch** eingestuft werden

	Botanischer Name	Deutscher Name
Bäume über 10 m	*Catalpa bignonioides* Walt.	Gew. Trompetenbaum
	Juglans regia L. subsp. *regia*	**Gemeine Walnuss**
	Pterocarya fraxinifolia (Lam.) Spach	Kaukasische Flügelnuss

Kategorie 3.4 Bäume, die nach der Bewertung in der Kategorie **Trockentoleranz** als **problematisch** eingestuft werden, und in der Kategorie **Winterhärte** mit **nur sehr eingeschränkte Eignung** bewertet werden

	Botanischer Name	Deutscher Name
Bäume über 10 m	*Cedrus deodora* (G. Don) G. Don	Himalaja-Zeder
	Pinus wallichiana A. B. Jacks.	Tränen-Kiefer
	Tetradium daniellii (Benn.) Hartl. (*Euodia hupehensis* Dode)	Hubei-Stinkesche, Samthaarige Stinkesche

Kategorie 4.1 Bäume, die nach der Bewertung in der Kategorie **Trockentoleranz** als **nur sehr eingeschränkte Eignung** eingestuft werden, und in der Kategorie Winterhärte mit **sehr geeignet** bewertet werden		
	Botanischer Name	Deutscher Name
Bäume über 10 m	*Acer pseudoplatanus* L.	**Berg-Ahorn**
	Betula papyrifera Marsh.	Papier-Birke
	Ulmus glabra Huds.	**Berg-Ulme**
	Ulmus × hollandica Mill.	**Holländische Ulme**

Kategorie 4.2 Bäume, die nach der Bewertung in der Kategorie **Trockentoleranz** als **nur sehr eingeschränkte Eignung** eingestuft werden, und in der Kategorie Winterhärte mit **geeignet** bewertet werden		
	Botanischer Name	Deutscher Name
Bäume über 10 m	*Alnus glutinosa* (L.) Gaertn.	**Schwarz-Erle**
	Carya illinoinensis (Wangenh.) K. Koch	Pekannuss
	Picea schrenkiana Fisch. et C. A. Mey	Schrenks Fichte
	Prunus padus L. subsp. *padus*	**Traubenkirsche**

Kategorie 4.3 Bäume, die nach der Bewertung in der Kategorie **Trockentoleranz** als **nur sehr eingeschränkte Eignung** eingestuft werden, und in der Kategorie Winterhärte mit **problematisch** bewertet werden		
	Botanischer Name	Deutscher Name
Bäume über 10 m	*Acer heldreichii* Orph. ex Boiss. subsp. *heldreichii*	Griechischer Berg-Ahorn
	Carya laciniosa (F. Michx.) Loudon	Königsnuss
Bäume bis 10 m	*Betula utilis* D.Don var. *jacquemontii* (Spach) Winkl.	Weiße Himalaya-Birke

Kategorie 4.4 entfällt, da zu sehr eingeschränkte Eignung

6.5 Ergebnisse

Ausgehend von der Bewertung können die Baumarten in 4 verschiedene Kategorien der Trockentoleranz eingestuft werden. Tabelle 6.5 gibt die vier Einstufungen an. Dabei sind diese Kategorien nochmals nach dem Grad der Winterhärte untergliedert, wodurch sich insgesamt 16 Unterkategorien bzw. „Notenpaare“ ergeben. Diese lassen sich auch als Matrix darstellen (KlimaArtenMatrix = KLAM) und dadurch besser in ihrer Einstufung vorstellen (Abb. 6.2).

In der vorgestellten KlimaArtenMatrix (Tab. 6.5) sind alle heimischen und nichtheimischen Baumarten einbezogen, die mit eindeutigem Ergebnis geprüft wurden. Nicht enthalten sind Bäume, deren Prüfung negativ ausfiel oder über die noch nicht hinreichende Informationen vorliegen. Aus dem Fehlen einer Art kann also nicht zwangsläufig auf Nichteignung geschlossen werden, dies ist im Einzelfall weiter zu prüfen. Zudem sind nicht berücksichtigt Pathogene (s. Kap. 8) und weitere spezielle Faktoren, die entweder nicht hart bewertbar sind oder für die jeder Anwender der Matrix selbst unterschiedliche zusätzliche individuelle Ansprüche formuliert, wie z. B. ästhetische Kriterien.

6.6 Potenziell besonders geeignete Straßenbaumarten

Besondere Anforderungen gelten i. d. R. an Straßenbaumarten, z. B.:

- Streusalztoleranz,
- Strahlungstoleranz,
- Toleranz von eingeschränktem Wurzelraum,
- Unempfindlichkeit gegenüber Bodenverdichtung,
- Mindestgröße für Lichtraumprofilschnitt,
- keine großen Früchte.

Tab. 6. 6. Favoriten der unter dem Gesichtspunkt des Klimawandels geeigneten Straßenbäume (in alphabetischer Reihenfolge; Ziffern: Notenpaare nach KLAM).

Acer campestre 1.1	Feld-Ahorn
A. opalus 1.2	Schneeballblättriger Ahorn
A. platanoides 2.1	Spitz-Ahorn
A. rubrum 1.2	Rot-Ahorn
A. × zoeschense 1.1	Zoeschener Ahorn
Aesculus × carnea 2.1	Rotblühende Kastanie
Ailanthus altissima 1.2	Drüsiger Götterbaum
Alnus cordata 2.2	Herzblättrige Erle
A. × spaethii 2.1	Spaeths Erle
Betula pendula 2.1	Sand-Birke
Carpinus betulus 2.1	Gem. Hainbuche
Catalpa speciosa 1.2	Prächtiger Trompetenbaum
Celtis australis 1.3 (W-Dtschld.)	Südlicher Zürgelbaum
Corylus colurna 2.2	Baum-Hasel

Fraxinus angustifolia 1.2	Schmalblättrige Esche
F. excelsior 2.2	Gem. Esche
F. ornus 1.4 (W-Dtschld.)	Blumen-Esche
F. pennsylvanica 2.1	Grün-Esche
Ginkgo biloba 1.2	Ginkgo
Gleditsia triacanthos 1.2 (Sorten)	Amerikanische Gleditschie
Liquidambar styraciflua 2.2 (W-Dtschld.)	Amerikanischer Amberbaum
Morus alba 1.2 (W-Dtschld.)	Weißer Maulbeerbaum
M. nigra 2.3 (W-Dtschld.)	Schwarzer Maulbeerbaum
Ostrya carpinifolia 1.1	Gem. Hopfenbuche
Phellodendron amurense 2.2	Amur-Korkbaum
P. sachalinense 1.1	Sachalin-Korkbaum
Platanus × *hispanica* 1.2	Ahornblättrige Platane
Populus × *berolinensis* 2.1	Berliner Pappel
Qu. cerris 1.2	Zerr-Eiche
Qu. frainetto 1.2	Ungarische Eiche
Qu. imbricaria 2.2	Schindel-Eiche
Qu. macrocarpa 1.1	Klettenfrüchtige Eiche
Qu. palustris 2.2	Sumpf-Eiche
Qu. petraea 2.2	Trauben-Eiche
Qu. rubra 2.2	Rot-Eiche
Robinia pseudoacacia 1.1	Gem. Robinie
Sophora japonia 1.2	Japanischer Schnurbaum
Sorbus aria 1.1 (Sorten)	Echte Mehlbeere
S. intermedia 2.1	Schwedische Mehlbeere
S. latifolia 1.2	Breitblättrige Mehlbeere
S. × *thuringiaca* 1.1	Thüringer Mehlbeere
Tilia cordata 2.1 (+ Sorten)	Winter-Linde
T. × *euchlora* 2.1	Krim-Linde
T. mandshurica 1.1	Mandschurische Linde
T. tomentosa 1.2	Silber-Linde
Ulmus pumila 1.1	Sibirische Ulme
Zelkova serrata 2.2	Japanische Zelkove

Vorhergehend wird eine Auflistung der nach KlimaArtenMatrix (KLAM) und diesen speziellen Kriterien potenziell geeigneten Straßenbaumarten vorgestellt (Tab. 6.6). Diese unterscheidet sich deutlich von der GALK-Liste (GALK 2012), da sie bewusst keine Sorten enthält und auch untergeordnete Nebenstraßen in Wohngebieten berücksichtigt, in denen die Anforderungen nicht so scharf wie an Haupt- und Schnellstraßen sind.

Für Entscheidungen zur Straßenbaumartenwahl unter dem Aspekt des Klimawandels kommen also von den heute dafür meistverwendeten Baumarten viele auch weiterhin in die engere Wahl, allerdings sind auch eine Reihe von Straßenbaumarten neu zu bewerten bzw. neue Baumarten zu prüfen, wie es seit langem in Deutschland von der GALK (2012) und in den Niederlanden von der Universität Wageningen (2012) getan wird, sowie seit kurzem in Projekten z. B. in Bayern („Stadtgrün 2021", Böll et al. 2010) und in Berlin-Brandenburg („Alleen der Zukunft", INKA-BB 2012). Die hier vorgestellte Artenliste (Tab. 6.6) ermöglicht eine weitere Auswahl nach z. B. ästhetischen Kriterien und stellt auch in Zukunft ein Mindestmaß an Artenvielfalt sicher, was unter genetischen Gesichtspunkten und im Hinblick auf das Anpassungspotenzial der Gehölze immer wichtiger wird.

6.7 Schlussbemerkung

Die vorgenommene Benotung der KLAM orientiert sich vorrangig an den Kriterien Trockentoleranz einschließlich der Ansprüche an die Bodenfeuchte und an der geforderten Winterhärte incl. Spätfrosttoleranz. Weitere Faktoren, die für eine optimal geeignete Baumart im urbanen Bereich von Bedeutung sind, aber in die Bewertung bisher noch nicht ausreichend mit einbezogen wurden, sind z. B. eine geringe Empfindlichkeit gegenüber Luftschadstoffen und Pathogenen, geringe Ansprüche an die Bodenfaktoren, Toleranz gegenüber einem alkalischen pH-Wert im Boden, Salztoleranz, Unempfindlichkeit gegenüber Bodenverdichtung, Strahlungstolereanz, ästhetische und allergene Kriterien. Diese Eigenschaften können ggf. zusätzliche Ausschlussgründe sein, lassen sich jedoch nur in einer mehrdimensionalen Datenbank berücksichtigen, wie sie zzt. am Institut des Autors erarbeitet und voraussichtlich ab 2014 verfügbar sein wird (www.tu-dresden.de/forstbotanik).

7 Trockenstress: Ursachen und Konsequenzen für Stadtbäume

(unter Mitarbeit von BRITT GRUNDMANN und SANDRA KORN)

Im vorangegangenen Kapitel 6 wird die sog. KlimaArtenMatrix KLAM für Stadtbaumarten vorgestellt, die sich inzwischen als Diskussionsgrundlage für eine Bewertung von über 250 Baumarten hinsichtlich ihrer Verwendbarkeit im Klimawandel bewährt hat. In der Folge stellt sich nun die Frage, ob es bestimmte Eigenschaften der in der KLAM als besonders trockenstresstolerant eingestuften Baumarten gibt, die sich für eine Bewertung auch wenig bekannter Baumarten („neuer" Baumarten) nutzen lassen.

Ziel dieses Kapitels ist es daher zu prüfen, ob die Trockenstress-Toleranz von Baumarten anhand bestimmter baumbiologischer (morphologischer, anatomischer, ökologischer oder physiologischer) „Trockenstress-Anpassungsparameter" abgeschätzt bzw. eingestuft werden kann.

Diese Fragestellung ist unter dem Aspekt des Klimawandels von großem Interesse, wenn man neue Baumarten, Ökotypen oder Sorten (über die bisher nicht ausreichend/umfassend Erfahrungen bei der Verwendung in der Stadt vorliegen) hinsichtlich ihrer Verwendbarkeit bei sich änderndem Klima bewerten will. Denn der wichtigste Aspekt des Klimawandels für die Gehölzverwendung in der Stadt wird die Tendenz zu mehr und längerem Trockenstress sein, ein Problem, das schon heute für Stadtbäume eine große Bedeutung hat (s. Kap. 3 und 6): Will man in Zukunft Ausfälle und Schäden an Stadtbäumen minimieren, wird dafür mehr als bisher deren Trockenstress-Toleranz entscheidend sein.

Die Hypothese nachfolgender Ausführungen ist, dass bestimmte Eigenschaften/Parameter von Baumarten (und -herkünften, Sorten) Hinweise auf ihre Trockenstress-Toleranz geben bzw. eine Abschätzung ihrer Trockenstress-Toleranz ermöglichen können. Diese Parameter sollten für eine gute Anwendbarkeit möglichst einfach zu erfassen sein (wie z. B. Blattbehaarung).

Dabei ist zu unterscheiden zwischen Arten, die schon durch ihre natürliche Verbreitung an regelmäßig wiederkehrende und/oder längerfristige Trockenheit angepasst sind, und Arten, die kurzzeitig auftretende Trockenperioden ohne größere Schäden ertragen können. Für erstere können i. d. R. anatomisch-morphologische Parameter benannt werden. Arten, die mit kurzzeitigen Trockenperioden besser zurecht kommen, lassen sich wiederum in zwei Kategorien unterteilen, die mit *avoidance* (Vermeidung von Trockenstress) bzw. *tolerance* (Ertragen von Trockenstress) bezeichnet werden. Diese können nur durch die Messung bestimmter physiologischer Parameter erfasst werden.

Danach sind zwei verschiedene Herangehensweisen sinnvoll:

- Benennung von Baumarten/Ökotypen, die nach den langfristigen Anpassungskriterien auszuwählen sind, also hauptsächlich auf Grund anatomisch-morphologischer Eigenschaften, die auch schon im Baumschulalter ersichtlich sind („Xeromorphie");
- Benennung von Baumarten, die gut mit kurzfristigem Wassermangel zurecht kommen können, was durch unmittelbare physiologische Reaktionen messbar und daher nur unter Geräteaufwand oder im Labor erfassbar ist.

Es war außerdem zu prüfen, ob eine bestimmte Merkmalskombination benennbar ist, evtl. mit Ranking und Gewichtung, z. B. „die 5 wichtigsten Parameter zur Abschätzung der Trockenstress-Toleranz". Die zuvor getroffenen und nachfolgenden Aussagen gelten in ähnlichem Maß auch für Sträucher, mit dem Unterschied, dass Sträucher durch ihre Lebensform (fehlender Stamm) schon von vornherein besser an Trockenstress angepasst sind. Dies äußert sich z. B. in ariden Gebieten und auf sehr trockenen Standorten darin, dass die Bäume mit zunehmendem Wassermangel immer kleiner werden und schließlich nur noch Sträucher lebensfähig sind (z. B. in der Macchie).

Mit einer solchen Liste aus bestimmten Merkmalskombinationen als Hilfsmittel könnte sich ebenso die Bewertung bestimmter Herkünfte/Sorten verbessern lassen. Für viele (z. B. nichtheimische) Baumarten ist die Trockenstress-Toleranz nicht bekannt. Es wäre daher hilfreich, wenn eine solche Merkmalskombination zur Abschätzung der Trockenstress-Toleranz verwendet werden kann. Letztlich spiegelt sich darin auch die Anpassung eines Baumes an seine Umgebung wider.

In sämtlichen Lehrbüchern zur Botanik und Baumbiologie und vielen weiteren Publikationen gibt es an verschiedenen Stellen Aussagen dazu, dass bestimmte Merkmale als Anpassung an Trockenstress zu verstehen sind (sog. Xeromorphie, Xerophyten, auf die Blätter bezogen: Xerophyllie, Sklerophyllie). Ein erste Prüfung dieser Parameter und der Interpretierbarkeit für ihre Bewertung im Hinblick auf die Trockenstress-Toleranz einer Baumart lässt allerdings feststellen: auf extrem trockenen Standorten kommen Baumarten vor mit behaarten und kahlen, mit großen und kleinen Blättern, mit dicker und dünner Rinde, mit ringporigem und zerstreutporigem Holz, und es wird schnell klar: so einfach, wie es nach Lehrbuch scheint, ist diese Fragestellung nicht zu beantworten.

7.1 Stress: Definitionen und Mechanismen

Stress ist ein akuter Belastungszustand, der infolge Abweichungen vom optimalen Zustand zu Schädigungen führen kann. In der Biologie bezeichnet Stress einen Anspannungszustand des Organismus, der Belastungsfaktor wird „Stressor“ genannt. Prinzipiell können alle Standorts- und Umweltfaktoren zum Stressor werden, wenn nämlich ihre Dosis nicht im Optimalbereich ist, also sowohl bei einem Überangebot als auch bei Mangelsituationen. Bezogen auf die Wasserversorgung kann z. B. Wassermangel (Trockenstress) oder Wasserüberschuss (Überflutung, Vernässung) zu Stress führen. Da Bäume Stress nicht durch einen Ortswechsel ausweichen können, haben sie umfangreiche Mechanismen zur Reaktion auf Stress entwickelt. Stress ist demnach ein Beanspruchungszustand des Organismus, der zunächst Destabilisierung, dann Normalisierung und Resistenzsteigerung bewirkt und schließlich bei Überschreitung der Anpassungsamplitude zu Funktionsausfällen und zum Tod führen kann. Dabei muss Stress nicht immer negativ sein, sondern kann auch dazu führen, dass ein Baum an zukünftige Belastungen besser angepasst ist (Eustress versus Distress). Diese Abhärtung wirkt manchmal nicht nur gegen den Umweltfaktor, der sie ursprünglich ausgelöst hat, sondern auch gegen andere.

Bäume sind auf Grund ihrer langen Lebensdauer in besonderem Maße einer Vielzahl von Stress-Faktoren ausgesetzt, vor allem extremen Temperaturen, hohen Lichtintensitäten, Pathogenbefall, Wasser- und Nährstoffmangel. Besonders extrem sind die Belastungen in der Stadt. Man unterscheidet – meist in dieser Reihenfolge – eine Alarmphase (Destabilisierung der normalen Lebenstätigkeit nach Einsetzen einer Störung), eine Widerstandsphase (Wiederherstellung des Normalverhaltens bei anhaltender Belastung durch Anpassungsvorgänge), eine Erschöpfungsphase (nach Überforderung des Anpassungsvermögens durch zu lange Beanspruchungsdauer) und ggf. eine Regenerationsphase (auch aus der Erschöpfungsphase kann die Pflanze noch zur Ausgangslage zurückkehren, wenn der Belastungszustand aufgehoben wird). Unter Stressresistenz versteht man die Fähigkeit, eine auf externe Stressfaktoren zurückgehende Stresssituation zu überstehen. Das kann über Stressvermeidung geschehen, bei der das Eintreten der Schädigung durch vorbeugende morphologische und physiologische Eigenschaften vermieden wird (‘avoidance’, z. B. bei sommergrünen Gehölzen durch Blattabwurf vor Kältestress im Winter), oder über Stresstoleranz, bei der eine eingetretene Schädigung über aktuelle Vorkehrungen ausgehalten und überwunden wird (‘tolerance’, z. B. bei wintergrünen Gehölzen durch entsprechende Schutzvorkehrungen an Nadeln gegen Frost).

7.2 Ursachen von Trockenstress für Bäume in der Stadt

Stadtbäume erfahren besonders oft und intensiv Trockenstress aus folgenden Gründen (s. Kap. 3):

- trocken-warmes Stadtklima,
- starke Einstrahlung, Rückstrahlung (Abb. 7.1), Überwärmung,
- Freistand (wenig Schatten),
- begrenzter und gestörter Wurzelraum (Abb. 7.2),
- Bodenverdichtung (Abb. 7.2),
- Bodenversiegelung, erhöhter Oberflächenabfluss (Abb. 7.2),
- Verwendung von Streusalz,
- Baumaßnahmen, Wurzelschäden.

Der Klimawandel (s. Kap. 6) wird diese Probleme noch weiter verschärfen. Der in Zukunft deutlich wachsenden Bedeutung von Bäumen im urbanen Bereich steht daher nunmehr ihre zunehmende Gefährdung durch Witterungsextreme und hier insbesondere sommerliche Hitze- und Dürreperioden gegenüber. Allerdings sind die 5 letztgenannten Ursachen positiv beeinflussbar.

7.3 Trockenstress-Reaktionen/-Anpassungen

Im Folgenden werden mit dem Versuch der Vollständigkeit mögliche Parameter für Reaktionen auf und Anpassungen an Trockenstress bei Bäumen genannt und kurz erläutert. Dafür wurden alle Botanik-Lehrbücher sowie weitere aktuelle Publikationen ausgewertet.

Abb. 7.1. Trockenstress-Ursache: Gebäude-Rückstrahlung vor Glasfront (Winter-Linde).

Abb. 7.2. Trockenstress-Ursache: geringer Wurzelraum, Bodenverdichtung und -versiegelung (Feld-Ahorn).

7.3.1 Unmittelbare/kurzfristige Reaktionen

Zunächst erfolgt kurzfristig und unkompliziert, ja geradezu reflexartig ein **Schließen der Spaltöffnungen der Blätter** (die stomatäre Leitfähigkeit wird gesenkt), was unmittelbar die Transpiration vermindert. Dies führt bei längeren Trockenperioden zu typischen zweigipfligen Tageskurven der Transpiration: am frühen Morgen sind die Spaltöffnungen zunächst geöffnet, bis am späteren Vormittag Wassermangel auftritt und zu ihrem Schließen führt – Transpirations- und Photosyntheserate gehen zurück. Nachmittags können dann die Spaltöffnungen bei sinkendem Sonnenstand wieder geöffnet werden, sobald der einstrahlungsbedingte Trockenstress nachlässt – Transpirations- und Photosyntheserate nehmen wieder zu. Gut an Trockenstress angepasste Baumarten schließen dabei ihre Spaltöffnungen erst später und kürzer. Zusätzlich kann das **Wasserpotenzial (oder das osmotische Potenzial)** abgesenkt werden, um weitere Bodenwasservorräte verfügbar zu machen. Baumarten trockener Standorte können meist das osmotische bzw. Wasserpotenzial niedriger absenken als unangepasste Arten/Herkünfte. Zudem lässt sich bei Trockenstress ein **Anstieg der Konzentrationen des Hormons Abscisinsäure (ABA) und der Aminosäure Prolin** feststellen. Insbesondere Nadelbaumarten können Wasser aus Regenschauern oder nächtlichen Tau bei Trockenstress direkt über die Nadeln aufnehmen **(Blatt-Wasseraufnahme)**.

Helfen diese physiologischen Sofortmaßnahmen nicht wirkungsvoll, kann es bei einigen Baumarten zum **Blatthängen, -einrollen oder -einfalten** (Abb. 7.3) kommen (z. B. Blatthängen bei Vogel-Kir-

Abb. 7.3. Trockenstress-Symptom Blatthängen und -einrollen (Süß-Kirsche).

sche, Einrollen/„Schiffchenbildung" bei Rot-Buche und Baum-Hasel, Zusammenfalten bei Robinie), dies führt zu einer Verminderung der direkten Einstrahlung und damit zu geringerer Blatttemperatur und Verdunstung. Bei einzelnen Arten kommt es dafür auch zum **Ausrichten der Blätter parallel zur Sonnenstrahlung** (Heliotropismus, in der Oberkrone mittags z. B. bei Kübler-Weide und Robinie). Einige Baumarten zeigen, bedingt durch die Blattstielform und das Verhältnis von Blattstiellänge zu Blattfläche, das Phänomen des **Blattwedelns oder -zitterns** (z. B. Spitz-Ahorn und Zitter-Pappel), wodurch ebenfalls die Temperatur des Blattes gesenkt wird.

Nach Trockenstress kommt es bei gut angepassten Arten/Herkünften zu **schneller Erholung** bei Wiederbewässerung, indem die zuvor genannten Symptome wieder verschwinden.

Im Verlauf einer weiteren Zunahme von Trockenstress folgt dann ein teilweiser **Blattabwurf**, um die Transpirationsfläche zu vermindern. Eichen, Pappeln und Weiden können zudem auch einzelne Triebe abwerfen: **Zweigabsprünge**. Vor allem bei zerstreutporigen Laubbäumen und bei Nadelbäumen wird Trockenstress auch über eine **Stammumfangabnahme** messbar, da sie dann den Stammwasservorrat nutzen. Zudem wird ein Teil des Xylems durch **Embolien** vorübergehend oder dauerhaft für die Wasserleitung funktionslos.

7.3.2 Mittelfristige Reaktionen und Anpassungen

Im Folgejahr nach einem Trockenstressjahr werden in der Krone der meisten Laubbaumarten überwiegend **Kurztriebe** entwickelt, um bei minimiertem Aufwand weiterhin möglichst viel Photosynthese zu ermöglichen. Ist in diesem Jahr wieder eine ausreichende Wasserversorgung gegeben, können im nächsten Folgejahr wieder vermehrt Langtriebe gebildet werden; hält der Trockenstress weiter an, werden Kurztriebketten gebildet. Dabei gibt es große Unterschiede der maximal möglichen **Kurztriebkettenlebensdauer** zwischen den Baumarten, am höchsten ist sie mit 30 und mehr Jahren bei Elsbeere sowie 15 Jahren bei Rot-Buche und Zucker-Ahorn, bevor die Kurztriebketten

Abb. 7.4. Absterben von Kronenteilen („Eidechsenprinzip", Rot-Buche im Extremsommer 2003).

absterben. Kurztriebe und Kurztriebketten stellen eine effiziente Reaktions- und Puffermöglichkeit dar, um Trockenstress zu überstehen.

Reichen die bisher genannten Sofort- und mittelfristigen Reaktionen nicht aus als Schutz vor Trockenheitsschäden, kann es zum **Absterben von Zweigen und Kronenteilen sowie von Fein- und Schwachwurzeln** kommen („Eidechsen-Prinzip", Abb. 7.4). Der Baum gibt damit einen Teil seiner Verzweigung irreversibel auf, um den verbleibenden Rest besser zu schützen/versorgen.

Bei einem Vergleich von Bäumen derselben Art bzw. unterschiedlicher Arten ist oft als Anpassung an häufige/wiederkehrende Trockenheit eine höhere **Stomatadichte** festzustellen, verbunden mit geringerer Größe der Spaltöffnungen und kleineren Blättern.

Trockenheitsangepasste Baumarten sind oft **Zerstreutporer**, d. h. die Gefäße (Tracheen) im wasserleitenden Teil des Stammes (Xylem) weisen kleinere Durchmesser und Längen auf als bei Ringporern, was das Risiko von Embolien verringert. Bei den kleinsten Wasserleitelementen (Tracheiden), die bei Nadelgehölzen als einzige Leitelemente entwickelt werden, besteht sogar die Möglichkeit des Wiederbefüllens nach Luftembolien. Allerdings gibt es auch viele ringporige Baumarten (z. B. Esche, Eiche, Robinie), die regelmäßig auf sehr trockenen Standorten vorkommen. Die zeitliche Entwicklung der Gefäßgröße ist bei **Ringporern** deutlich an die unterschiedliche Wasserverfügbarkeit während der Vegetationsperiode angepasst: Zu Beginn werden im niederschlagsreicheren Frühjahr die weitlumigen Frühholzgefäße gebildet, die für einen effektiven Wassertransport sorgen. Diese Gefäße werden nur wenige Wochen genutzt und bei steigender Emboliegefahr mit Thyllen verschlossen. Während des Hochsommers – mit der Gefahr von längeren Trockenperioden – werden kleinere Spätholzgefäße gebildet, die ein wesentlich niedrigeres Embolierisiko aufweisen. Diese Entwicklung kommt einem „intra-annuellen Schwenk zum Zerstreutporer" gleich. Als Folge eines dauerhaft geringen Wasserangebotes kann es dann bei Ringporern zur Bildung noch kleinerer Gefäße kommen oder es werden ausschließlich 1–2 Reihen der großen Frühholzgefäße gebildet und das radiale Wachstum anschließend für diese Vegetationsperiode eingestellt.

7.3.3 Langfristige (genetisch fixierte) Anpassungen

Gefiederte oder stark gelappte Blätter (z. B. Esche und Sumpf-Eiche) weisen bei starker Einstrahlung eine geringere Blatttemperatur und damit Transpiration auf als einfache Blätter. An Blättern von trockenstressangepassten Gehölzen lässt sich häufig eine Cuticula mit dickerer Wachsschicht (**oberseits glänzende Blätter**, z. B. Ungarische Eiche) und/oder eine dickere Epidermis feststellen, dadurch **ledrige/ dickere Blätter** („Hartlaubgehölze", z. B. Buchsbaum), oder es tritt vor allem blattunterseits **Behaarung** auf (mit hellen, da toten Haaren, insbesondere Stern- und Büschelhaare oder dichtem Haarfilz, z. B. Mehlbeere, viele Linden- und Eichenarten) oder **weißlich silbrige Schuppen** (z. B. Ölbaum und Ölweide). **Kleine Blätter** mit dichter Blattnervatur sind von Vorteil, oder **nadelartige Blätter** (z. B. Ginster, Stechginster) bzw. **Rollblätter** (Lavendel), ebenso in die Epidermis **eingesenkte Stomata** (regelmäßig bei Nadelgehölzen). Festigungs- und Leitelemente in Blatt und Spross sind stärker ausgebildet, z. B. im Blatt **deutlich sicht- und fühlbare Hauptnerven**. Viele dieser Eigenschaften führen zu einer geringen spezifischen Blattfläche (SLA = specific leaf area), mit welcher das Verhältnis von Blattfläche zur Blatttrockenmasse ausgedrückt wird: der Wert ist dann kleiner als 6 (m^2/kg).

Am Spross und Stamm können **Epidermis und Rinde/Borke verdickt** werden (Kork-Eiche, Korkbaum und Baum-Hasel), gelegentlich treten Korkleisten auf (z. B. Feld-Ahorn und Feld-Ulme), Sprossenden oder Nebenblätter können zu **Dornen** umgebildet sein (z. B. Wild-Birne, Wild-Apfel und Robinie), die Triebe können grün und damit zur Photosynthese in der Lage sein (z. B. Ginster), oder sie sind gar blattartig verbreitert (sog. **Flachsprosse** bei Mäusedorn). Ein **Stammspeicher** hilft bei älteren Nadelbäumen und zerstreutporigen Laubbäumen, Trockenperioden zu überstehen.

Durch eine tief reichende **Pfahlwurzel** können Tiefenwasservorräte erschlossen werden (Eiche), oder es ist ein sog. **Zweischichtwurzelsystem** entwickelt mit einerseits einer Pfahlwurzel für die Tiefenwasservorräte, andererseits weit streichenden Flachwurzeln, die

Kurzzeitniederschläge ausnutzen (Kiefer). Die Wurzelmasse nimmt im Verhältnis zur Sprossmasse zu, sodass das **Spross-/Wurzelverhältnis** abnimmt. Klonales Wachstum durch Ausläufer (Bambus) oder **Wurzelbrut** (z. B. Zitter-Pappel und Grau-Erle) kann Trockenstress einzelner Individuen des Klons kompensieren, indem sie über die Verbindungsachsen vom Mutterbaum Wasser erhalten.

Die **Holzdichte** nimmt zu (das Holz wird schwerer), bei **Zerstreutporigkeit** sinkt das Embolierisiko, die **Leitfähigkeit des Xylems** in Spross und/oder Wurzel nimmt dadurch allerdings ab. Zudem werden die Leitfähigkeit und die Embolieanfälligkeit maßgeblich von der **Tüpfelanatomie (Durchlässigkeit für Luft und Wasser)** bestimmt.

Trockenheitsangepasste Baumarten haben oft eine **lichte Krone** und zeigen eine hohe **Reiterationsfreudigkeit**. Häufig handelt es sich um sog. **Pionierbaumarten** (s. Kap. 4) mit relativ geringen Ansprüchen an Bodenfaktoren aber hohem Lichtbedarf, mit in der Jugend **freiem Wachstum**.

Schließlich lässt das natürliche **Vorkommen auf zeitweilig oder dauerhaft trockenen Standorten** Aussagen über eine hohe Trockenstress-Toleranz zu, ebenso eine sehr hohe Frosthärte, da tiefe Wintertemperaturen (unter −30 °C) meist zugleich erheblichen Trockenstress für die Bäume bedeuten.

7.4 Mögliche Trockenstresstoleranz-Parameter

7.4.1 Morphologisch-anatomische Parameter

Nach umfassenden Prüfungen und Erhebungen im Freiland und Labor sowie anhand von Recherchen, Artbeschreibungen und Vegetationsaufnahmen wurden vorab folgende aus den vorgenannten Parametern/Eigenschaften als die potenziell interessantesten angesehen, um die Trockenstress-Toleranz abzuschätzen:

- glanzende und/oder dick-ledrige Blätter,
- kleine Blätter (max. 10 cm lang) bzw. Fiederblättchen (max. 5 cm lang),
- gefiederte oder stark gelappte Blätter,
- Blätter behaart, insbesondere mit Stern- und Büschelhaaren oder Haarfilz, oder mit weißlich-silbrigen Blattschuppen,
- Blätter unterseits bläulich/grau oder silbrig/weiß (durch dichten Haarfilz oder Wachsauflagerungen),
- Baumart mit Dornen,
- Zerstreutporigkeit des Holzes,
- Vorkommen auf trockenen Standorten,
- hohe Frosttoleranz.

Allerdings kann aus dem Auftreten eines einzelnen Merkmals/Parameters allein natürlich noch nicht hinreichend auf eine hohe Trockenstress-Toleranz geschlossen werden. Zudem können fehlende dieser soeben genannten Merkmale durch andere (weiter oben genannte) kompensiert werden. Das bedeutet, dass eine Baumart den Nachteil großer Blätter und der dadurch bedingt potenziell hohen Verdunstungsrate z. B. durch eine spezielle Blattausrichtung zur Sonne (Blatthängen oder Heliotropismus) ausgleichen kann. Am besten ermöglicht nach den Untersuchungen die Kombination mehrerer der zuvor genannten Merkmale eine Aussage (s. unten).

7.4.2 (Öko-)Physiologische Parameter

Neben den oben genannten anatomisch-morphologischen Merkmalskombinationen können auch (öko-)physiologische Parameter Aufschluss über die Trockenstress-Toleranz von Bäumen geben. Wie im ersten Abschnitt dieses Kapitels ausgeführt, können diese Parameter dazu dienen, Baumarten zu charakterisieren, die ebenfalls gut mit (vorübergehender) Trockenheit umgehen können. Zu den hierfür interessanten Parametern gehören die Saftflussrate, hydraulische Leitfähigkeiten in Stamm, Ästen und Wurzeln, Wasserpotenziale, aber auch der Aufbau des Wasserleitungssystems im Baum. Bisherige Untersuchungen konzentrierten sich meist auf wenige Parameter, anhand derer Reaktionen auf Trockenheit bestimmt werden, um dadurch eine Einschätzung der Trockenstress-Toleranz vorzunehmen, wie z. B. Wasserflussgeschwindigkeit in Abhängigkeit von Bodenwassergehalt und Wasserdampfsättigungsdefizit der Luft, die u. a. auch die hydraulische Leitfähigkeit der wasserleitenden Gefäße sowie das Wasserpotenzial der Blätter einschließt. Untersuchungen zur Einschätzung der Trockentoleranz auf Grund physiologischer Parameter gibt es bisher noch nicht in einem ausreichenden Umfang, um für die hier genannten Arten eine Einschätzung vornehmen zu können. Solche Untersuchungen sind jedoch nötig. Wirtschaftlich interessante Gehölze sind in dieser Hinsicht besser untersucht. So wurden z. B. Trockentoleranz-Indikatoren auf der Basis von Trockenmasse-Messungen sowie der Bestimmung der Wassernutzungs-Effizienz erstellt zur Einstufung verschiedener Weinstöcke. Da diese Parameter jedoch tatsächlich erst bei aktueller Trockenheit bestimmt werden können, ist es ein methodisches Problem, weshalb noch nicht genügend Daten vorliegen. Entweder muss eine möglichst mehrwöchige Trockenperiode abgepasst werden, um Altbäume an ihrem natürlichen Standort untersuchen zu können und daraufhin eine Einschätzung vornehmen zu können. Oder man nutzt angepflanzte Jungbäume auf Plantagen-/Experimentalflächen, die man künstlichem Trockenstress unterziehen kann. Zukünftige Untersuchungen mit dem Ziel der Einstufung auf Grund physiologischer Reaktionen auf Trockenstress sind daher nötig, die sich auf die hier aufgeführten, auch städteplanerisch interessanten Arten konzentrieren.

7.5 Artenliste (nach KlimaArtenMatrix)

Die in Tabelle 7.1 genannten bestgeeigneten Baumarten mit einer Endhöhe über 10 m nach der KLAM (Notenpaare 1.1, 1.2, 2.1, 2.2 nach Kap. 6) erfüllen mehrere der zuvor genannten Kriterien, was ihre besondere Trockenstress-Toleranz unterstreicht. Wegen der verschiedenen Blattmerkmale werden nur Laubbaumarten berücksichtigt. Durch die Anzahl der Symbole • nach dem deutschen Artnamen ist dargestellt, wie viele der nachfolgend als geeignet bewerteten Trockenstresstoleranz-Parameter die jeweilige Art aufweist (Überprüfung der Parameter durch Recherchen in Roloff & Bärtels 2008, Roloff et al. 2012 sowie Erhebungen an Originalmaterial im Freiland).

Tab. 7. 1. Bestgeeignete Baumarten mit einer Endhöhe über 10 m nach der KLAM-Stadt (Notenpaare 1.1, 1.2, 2.1, 2.2 nach Kap. 6; • nach dem deutschen Artnamen: Anzahl der nachfolgend als geeignet bewerteten Trockenstresstoleranz-Parameter der jeweiligen Art).

Acer campestre L. subsp. *campestre*	Feld-Ahorn ••••
Acer buergerianum Miq.	Dreispitziger Ahorn •••••
Acer cappadocicum Gled. subsp. *lobelii* (Ten.) de Jong	Kalabrischer Spitz-Ahorn •••
Acer negundo L. subsp. *negundo*	Eschen-Ahorn •••
Acer opalus Mill. subsp. *opalus*	Schneeballblättriger Ahorn ••••
Acer platanoides L.	Spitz-Ahorn •••••
Acer rubrum L.	Rot-Ahorn ••••••
Acer × *zoeschense* Pax	Zoeschener Ahorn •••
Aesculus × *carnea* Hayne	Rotblühende Rosskastanie ••
Ailanthus altissima (Mill.) Swingle	Drüsiger Götterbaum •••
Alnus cordata (Loisel.) Desf.	Herzblättrige Erle •••
Alnus incana (L.) Moench	Grau-Erle •••
Alnus × *spaethii* Callier	Spaeths Erle ••
Betula pendula Roth	Sand-Birke •••
Carya glabra (Mill.) Sweet	Ferkelnuss •••
Carya ovata (Mill.) K.Koch	Schuppenrinden-Hickory ••
Carya tomentosa (Lam. ex Poir.) Nutt.	Spottnuss •••
Castanea sativa Mill.	Essbare Kastanie ••
Catalpa speciosa (Warder ex Barney) Engelm.	Prächtiger Trompetenbaum ••
Celtis bungeana Blume	Bungens Zürgelbaum •••
Celtis caucasica Willd.	Kaukasischer Zürgelbaum ••

Celtis occidentalis L. var. *occidentalis*	Amerikanischer Zürgelbaum ●●
Cladrastis sinensis Hemsl.	Chinesisches Gelbholz ●●●
Diospyros virginiana L.	Persimone ●●
Fraxinus angustifolia Vahl subsp. *angustifolia*	Schmalblättrige Esche ●●●
Fraxinus excelsior L.	Gemeine Esche ●●●
Fraxinus pallisiae Wimott ex Pallis	Behaarte Esche ●●●●●
Fraxinus pennsylvanica Marshall var. *pennsylvanica*	Rot-Esche ●●●●
Fraxinus quadrangulata Michx.	Blau-Esche ●●●
Ginkgo biloba L.	Ginkgo ●●●
Gleditsia japonica Micq.	Japanische Gleditschie ●●●●●
Gleditsia triacanthos L.	Amerikanische Gleditschie ●●●●
Gymnocladus dioicus (L.) K. Koch	Amerikanischer Geweihbaum ●●●
Maackia amurensis Rupr. et Maxim. var. *amurensis*	Asiatisches Gelbholz ●●●
Malus tschonoskii (Maxim.) C. K. Schneid.	Woll-Apfel ●●●
Nyssa sylvatica Marshall	Wald-Tupelobaum ●●●
Ostrya carpinifolia Scop.	Gemeine Hopfenbuche ●●
Phellodendron amurense Rupr.	Amur-Korkbaum ●●●●●
Phellodendron sachalinense (Fr. Schmidt) Sarg.	Sachalin-Korkbaum ●●●●●
Platanus × *hispanica* Münchh. (*P.* × *acerifolia* Ait.)	Ahornblättrige Platane ●●
Platanus occidentalis L.	Amerikanische Platane ●●
Populus alba L.	Silber-Pappel ●●●●
Populus × *berolinensis* (K. Koch) Dippel	Berliner Pappel ●●●●
Populus tremula L.	Zitter-Pappel ●●●●●
Prunus avium (L.) L. var. *avium*	Vogel-Kirsche ●●●
Pyrus communis L.	Kultur-Birne ●●●
Pyrus pyraster Burgsd.	Wild-Birne ●●●●●
Quercus bicolor Willd.	Zweifarbige Eiche ●●●●
Quercus cerris L.	Zerr-Eiche ●●●
Quercus coccinea Münchh.	Scharlach-Eiche ●●
Quercus frainetto Ten.	Ungarische Eiche ●●●
Quercus imbricaria Michx.	Schindel-Eiche ●●●
Quercus macranthera Fisch. et C. A. Mey. ex Hohen.	Persische Eiche ●●●

Quercus macrocarpa Michx. var. *macrocarpa*	Klettenfrüchtige Eiche ●●●
Quercus montana Willd. (*Q. prinus* L.)	Kastanien-Eiche ●●●
Quercus muehlenbergii Engelm.	Gelb-Eiche ●●●
Quercus palustris Münchh.	Sumpf-Eiche ●●
Quercus petraea (Matth.) Liebl.	Trauben-Eiche ●●●●
Quercus pubescens Willd. subsp. *pubescens*	Flaum-Eiche ●●●●
Quercus rubra L.	Rot-Eiche ●●●
Robinia pseudoacacia L.	Gemeine Robinie ●●●●
Robinia viscosa Vent.	Klebrige Robinie ●●●●
Sophora japonica L.	Japan. Schnurbaum ●●●●●
Sorbus aria (L.) Crantz	Echte Mehlbeere ●●●
Sorbus badensis Düll.	Badische Eberesche ●●
Sorbus domestica L.	Speierling ●●●
Sorbus intermedia (Ehrh.) Pers.	Schwedische Mehlbeere ●●
Sorbus latifolia (Lam.) Pers.	Breitblättrige Mehlbeere ●●●●
Sorbus × *thuringiaca* (Ilse) Fritsch	Thüringer Mehlbeere ●●●●
Sorbus torminalis (L.) Crantz	Elsbeere ●●●●
Tilia cordata Mill.	Winter-Linde ●●●●
Tilia × *euchlora* K. Koch	Krim-Linde ●●●
Tilia mandshurica Rupr.et Maxim.	Mandschurische Linde ●●
Tilia tomentosa Moench	Silber-Linde ●●
Ulmus parvifolia Jacq.	Japanische Ulme ●●●
Ulmus pumila L. var. *pumila*	Sibirische Ulme ●●●●
Zelkova serrata (Thunb. Ex Murray) Makino	Japanische Zelkove ●●

Unter diesen 77 Baumarten weisen die nachfolgend genannten %-Anteile die folgenden Eigenschaften auf:

- 100 % Vorkommen auf Naturstandorten mit zeitweiligem oder dauerhaftem Wassermangel (100 %-Anteil deshalb, da dies das erste Auswahlkriterium der KLAM war und daher für alle genannten Baumarten gegeben ist),
- 78 % Blätter mit Haaren (oder Schuppen),
- 62 % zerstreutporiges Holz (dieser Anteil ist unter Sträuchern wesentlich höher),
- 62 % gefiederte oder deutlich gelappte Blätter,

- 60 % glänzende und/oder dick-ledrige Blätter,
- 54 % unterseits bläulich/graue oder silbrig/weiße Blätter,
- 37 % kleine Blätter (dieser Anteil ist unter Sträuchern wesentlich höher),
- 18 % sehr hohe Frosttoleranz,
- 6 % Dornen (dieser Anteil ist unter Sträuchern wesentlich höher).

7.6 Bewertung und Ranking der Trockenstresstoleranz-Parameter

Um diese %-Anteile sinnvoll interpretieren zu können, muss man natürlich die Anteile von Baumarten mit diesen Eigenschaften unter den sonstigen 242 hier winterharten und in der Stadt verwendeten Laubbaumarten (nach Roloff & Bärtels 2008 und Roloff et al. 2012) kennen, z. B. wie viel Prozent von diesen 242 Arten gefiederte oder gelappte Blätter aufweisen (es sind 34 %). Weil der Anteil unter den genannten 77 Arten deutlich höher ist (es sind 62 %), ist das Merkmal gefiederte/gelappte Blätter geeignet für eine Abschätzung der Trockenstress-Toleranz. So ergab hingegen die Überprüfung der Merkmale 'Blätter mit Haaren (oder Schuppen)' und 'Zerstreutporigkeit des Holzes', dass der Anteil unter den 77 trockenstresstoleranten Baumarten und den 242 sonstigen Stadtbaumarten nahezu identisch ist (62:63 bzw. 78:79 %) und diese beiden Merkmale daher für die Einschätzung nicht geeignet sind.

Danach ergibt sich nun das nachfolgende Ranking der 7 geeigneten Trockenstresstoleranz-Parameter (Verhältnis %-Anteil von Arten mit dieser Eigenschaft unter den 77 besten KLAM-Arten (s. Kap. 6) zu %-Anteil unter den 242 sonstigen Arten in eckigen Klammer):

1. natürliches Vorkommen auf Standorten mit zeitweiligem oder dauerhaftem Wassermangel [100:5]
2. glänzende und/oder dick-ledrige Blätter [60:26],
3. unterseits bläulich/graue oder silbrig/weiße Blätter [54:29],
4. gefiederte oder deutlich gelappte Blätter [62:34],
5. sehr hohe Frosttoleranz (unter −30 °C) [18:12],
6. kleine Blätter (Länge < 10 cm) [37:26],
7. Vorhandensein von Dornen [6:2].

Die Rangfolge ergibt sich nach dem Quotienten der beiden %-Anteile [in eckiger Klammer], nur für Dornen erfolgte eine Hintanstellung wegen der geringen %-Anteile, allerdings wird dieses Merkmal nichtsdestotrotz für wichtig gehalten (wenn es auftritt).

Beispiele für Baumarten mit mehr als 3 dieser genannten Eigenschaften sind *Phellodendron amurense* (Abb. 7.5) und *Sophora japonica* mit gefiederten, glänzenden, unterseits bläulichen Blättern, *Acer rubrum* (Abb. 7.6) mit kleinen, gelappten, glänzenden, unterseits bläulichen Blättern und sehr hoher Frosttoleranz.

Abb. 7.5. Favorit Amur-Korkbaum mit gefiederten, glänzenden, unterseits bläulichen Blättern.

Abb. 7.6. Favorit Rot-Ahorn: kleine, gelappte, oberseits glänzende und unterseits bläuliche Blätter.

7.7 Schlussbemerkungen

Mit den Ergebnissen dieser Untersuchungen wird es möglich, Baumarten besser als bisher hinsichtlich ihrer Trockenstress-Toleranz zu bewerten. Da es hierfür keinen einzelnen morphologischen, anatomischen, physiologischen Parameter gibt, ist der jetzt erreichte Kenntnisstand ein großer Schritt voran, indem man Gehölze auf die o. g. Eigenschaften prüfen und unter Berücksichtigung der Aussagekraft der gefundenen Parameter einstufen kann. Unter den genannten 77 Baumarten der Liste (Tab. 7.1) fällt die große Zahl an Arten der Gattungen *Acer* (8), *Quercus* (13) und *Sorbus* (7) auf. Durch physiologische Untersuchungen sollen diese Parameter zusätzlich abgesichert und weitere Eigenschaften für Schnelltests benannt werden.

8 Wichtige Krankheiten und Schädlinge an Stadtbäumen

ROLF KEHR

8.1 Einleitung

Jede Baumart hat naturgemäß eine Reihe von Krankheiten und Schädlingen, auch wenn manche Exoten wie *Ginkgo biloba* hierzulande gelegentlich als „frei von Krankheiten" beschrieben werden. Gegenüber dem Wald treten in der Stadt bestimmte Krankheiten und Schädlinge auf Grund anderer klimatischer Gegebenheiten und Belastungsfaktoren in anderer Häufigkeit auf. Sie sind dort auch auf Grund von Ansprüchen an die Ästhetik und höheren Anforderungen an die Verkehrssicherheit anders zu bewerten. Entscheidend für das Management des städtischen Grüns und die Baumpflegepraxis ist, ob und wie Krankheiten und Schäden in den unterschiedlichen Alters- und Entwicklungsphasen eines Baumes besonders auffallend, schädlich, wertmindernd oder in Bezug auf die Verkehrssicherheit problematisch sind. Der folgende Abschnitt soll aus der Fülle der Krankheitserreger, Schädlinge und Schadfaktoren in knapper Form lediglich diejenigen nennen, die häufiger von praktischer Relevanz an den wichtigsten Stadtbäumen sind. Die behandelten Baumarten sind dieselben wie in Kapitel 5 des Buches. Bezüglich detaillierter Hinweise zur Diagnose und Schadwirkung dieser und weiterer Schadursachen muss auf die einschlägige Fachliteratur verwiesen werden (siehe Hinweise am Buchende). Bei der Bewertung bestimmter Gattungen, Arten und Sorten im Hinblick auf ihre Anfälligkeit sollten auch die Ergebnisse überregionaler Arten- und Sortenversuche beachtet werden, beispielsweise die aktuelle Straßenbaumliste der GALK.

Der Begriff **Krankheiten** umfasst bei Gehölzen abiotische Schäden und die von Viren, Bakterien, „Algenpilzen" (z. B. *Phytophthora*) und echten Pilzen verursachten Infektionskrankheiten. Als **Schädlinge** werden u. a. Säugetiere, Insekten und Spinnentiere bezeichnet, welche die Pflanzengesundheit negativ beeinträchtigen. Ein **Schaden** kann sowohl von Krankheitserregern als auch von abiotischen Ursachen oder tierischen Schädlingen ausgehen. Dieser Begriff beinhaltet zum einen die baumbiologische Betrachtungsweise, oft aber auch ökonomische oder ästhetische Bewertungen. Ein Beispiel ist die Rosskastanien-Miniermotte *(Cameraria ohridella)*, die i. d. R. nur geringe baumbiologische Auswirkungen hat, aber unser ästhetisches Empfinden bezüglich eines „gesunden" und funktionsfähigen Stadtbaums stark beeinträchtigt.

Die meisten Krankheitserreger an Bäumen sind eher sekundärer Natur (Sekundärparasiten, Schwächeparasiten, Wundparasiten) und verursachen Schäden erst nach entsprechender Schwächung oder Verwundung der Wirtspflanze. Ein typisches Beispiel ist die Rotpustelkrankheit *(Nectria cinnabarina)*, die Jungbäume vieler Gattungen oftmals nach Wassermangel oder kalt-trockener Winterwitterung angreift. Aggressive Primärparasiten sind an Bäumen eher die Ausnahme. Beispiele sind Pflanzenviren, der Pilz *Ophiostoma novo-ulmi* als Erreger der Ulmenwelke oder *Phytophthora*-Arten. Auch bei den Insekten sind viele Arten eher sekundärer Natur und können voll vitale Wirtsbäume nur bei hoher Populationsdichte des Schädlings angreifen. Bei Insekten spielt der sog. Massenwechsel eine Rolle, d. h. es kommt je nach Art auf Sicht einiger Monate bis vieler Jahre zu starken Populationsschwankungen, beeinflusst von Faktoren wie Nahrungsangebot, Anzahl natürlicher Feinde und vor allem Klima.

Das Wirtsspektrum der Krankheitserreger ist sehr unterschiedlich. Eine Bakterienkrankheit mit breitem Wirtsspektrum unter den Rosaceen ist der Feuerbrand *(Erwinia amylovora)*. *Phytophthora*-Arten zeigen große Variation, von streng wirtsspezifisch wie *Phytophthora alni* an Erle bis hin zu einem breiten Wirtsspektrum wie bei *Phytophthora cactorum*. Bei den echten Pilzen ist es beispielsweise *Verticillium dahliae*, der viele hundert Wirte aus mehreren Pflanzenfamilien befallen kann („Verticilliose"). Holzfäulepilze sind eher selten hoch wirtsspezifisch, wie der Birkenporling (*Piptoporus betulina*), sondern können meistens mehrere Baumarten besiedeln. Wurzelbürtige Fäulepilze, die Probleme mit der Standsicherheit verursachen können und an mehreren Baumarten vorkommen, sind z. B. Hallimasch *(Armillaria mellea* s. l.), Lackporlinge (*Ganoderma* spec.), Sparriger Schüppling *(Pholiota squarrosa)*, Riesenporling *(Meripilus giganteus)* oder Brandkrustenpilz *(Kretzschmaria deusta)*. Bei Insekten treten monophage Arten nur an einer Wirtspflanzenart auf, oligophage an wenigen, polyphage Insekten auf mehreren bis vielen Wirten. Ein Beispiel für ein saugendes Insekt mit breitem Wirtsspektrum ist die Wollige Napfschildlaus *(Pulvinaria regalis)*. Von den Käfern treten an Bäumen öfters Prachtkäfer, Borkenkäfer und Bockkäfer schädigend auf. Beispiele für oligo- bis polyphage Arten sind Eichensplintholzkäfer *(Scolytus intricatus)* oder der Birnbaum-Prachtkäfer *(Agrilus sinuatus)*. Polyphage Schmetterlingsarten mit Schadpotenzial an Stadtbäumen sind z. B. Blausieb *(Zeuzera pyrina)* und Weidenbohrer *(Cossus cossus)*. Zum Epiphyten und Semiparasiten Weißbeerige Mistel *(Viscum album)* folgt eine separate ausführliche Vorstellung des Wissensstandes im nachfolgenden Kapitel 9.

8.2 Krankheiten und Schäden nach Gattungen und Arten

8.2.1 Acer platanoides, A. pseudoplatanus

Spitz-Ahorn und **Berg-Ahorn** können – mit Einschränkungen – sicherlich auch künftig Verwendung in der Stadt finden. Allerdings ist der Berg-Ahorn auf Grund seiner höheren Ansprüche, vor allem an die Bodenbeschaffenheit und den Wasserhaushalt, als Straßenbaum in Städten wenig geeignet und folglich auch in der GALK-Straßenbaumliste als solcher nicht empfohlen. An besseren Standorten, vor allem in Parks und anderen Freiflächen sowie an Straßen in der freien Landschaft, kann diese Baumart durchaus weiter verwendet werden.

Größere Probleme gibt es bei *Acer* seit einigen Jahren mit Rindennekrosen und Stamm- und Rindenrissen. Junge Ahornbäume zeigen in den Jahren nach der Pflanzung besonders auf der Stammsüdseite bis zu mehrere Meter lange Risse und Rindennekrosen mit Schleimfluss, z. T. auch oberflächliche „Frostplatten“ (Abb. 8.1). Ursache sind nach bisherigen Erkenntnissen strenge Fröste im Winter, Frostwechselphasen mit starken Temperatur- und Strahlungsschwankungen im Spätwinter sowie Hitzeschäden nach starker sommerlicher Besonnung. Bestimmte Sorten von Spitz- und Berg-Ahorn sind davon häufi-

Abb. 8.1. Rindennekrose mit Schleimfluss auf der Südseite eines jungen Ahorns.

ger betroffen als die botanische Art. Risse in wechselnden Himmelsrichtungen können im Übrigen auch durch eine Verticilliose bedingt sein. Je nach Ausdehnung solcher Rindenschäden wird das verfärbte Holz hinter den Nekrosen nachfolgend oft von Fäulepilzen wie Austernseitling oder Spaltblättling infiziert, was bei Windbelastung später zum Bruch führen kann. Ausreichender Stammschutz von Jungbäumen z. B. durch Schilfrohrmatten oder entsprechende Anstriche ist daher für Ahorn-Jungbäume nachdrücklich zu empfehlen.

Die Empfindlichkeit des Ahorns gegenüber Auftausalzen und die daraus resultierenden typischen Blattrandnekrosen sind wohlbekannt. Ahorn-Arten sind Wirte für zahlreiche auffällige, aber meist harmlose Blattkrankheiten, die epidemisch nur in Wäldern und luftfeuchten, waldähnlichen Parks auftreten. Ein Beispiel ist die Teerfleckenkrankheit *(Rhytisma acerinum)*. Berg-, Spitz- und Feld-Ahorn, besonders Heckenpflanzen, können auch in der Stadt auffällig stark von Mehltaupilzen befallen werden, was zum Absterben bzw. Zurückfrieren der befallenen Jungtriebe führen kann. Unter Wassermangel leidende Jungbäume sind insbesondere nach kalter, trockener Winterwitterung anfällig für die Rotpustelkrankheit *(Nectria cinnabarina)*, wodurch auch Wipfeltriebe zurücksterben können. Größere Astungswunden an Ahorn werden häufiger vom Austernseitling *(Pleurotus ostreatus)* besiedelt, der eine intensive Weißfäule auslöst. Auch der Schuppige Porling *(Polyporus squamosus)*, dessen große Fruchtkörper meist bei warmer Sommerwitterung erscheinen, tritt öfter an älteren Ahornbäumen auf. Der Befall kann bis weit in die Krone hinein reichen und sollte insbesondere im Bereich von Vergabelungen, Stammköpfen sowie mehrfachen Astungswunden Anlass für eine eingehende Untersuchung sein (Abb. 8.2).

Die Gattung *Acer* ist generell gegen *Verticillium dahliae* hoch anfällig. Jungpflanzen, die unter Trockenstress leiden, zeigen bei Vorhandensein des Pilzes in den Sommermonaten akute Welke-Symptome und die typischen Verfärbungen im Splint sowie gelegentlich auch die erwähnten Rindenrisse. *Acer* ist ein bevorzugter Wirt für den Asiatischen Laubholz-Bockkäfer (ALB), und ebenso wie Rosskastanie und Linde wird Ahorn gerne von der Wolligen Napfschildlaus *(Pulvinaria regalis)* besiedelt. Die Raupen des Blausiebs *(Zeuzera pyrina)* befallen besonders jüngere Ahornbäume und verursachen drehrunde Fraßgänge, die meist in der Mitte des Triebes verlaufen.

Seit knapp etwa 10 Jahren wird in Deutschland die Rußrindenkrankheit des Ahorns beobachtet, die von dem Pilz *Cryptostroma corticale* verursacht wird. Dieser stammt ursprünglich aus Nordamerika und betrifft in Mitteleuropa vorwiegend *A. pseudoplatanus*, gelegentlich auch *A. platanoides* und *A. saccharinum*. Symptome sind Rinden- und Kambiumnekrosen, Schleimflussflecken am Stamm sowie ab dem Spätsommer Welke-Erscheinungen der Krone und im Ver-

Abb. 8.2. Fruchtkörper des Schuppigen Porlings (Polyporus squamosus) im Bereich einer Vergabelung bei einem alten Berg-Ahorn.

lauf von ein bis zwei Jahren das Absterben des ganzen Baumes. Nach dem Tode von Rindenpartien werden die unter der Rinde gebildeten Sporenlager des Erregerpilzes freigelegt. Diese enthalten Massen an schwarzen, stäubenden Konidien, die beim Einatmen zu Gesundheitsschäden führen können. Daher sind beim Fällen, Zerkleinern und Abtransport betroffener Bäume Atemschutzmaßnahmen erforderlich. Die Rußrindenkrankheit tritt nur nach heiß-trockener Sommerwitterung und bei Wassermangel der betroffenen Bäume auf.

8.2.2 Aesculus hippocastanum

Die Rosskastanie hat in den letzten Jahren an einer Reihe neuer Krankheiten und Schädlingen zu leiden, die sowohl zu ästhetischen Beeinträchtigungen als auch zu Absterbe-Erscheinungen führen können, weswegen vor allem die weißblühende *Aesculus hippocastanum* mancherorts deutlich weniger als früher angepflanzt wird. Neben typischen Blattrandnekrosen durch Auftausalze zeigen die Blätter der Rosskastanie im Jahresverlauf oftmals starke Verbraunungserscheinungen. Diese können zum einen durch Blattpilze ausgelöst werden, allen voran durch die Blattbräune der Rosskastanie *(Guignardia aesculi)*, ein aus Nordamerika stammender Pilz, der sich erst seit etwa 1950 in Europa ausgebreitet hat. Typisch sind die unregelmäßigen, auch über die Hauptseitennerven gehenden, braunen Blattnekrosen mit gelblichem Rand (Abb. 8.3). Seit Anfang der 1990er Jahre breitet sich in Mitteleuropa die Rosskastanien-Miniermotte *(Cameraria ohri-*

Abb. 8.3. Erhebliche Beeinträchtigung der Ästhetik bei starkem Befall durch die Blattbräune an Rosskastanie (Guignardia aesculi).

della) aus. Dieses Insekt war offenbar schon länger in abgelegenen Waldgebieten des Balkans an der Rosskastanie vorhanden, konnte sich Anfang der 1980er Jahre in der Gegend um den Ohrid-See in Mazedonien etablieren und von dort – begünstigt durch den zunehmenden Personen- und Warenverkehr – in weniger als 30 Jahren den größten Teil Europas erobern. Befallen wird weit überwiegend die weißblühende *A. hippocastanum*, während sich die Larven auf *Aesculus × carnea* nicht zu Ende entwickeln können. Bei hohem Befallsdruck kann auch Berg-Ahorn besiedelt werden. Die Tiere überwintern als Puppen im Falllaub, und die Weibchen legen nach der Paarung im Frühjahr ihre Eier auf der Blattoberseite ab. Je nach Witterung können zwei bis drei (und mehr) Generationen des Tieres pro Vegetationsperiode entstehen. Der baumbiologische Schaden durch die Rosskastanien-Miniermotte hält sich – im Gegensatz zum ästhetischen Schaden – in Grenzen, aber es kommt zu verringerten Fruchtgewichten, reduzierter Einlagerung von Reservestoffen und vereinzelt zu Triebschäden sowie zur vorzeitigen Entfaltung der Blütenknospen im Herbst. Durch Entfernung des Herbstlaubes lassen sich sowohl der Anfangsbefall durch die Rosskastanien-Miniermotte als auch die pilzlich bedingte Blattbräune effektiv reduzieren, sodass die Bäume bis lange in den Spätsommer hinein zumindest in der Oberkrone belaubt bleiben.

Seit etwa dem Jahr 2000 tritt in Europa eine neue Erkrankung an Rosskastanien auf, die von dem Bakterium *Pseudomonas syringae* pv.

aesculi verursacht und in Deutschland als Pseudomonas-Rindenkrankheit bezeichnet wird. In Deutschland sind die Schäden seit etwa 2007 nachgewiesen. Die Bakterien infizieren den Wirt über Lentizellen und Blattnarben und führen zu einem Absterben des lebenden Rindengewebes und des Kambiums. Der Holzkörper wird nicht befallen. Das auffälligste Symptom sind Rinden- und Kambiumnekrosen sowie dunkle Schleimfluss-Flecken auf der Rinde bis in höhere Kronenpartien hinein. Je nach Befallsstärke kommt es zu Vitalitätseinbußen oder zum Absterben einzelner Kronenpartien, bis hin zum Tod vor allem junger Bäume. Die streng wirtsspezifischen Bakterien können zahlreiche Arten und Sorten von *Aesculus* befallen, wobei es Unterschiede in der Anfälligkeit gibt. Die Differentialdiagnose zu Erkrankungen durch *Phytophthora*-Arten ist notwendig, da z. B. *P. cactorum, P. syringae* und *P. citricola* bzw. *P. plurivora* häufiger an *Aesculus* in der Stadt vorkommen und eine sehr ähnliche Symptomatik entwickeln können. Insbesondere an der Rotblühenden Rosskastanie kommt es in jüngster Zeit nach Befall durch die Pseudomonas-Rindenkrankheit zu starkem Auftreten sekundärer Holzfäulepilze wie Samtfußrübling *(Flammulina velutipes)* und Austernseitling *(Pleurotus ostreatus)* und damit zu einer Beeinträchtigung der Verkehrssicherheit.

Jungbäume von *Aesculus* sind nach der Pflanzung anfällig für die bei *Acer* beschriebenen Rindennekrosen und Rinden- und Stammrisse, weswegen entsprechende Stammschutzmaßnahmen sinnvoll sind. Die Rosskastanie ist neben Ahorn und Linde der bevorzugte Wirt für die Wollige Napfschildlaus *(Pulvinaria regalis)*. Ebenso werden junge Bäume gerne von den Larven des Blausiebs *(Zeuzera pyrina)* befallen („Kastanienbohrer"). Der Austernseitling tritt auch in der Folge stärkerer Astwunden gerne an Rosskastanie auf. Im Wurzelanlauf- und Stammfußbereich findet sich des Öfteren Befall durch Hallimasch (*Armillaria* sp.), Brandkrustenpilz *(Kretzschmaria deusta)* und verschiedene Lackporlinge (*Ganoderma* spec.). Altbäume zeigen oftmals einen Nasskern, bei dem im Spätstadium auch Fäulepilze vorhanden sein können. Weiterhin zu beachten ist, dass es an Rosskastanie gelegentlich zu nicht vorhersehbaren Grünastabbrüchen kommen kann, meist an heißen Sommertagen. Dabei führt offenbar ein Wasserdefizit zur Verschlechterung der Biegefestigkeit waagerecht angebundener Grob- und Starkäste in der unteren und mittleren Krone.

8.2.3 Ailanthus altissima

Der **Götterbaum** hat sich im Großen und Ganzen als stadtklimafeste Baumart erwiesen, aber in jüngster Zeit hat die Verticilliose zu größeren Problemen geführt. Obwohl *Ailanthus altissima* sich invasiv verhält und sich an zahlreichen urbanen Standorten zu verjüngen vermag, ist er außerordentlich empfindlich, wenn *Verticillium* im Boden

Abb. 8.4. Kambiumnekrosen und Schleimflussflecken an der Stammbasis von Schwarz-Erlen als deutlicher Hinweis auf möglichen Befall durch Phytophthora alni.

vorhanden ist. Neuere Untersuchungen zeigen, dass es in diesem Fall sowohl in Nordamerika als auch Europa *Verticillium albo-atrum* und nicht *V. dahliae* ist, der Bäume und ganze innerstädtischen Bestände zum Absterben bringt. In seiner Heimat und auch in Europa kann der Götterbaum an einer Reihe von auffälligen, aber i. d. R. baumbiologisch unproblematischen Blattkrankheiten leiden. Pilze der Gattung *Botryosphaeria* führen an geschwächten, an Wassermangel leidenden Bäumen zu Rindenschäden und Zweigsterben. Altbäume weisen nach größeren Schnittwunden öfter Befall durch Schwefelporling *(Lactipo rus sulphureus)* und Austernseitling *(Pleurotus ostreatus)* auf. Auf Grund seiner Neigung zu weit ausladendem Wachstum und Astbruch bei Windbelastung wird *A. altissima* als Straßenbaum in der GALK-Straßenbaumliste nicht empfohlen.

8.2.4 Alnus glutinosa

Die Bewertung der **Schwarz-Erle** im Hinblick auf ihre Verwendbarkeit hat sich auf Feucht-/Nassstandorten seit etwa 1990 auf Grund der neu auftretenden Phytophthora-Krankheit (*Phytophthora alni*) gewandelt. Vom Erreger werden drei unterschiedlich aggressive Unterarten differenziert. Auf Grund seiner Lebensweise mit begeißelten Zoosporen kann er sich vor allem entlang von Fließgewässern und an Orten mit periodischer Überflutung rasch ausbreiten. Eine große Gefahr bilden daher befallene Jungpflanzen, da diese die Krankheit an zuvor unbelastete Orte einschleppen. Feuchte bzw. periodisch überflutete Standorte sind auf Grund der Erkrankung für die Pflanzung von Schwarz-Erle im städtischen Bereich nicht zu empfehlen (Abb. 8.4). An naturnahen Standorten wie Bachläufen und Gewässern kommt es im Abstand einiger Jahre auch zu starkem Loch- oder Fensterfraß der Blätter durch Blattkäfer und deren Larven, vor allem durch den Blauen Erlenblattkäfer *(Agelastica alni)*, wobei der baumbiologische Schaden eher gering ist. Ältere Erlen und absterbende

Abb. 8.5. Birke mit vorzeitigem Laubverlust als häufige Reaktion auf extreme sommerliche Trockenperioden.

Baumteile weisen nicht selten Befall und damit Bruchgefahr durch verschiedene Fäulepilze auf. Häufig ist dabei die Rötende Tramete *(Daedaleopsis confragosa)*, welche eine Weißfäule auslöst.

8.2.5 Betula pendula

Die **Sand-Birke** zeigt in den letzten Jahren eine Reihe vor allem abiotischer Probleme, die ihre Verwendbarkeit auf manchen Standorten einschränken. Birken sind sehr empfindlich gegen Verpflanzung und starke Schwankungen im Wasserhaushalt, insbesondere gegen Überflutung während der Vegetationsperiode. Bei sehr trockener Frühjahrs- und Sommerwitterung entstehen Trockniserscheinungen des Laubes; es kann zum vorzeitigen Laubfall und – nach stärkeren Regenfällen – zu einer erneuten Begrünung der Krone kommen (Abb. 8.5). Sommerlicher Laubfall kann auch durch Birkenrost *(Melampsoridium betulinum)* und durch die Marssonina-Krankheit *(Marssonina betulae)* ausgelöst werden. Es gibt zahlreiche Virosen der Birkenblätter, von denen das CLRV (cherry leaf roll virus, Kirsch-Blattroll-Virus) das wichtigste ist, da es zu einer tödlich verlaufenden Komplexkrankheit beiträgt („Birkendegeneration"). Der Pilz *Taphrina betulina* scheidet Wuchsstoffe aus und führt an Zweigen und Ästen der Krone zu einer Zweiganomalie mit Massenaustrieb von gestauchten, verkürzten Zweigen, die als Birkenhexenbesen bezeichnet wird. Bei großen Hexenbesen kann es zum Absterben des Astes oder auch durch Windeinwirkung zum Astbruch kommen. Teils sehr große Tumorbildungen an Stamm und Krone werden meist durch Bakterien *(Agrobacterium tumefaciens)* verursacht. Solange der Tumor nicht abstirbt bzw. abgesägt wird und das Holzgewebe nicht von sekundären Fäulepilzen besiedelt wird, ist er i. d. R. ohne baumbiologische oder mechanische Nachteile für den Baum. Dunkle Knollenbildungen mit rissiger Oberfläche werden durch die Nebenfruchtform des Schiefen Schillerporlings *(Inonotus obliquus)* verursacht. Die eigentlichen Fruchtkörper dieses Weißfäule-Erregers entstehen erst nach dem Absterben des betroffenen Stammteils unter der Rinde.

An frisch gepflanzten Jungbäumen mit „Pflanzschock" kann es in den ersten Standjahren zu Befall durch den Großen Birkensplintkäfer *(Scolytus ratzeburgi)* kommen. Nach starkem Rostpilzbefall, Überschwemmungen und Witterungsextremen zeigen ältere Bäume häufig Rindennekrosen, Schleimfluss und schließlich Absterben durch komplexe Ursachen, wobei verschiedene Sekundärpilze und holzbohrende Käferarten beteiligt sind. Altbirken und Bäume mit größeren Stamm- und Astwunden werden rasch von Fäulepilzen besiedelt und müssen dann wegen der Bruchgefahr oft beseitigt werden. Am häufigsten sind dabei der Zunderschwamm *(Fomes fomentarius)* und der streng wirtsspezifische Birkenporling *(Piptoporus betulinus)*, ein Braunfäule-Erreger.

8.2.6 Carpinus betulus

Insgesamt hat sich die **Hainbuche** im urbanen Raum als recht gesunde und robuste Baumart gezeigt. Neben der Empfindlichkeit gegenüber Auftausalzen und Trockenheit, die zu typischen Blattrandnekrosen führen, kann es zu stärkerem Mehltaubefall *(Oidium carpini* und *Phyllactinia guttata)* der Blätter kommen. An ungünstigen, versiegelten Standorten sind Saugschäden und Blattaufhellungen durch die Hainbuchenspinnmilbe *(Eotetranychus carpini)* zu beobachten. Nach nass-kühler Frühjahrswitterung kann es zu auffälliger Blattbräune durch Blattpilze wie *Asteroma carpini* oder *Gnomoniella carpinea* kommen. Für das Stadtklima sind auf Grund ihrer höheren Hitze- und Trocknistoleranz spezielle Sorten eher geeignet als die botanische Art.

8.2.7 Castanea sativa

Mit Einschränkungen hinsichtlich Standort ist die **Ess-Kastanie** eine Baumart, die weiterhin für die Stadt geeignet ist, zumal sie mit den Bedingungen des „Klimawandels" insgesamt voraussichtlich gut zurecht kommt. Auf Böden mit hohem pH-Wert zeigt *Castanea sativa* Wuchsstörungen und „Kalkchlorose" (Eisen-Mangan-Mangel). Starke Gallenbildung an Blatt- und Blütenknospen und damit Ertragsminderung bei Fruchtbäumen wird in Nachbarländern durch die 1992 eingeschleppte Japanische Esskastaniengallwespe *(Dryocosmus kuriphilus)* verursacht, die sich derzeit stark in der Ausbreitung befindet. Insbesondere im wintermilden Klimabereich kommt gelegentlich die tödlich verlaufende „Tintenkrankeit" vor, verursacht durch *Phytophthora cambivora* und seltener durch andere *Phytophthora*-Arten. Die größte Gefahr geht derzeit vom Rindenkrebs der Ess-Kastanie aus *(Cryphonectria parasitica)*. Der Pilz stammt ursprünglich von asiatischen Kastanienarten, die dagegen resistent sind, und breitet sich seit etwa 1985 in Deutschland aus, mit einem Schwerpunkt im Bereich des Rheintals. Es kommt zu Rinden- und Kambiumnekrosen und zum Welken und Absterben von Baumteilen und Bäumen. Stark befallene Bäume sollten rasch entnommen und vernichtet werden, um die weitere Ausbreitung der Krankheit zu verhindern. Ältere Esskastanien mit größeren Astungswunden weisen im Kernholz der Äste und des Stammes oft Braunfäulebefall durch Schwefelporling *(Laetiporus sulphureus)* oder Eichenwirrling *(Daedalea quercina)* auf. Vom Stammfußbereich im Kernholz langsam aufsteigend verursacht der Leberpilz *(Fistulina hepatica)* zunächst Holzverfärbungen und – im Spätstadium – eine Moderfäule.

8.2.8 Corylus colurna

Die **Baum-Hasel** ist im Hinblick auf ihre Stadtklimafestigkeit weitgehend unumstritten. Dennoch lässt sich immer wieder ein spontanes und rasches Absterben einzelner, auch älterer, Bäume beobachten, das bislang ungeklärt ist. *Verticillium*-Befall oder Bakteriosen kommen dafür am ehesten in Betracht. Bis zur Klärung der Symptomatik wird empfohlen, bei Neupflanzungen am Standort einen großzügigen Bodenaustausch vorzunehmen und nur zertifizierte Substrate zu verwenden. Jungbäume sind spätfrostgefährdet und bis zur endgültigen Etablierung am Standort trockenheitsempfindlich. Nach feucht-kalter Frühjahrswitterung werden gelegentlich Blattflecken mit vorzeitigem Blattfall beobachtet, die offenbar von einem Pilz der Gattung *Monostichella* verursacht werden.

8.2.9 Fagus sylvatica

In der Stadt ist die **Buche** – unter Beachtung zahlreicher Einschränkungen – weiterhin als eindrucksvoller Solitär verwendbar. Als Schattholzart der Wälder ist sie besonders in der Jugend empfindlich gegen Spätfrost, Hitze und Trockenheit. Das Wurzelsystem ist außerordentlich empfindlich gegen Überschwemmung und Übererdung. Die glatte Rinde neigt zu Sonnenbrandschäden, vor allem bei plötzlicher Zunahme der Belichtung, weswegen Schnittmaßnahmen in der Oberkrone der Buche – insbesondere bei *Pendula*-Sorten – zu großflächigen Rindenschäden führen können. Das Holz hinter der geschädigten Rinde wird meist rasch von sekundären Pilzen wie Spaltblättling *(Schizophyllum commune)* oder Austernseitling *(Pleurotus ostreatus)* besiedelt und kann damit bruchgefährdet sein.

Abb. 8.6. Starker Befall durch Brandkrustenpilz (Kretzschmaria deusta) an Rot-Buche.

In Parks entwickelt sich in manchen Jahren die Buchenblattbaumlaus *(Phyllaphis fagi)* durch ihre Saugschäden und starke Honigtaubildung an den Blättern zu einer Belästigung. Ebenso auffällig sind Blattminen und Blattfraß durch den Buchenspringrüssler *(Rhynchaenus fagi)* sowie durch die Blattbräune *(Apiognomonia errabunda)*. Letztere tritt nach kühl-feuchter Frühjahrswitterung stärker auf und wird durch Ersatztriebe später im Sommer wieder ausgeglichen. Der Buchenkrebs *(Neonectria ditissima)* mit seinen Deformationen an Stamm und Ästen ist bei Stadtbäumen eher selten, dafür kann es aber nach Schäden am Wurzelsystem und bei akuter Trockenheit durch *Neonectria coccinea* zu großflächigen Rindenschäden kommen.

In Stadtwäldern tritt in größeren zeitlichen Abständen eine tödlich verlaufende Komplexkrankheit auf, die als „Buchen-Komplexkrankheit" bzw. „Buchenrindensterben" bezeichnet wird. Auslöser ist meist eine Kombination aus Saugtätigkeit der Buchenwollschildlaus *(Cryptococcus fagisuga)* an der Rinde, abiotisch bedingter Prädisposition und nachfolgendem Befall durch *Nectria*-Pilze. Am Absterben betroffener Bäume sind schließlich mehrere sekundäre Insekten wie Buchenprachtkäfer *(Agrilus viridis)* und mehrere Borkenkäferarten beteiligt, ebenso wie Sekundärpilze, z. B. Hallimasch (*Armillaria* spec.) und Zunderschwamm *(Fomes fomentarius)*. Typisch für das Krankheitsbild vor allem an älteren Bäumen sind Vitalitätsverluste in der Krone, Schleimfluss im unteren Stammbereich und nachfolgend Befall durch Insekten und sekundäre Pilze, allen voran Zunderschwamm. Als Ursache kommen vor allem warm-trockene Sommer, Wasserdefizite, aber auch zeitweilige Überschwemmungen in Betracht. Erkrankungen im Wurzelraum, beispielsweise durch Riesenporling *(Meripilus giganteus)*, Hallimasch (*Armillaria mellea* s. l.) oder *Phytophthora*-Arten, disponieren den Baum ebenfalls für Sekundärorganismen. Die Buche ist gegen eine Reihe von *Phytophthora*-Arten anfällig, im Wald häufig *P. cambivora*, auf urbanen Standorten auch weitere Arten wie *P. cactorum* und *P. citricola* bzw. *P. plurivora*. Wichtige und für die Standsicherheit problematische wurzelbürtige Pilze sind insbesondere an älteren Buchen Brandkrustenpilz (*Kretzschmaria deusta*, Abb. 8.6), Riesenporling (*Meripilus giganteus*) und Lackporlinge *(Ganoderma lipsiense, G. australe* und *G. pfeifferi)*.

8.2.10 Fraxinus excelsior

Die Verwendbarkeit der **Esche** für das städtische Umfeld wird durch das Auftreten einer neuen Krankheit zunehmend stark beeinträchtigt. Erreger ist ein aus Asien eingeschleppter Pilz, *Hymenoscyphus pseudoalbidus* (Nebenfruchtform *Chalara fraxinea*). Etwa seit 1990 hat sich die Krankheit von Polen, dem Baltikum und Skandinavien ausgehend in vielen Ländern Europas ausgebreitet. Befallen werden Eschen jeden Alters im Wald, in der Landschaft und in der Stadt. Anfällig sind

Abb. 8.7. Typische Rindennekrosen an jüngeren Trieben infolge Befall der heimischen Esche mit dem Eschentriebsterben (Hymenoscyphus pseudoalbidus).

F. excelsior und *F. angustifolia* sowie deren Sorten, während *F. ornus, F. pennsylvanica* und *F. americana* weitgehend resistent sind. Die Ascosporen des Erregers reifen am abgefallenen Laub heran und infizieren vom Boden aus ab dem Spätsommer das neue Laub. Der Pilz wandert noch im Herbst über die Blattstiele in das junge Holz und in das Mark. Anschließend stirbt das Kambium und es kommt zu Triebnekrosen, Triebwelke und Triebsterben (Abb. 8.7). Stark befallene Altbäumen zeigen eine fortschreitende Kronendegeneration mit Totholzbildung und Bildung von Ersatztrieben. Baumschulware ist je nach Herkunft ebenfalls befallen und muss daher bei der Abnahme sorgfältig auf Symptome bzw. Vorhandensein des Erregers geprüft werden. Bei *F. excelsior* gibt es genetische Unterschiede in der Anfälligkeit; Eschen mit frühzeitiger Blattseneszens im Herbst erkranken offenbar weniger als „spät abschließende" Bäume, was Perspektiven für die künftige Resistenzzüchtung eröffnet. Die heimische Esche kommt künftig im städtischen Bereich dort infrage, wo das Falllaub beseitigt werden kann bzw. vom Wind verweht wird. Für andere Standorte, insbesondere Standorte in Waldnähe, empfehlen sich derzeit eher resistente Eschen-Arten, je nach Anforderung an Wuchseigenschaften und Kronenform.

Auffällig an Straßeneschen sind in manchen Jahren die „Eschenklunker“, die durch Befall der Blütenanlagen durch die Eschen-Gallmilbe *(Eriophyes fraxinivorus)* entstehen. An Straßenbäumen in wintermilden Gebieten mit hoher Luftfeuchtigkeit kommt es gelegentlich zum Auftreten des Bakterienkrebses *(Pseudomonas savastanoi)* mit schwarzen, unregelmäßigen Auftreibungen am Stamm. Der pilzbedingte Eschenkrebs *(Neonectria galligena)* weist hingegen Krebse mit regelmäßigen Wundrändern auf. Jungbäume nach der Pflanzung und wenig vitale Altbäume werden gerne von verschiedenen Borkenkäfern befallen, vor allem in Waldnähe, beispielsweise vom Bunten Eschenbastkäfer *(Hylesinus varius)*. An älteren Eschen und vor allem im Bereich großer Stamm- und Astwunden kommen als aggressive und statisch bedeutsame Fäulepilze öfters Zottiger Schillerporling *(Inonotus hispidus)* und Schuppiger Porling *(Polyporus squamosus)* vor. Der Eschenbaumschwamm *(Perenniporia fraxinea)* hingegen ist trotz seines Namens lange nicht so häufig an Esche wie an Robinie.

8.2.11 Ginkgo biloba

Der **Ginkgo** ist sowohl als botanische Art als auch in den bekannten Sorten bislang in Europa bemerkenswert frei von schweren Krankheiten. Er ist allerdings empfindlich gegen Bodenverdichtung und leidet in der Jugend an Spätfrost sowie Frosttrocknis. Die Wurzeln von Jungpflanzen werden sehr gerne von Wühlmäusen befressen. Gelegentlich treten Blattschäden durch parasitische Blattpilze z. B. der Gattungen *Phyllosticta, Coniothyrium* und *Sphaeropsis* auf, die jedoch allenfalls ästhetischen Schaden anrichten. Ältere Bäume weisen vereinzelt Fäulepilzbefall im Wurzelstock auf, insbesondere durch den Hallimasch *(Armillaria mellea)*, weshalb Probleme mit der Standsicherheit entstehen können.

8.2.12 Gleditsia triacanthos

Die **Gleditschie** gilt zusammen mit ihren Sorten als stadtklimafest und trockenheitstolerant. An den Blättern entstehen gelegentlich die auffällig geformten, aber i. d. R. harmlosen Gallen der Gleditsia-Gallmücke *(Dasineura gleditsiae)*. Spätfrostschäden und extreme Winterfrostschäden an Jungtrieben können zum Rotpustelbefall *(Nectria cinnabarina)* junger Zweige führen. Gelegentlich dringen dieser Pilz sowie andere Nectria-Arten über abgestorbene Aststummel in den Hauptstamm und bilden dort eingesunkene Rindennekrosen. In ihrer Heimat hat die Gleditschie bei starkem Trockenstress Probleme mit schwächeparasitischen Rindenpilzen. Altbäume mit größeren Stamm- oder Astwunden neigen zu Befall durch Fäulepilze wie Zottiger Schillerporling *(Inonotus hispidus)* und Schwefelporling *(Laetiporus sulphureus)*, und an der Stammbasis und im Wurzelbereich kommt gelegentlich Fäule durch Lackporlinge (*Ganoderma* spec.) vor.

8.2.13 Juglans regia

Als Solitär ist **Walnuss** weiterhin auch als Stadtbaum verwendbar, wenn auch abiotische Schäden und verschiedene Blatt-, Frucht- und Rindenkrankheiten gelegentlich zu Problemen führen. Je nach Lage und Witterungsverlauf kann es zu starken Spätfrostschäden auch an Altbäumen kommen. Diese vernichten zwar den Fruchtansatz, werden aber i. d. R. im Laufe des Frühjahrs durch Neuaustrieb kompensiert. Die Marssonina-Krankheit (*Gnomonia leptostyla*, Anamorphe *Marssonina juglandis*) verursacht eckige schwarze Punkte auf Blättern und Früchten, vorzeitigen Blattfall und Schäden an den Früchten. Schwarze, nässende Flecken auf Blättern, Früchten und Rinde sowie Triebsterben werden vor allem nach nasser Frühjahrswitterung vom Bakterienbrand (*Xanthomonas campestris* pv. *juglandis*) verursacht. Gegen diesen ist *J. regia* am anfälligsten, *J. nigra* am wenigsten. Die Walnuss ist auch gegen das Kirsch-Blattrollvirus empfindlich, das an Fruchtbäumen zu hohen Ertragseinbußen führt. An der Pfropfstelle von *J. regia* auf anderen als *regia*-Unterlagen kommt es bei Virusbefall des Pfropfreises zu Überempfindlichkeitsreaktionen. Bei Krebsen an Walnuss handelt es sich meist um den Nectria-Krebs (Neonectria ditissima und Neonectria coccinea); der an Juglans cinerea in Nordamerika seuchenartig auftretende Sirococcus-Krebs der Walnuss („butternut-canker") ist bislang nicht in Europa aufgetreten. An Altbäumen mit größeren Astungswunden führt Weißfäule durch den Zottigen Schillerporling (*Inonotus hispidus*) und den Schuppigen Porling (*Polyporus squarrosus*) sowie Braunfäule durch Schwefelporling (*Laetiporus sulphureus*) oft zur drastisch reduzierten Restwandstärke von Ästen und Stämmlingen.

8.2.14 Larix decidua

Als Solitär hat die **Lärche** auch in der Stadt einen gewissen Stellenwert verdient, aber der Anbau außerhalb ihres natürlichen Verbreitungsgebietes sorgt gelegentlich für Probleme. *L. decidua* ist in der Jugend durch Spätfrostschäden gefährdet, vor allem wenn ungeeignete, früh treibende Herkünfte verwendet werden. Winterfrostschäden an den jüngsten Trieben kommen bei übermäßiger Stickstoffversorgung vor. Pilzlich bedingte Nadelschütte-Erkrankungen durch Erreger wie *Meria laricis* sind an Stadtbäumen kaum relevant. Befall der Nadeln durch forstlich bedeutsame Insektenarten wie Grauer Lärchenwickler *(Zeiraphera diniana)* oder Lärchenminiermotte *(Coleophora laricella)* können allerdings in Waldnähe und in Lärchen-Gruppen zu einer Verbraunung der Krone führen. Der Lärchenkrebs *(Lachnellula willkommii)* mit seinen mehrjährigen, trichterförmigen Krebsstellen am Hauptstamm kommt i. d. R. nur dort vor, wo hohe Luftfeuchtigkeit herrscht. Die Lärche ist hinsichtlich des Befalls durch Wurzelschwamm *(Heterobasidion annosum)* weniger empfindlich als

Kiefer und Fichte, am ehesten auf basischen Böden. Eine Braunfäule des Kernholzes vorwiegend im unteren Stammbereich verursachen Kiefernbraunporling *(Phaeolus spadiceus)*, Schwefelporling *(Laetiporus sulphureus)* und Rotrandiger Baumschwamm *(Fomitopsis pinicola)*. Ältere Lärchen mit Vorschädigung werden in Waldnähe rasch vom Lärchenborkenkäfer *(Ips cembrae)* besiedelt und können dadurch absterben.

8.2.15 Liquidambar styraciflua

Der **Amberbaum** ist bislang in Europa von schweren Problemen überwiegend verschont geblieben. Er zeigt auf Kalkböden an der Belaubung die Symptome der Kalkchlorose, außerdem fehlt dort und auf zu feuchten Standorten bei manchen Sorten eine zuverlässige Herbstfärbung. Die Art ist anfällig gegen *Phytophthora*-Arten, dafür aber kaum gegen Verticilliose. In der Jugend sind die einjährigen Triebe je nach Herkunft anfällig sowohl gegen Winterfrost als auch gegen Spätfrost. Gelegentliche Fälle ungeklärter Rinden- und Kambiumschäden mit starkem Gummifluss nach trocken-heißen Sommern gehen möglicherweise auf *Nectria* bzw. *Neonectria* spec. zurück, die auch in der nordamerikanischen Heimat Rindenkrankheiten an Amberbaum verursachen.

8.2.16 Malus domestica

Der **Kultur-Apfel** ist Wirt für zahlreiche Blatt- und Fruchtkrankheiten sowie -schädlinge, die aber eher für den Erwerbsobstbau und Streuobstanbau Relevanz besitzen. Am gefährlichsten ist sicherlich der bakteriell verursachte, meldepflichtige Feuerbrand *(Erwinia amylovora)*, gegen den es inzwischen einige relativ resistente Apfel-Neuzüchtungen gibt. Die sog. Kragenfäule, durch *Phytophthora cactorum* und andere, kann Bäume besonders auf zeitweilig nassen, kalkhaltigen Böden zum Absterben bringen. Je nach Kultursorte und klimatischen Gegebenheiten kann eine hohe Anfälligkeit gegen Nectria-Krebs *(Neonectria ditissima)* bestehen. Dieser Wundparasit nutzt

Abb. 8. 8. Fruchtkörper des Zottigen Schillerporlings (Inonotus hispidus) in einer Vergabelung bei einem Apfelbaum (bei der Flüssigkeit auf der Fruchtkörperunterseite handelt es sich um sog. Guttationstropfen, typisch für einige Inonotus-Arten).

Abb. 8.9. Starke Entnadelung an Stech-Fichte nach Befall durch Fichtenröhrenlaus (Liosomaphis abietinum).

frische Schnittwunden während nass-kalter Herbst- und Winterwitterung als Eintrittspforten, weswegen die Anwendung von Wundverschlussmitteln aus dem Obstbau hier durchaus ihre Berechtigung hat. Bäume mit Trockenstress werden gerne vom Obstbaumsplintkäfer *(Scolytus mali)* und von Prachtkäferarten (*Agrilus* spec.) befallen. An älteren Bäumen mit Stamm- und Astwunden kommt oft der Zottige Schillerporling *(Inonotus hispidus)* vor, der eine Weißfäule des Splints sowie Kambiumschäden und mehrjährige Stammkrebse verursacht (Abb. 8.8). An älteren Apfelbäumen verursacht der Schwefelporling *(Laetiporus sulphureus)* gelegentlich eine Braunfäule des Kernholzes. Hinsichtlich der Eigenschaften und Verwendung bestimmter Zier-Sorten im urbanen Raum gibt die GALK Straßenbaumliste Hinweise.

8.2.17 Picea pungens

Die **Stech-Fichte** kann als Solitär in der Stadt dort eingesetzt werden, wo sie von Natur aus und ohne ständige Pflanzenschutzmaßnahmen gesund bleibt. Luftfeuchte Bedingungen sowie Beschattung fördern Befall durch Nadelpilze und führen zu starken Beeinträchtigungen der Ästhetik. Ein Beispiel ist die Rhizosphaera-Nadelbräune (*Rhizosphaera kalkhoffii* und andere), welche von allen *Picea*-Arten *Picea pungens* 'Glauca' am stärksten angreift. Der Fichtennadelrost *(Chrysomyxa*-Arten, vor allem der nicht wirtswechselnde *C. abietis)* kann die Entnadelung ganzer Nadeljahrgänge bewirken. Die Stech-Fichte ist auch anfällig für die sonst an Kiefern auftretende „Dothistroma-Nadelbräune" *(Mycosphaerella pini*, Nebenfruchtform *Dothistroma septospora)*, ein Quarantäne-Schaderreger, der sich derzeit in Süddeutschland und im Alpenraum ausbreitet. An jungen Stech-Fichten kommt es in nassen Jahren und an Orten mit hohen Niederschlägen zum „Knospensterben“ durch den Pilz *Gemmamyces piceae*. Dabei bleiben die Knospen nach dem Winter „sitzen“, was die Bildung eines durchgehenden Leittriebs verhindert. Die Grüne Fichtenröhrenlaus („Sitkalaus“, *Elatobium abietinum*) tritt besonders stark an *P. pungens* ‘Glauca’ auf und führt durch ihre Saugtätigkeit zur Rötung und zum Abfallen ganzer Nadeljahrgänge (Abb. 8.9). Stark betroffene Bäume verkahlen zunehmend von innen nach außen. Die Überwinterung der Laus geschieht je nach Witterungsverlauf nur in Form von Eiern oder auch durch adulte Tiere. Zur Befallskontrolle und als Basis für Bekämpfungsmaßnahmen dient ab Spätwinter die „Klopfprobe“, bei der man ein weißes Blatt Papier unter die Zweige hält und diese schüttelt, wobei vorhandene Läuse auf das Papier fallen. Saugschäden bei dicht benadelten Zierformen von *Picea pungens* werden auch durch die Nadelholzspinnmilbe *(Oligonychus ununguis)* ausgelöst. Stech-Fichten sind weiterhin gegen Wurzelschwamm (*Heterobasidion annosum* s. l.) und Hallimasch (*Armillaria mellea* s. l.) anfällig, vor allem auf Kalkböden und bei starken Schwankungen im Wasserhaushalt.

8.2.18 Pinus nigra

Die **Schwarz-Kiefer** kann auf nicht zu trockenen und heißen Standorten weiterhin als Solitär Verwendung finden, auch wenn Triebkrankheiten in den letzten Jahren zugenommen haben. *P. nigra* ist hoch anfällig gegen die Scleroderris-Krankheit *(Gremmeniella abietina*, früher *Ascocalyx abietina)*, die besonders an Jungbäumen im kontinentalen Klimaraum zu Schäden führt. Typisches Symptom ist das Absterben und Verharzen der Gipfelknospe während des Winterhalbjahres und nachfolgend, von der Gipfelknospe abwärts, das Absterben des vorjährigen Triebes. Dies steht im Unterschied zu einer weiteren bedeutsamen Triebkrankheit, dem Diplodia-Triebsterben *(Diplodia pinea*, früher *Sphaeropsis sapinea)*. Hier kommt es zum Neubefall des diesjährigen Jahrestriebes, der verbraunt und oft nicht mehr zur vollen Streckung kommt (Abb. 8.10). *Diplodia pinea* kann besonders nach Hagelschlag-Ereignissen, milden, nassen Wintern und nach heiß-trockenen Sommern stärkere Schäden auslösen. Die Schwarz-Kiefer ist auch hoch anfällig gegen zwei meldepflichtige Quarantäne-Schadpilze, die sich in Süddeutschland und Österreich in der Ausbreitung befinden, nämlich die Dothistroma-Nadelbräune oder „red band disease“ *(Mycosphaerella pini)* und die Lecanosticta-Nadelbräune oder „brown spot disease“ *(Mycosphaerella dearnessii)*. Wurzelfäulen und Absterbe-Erscheinungen des gesamten Baumes können vor allem an Altbäumen durch den Wurzelschwamm (*Heterobasidion annosum* s. l.) oder den Hallimasch (*Armillaria mellea* s. l.) bedingt sein. Stark vorgeschädigte Bäume werden von verschiedenen

Abb. 8.10. Verbraunung und Absterben der diesjährigen Triebe als typisches Symptom bei Befall der Schwarz-Kiefer mit Diplodia pinea.

Borkenkäfern sowie zunehmend vom Blauen Kiefern-Prachtkäfer *(Phaenops cyanea)* angegriffen.

8.2.19 Platanus × hispanica

Von den häufig verwendeten Baumarten in der Stadt hat die **Platane** in den letzten Jahren vielleicht die größte Veränderung der Einschätzung hinsichtlich ihrer Verwendung erfahren. Dies liegt an der seit etwa Mitte der 1980er Jahre auftretenden „Massaria-Krankheit". Der Erreger, der Pilz *Splanchnonema platani*, führt zum partiellen oder gänzlichen Absterben von Ästen. Anschließend verursacht der Pilz eine rasch verlaufende Moderfäule, die bereits wenige Monate nach Befallsbeginn zum Astbruch führen kann. Der Erreger ist ein Schwächeparasit, der zumeist untergeordnete Äste der unteren und inneren Krone befällt, vor allem auf versiegelten, innerstädtischen Standorten nach chronischer und akuter Trockenheit. Beide botanische Arten sowie die Hybrid-Platane sind prinzipiell anfällig. Im Lichte der Massaria-Krankheit kann empfohlen werden, die Verwendung der Platane an heißen, versiegelten und trockenen innerstädtischen Standorten künftig einzuschränken.

An den Blättern der Platane kann es nach feucht-kalter Frühjahrswitterung zu Blattnekrosen, Blattfall und auch zum Absterben der Neutriebe durch den Erreger der Blattbräune, *Apiognomonia veneta*, kommen, aber die Bäume begrünen sich zumeist im Laufe des Sommers durch Ersatztriebe. Die Amerikanische Platane ist anfälliger als die Orientalische, wobei es Sortenunterschiede gibt und inzwischen auch resistente Hybridplatanen angeboten werden. Die Platanennetzwanze *(Corythucha ciliata)*, ein in den 1960er Jahren aus Nordamerika eingeschlepptes Insekt, verursacht Saugschäden auf der Blattunterseite, Blattaufhellungen und Honigtaubildung. Letztere schränkt die Verwendbarkeit der Platane für Verkehrsflächen ein. Auffällige, aber harmlose weiße Blattminen werden durch die Platanen-Miniermotte *(Phyllonorycter platani)* verursacht.

Rindennekrosen bis etwa 10 cm Länge an Ästen und teilweise am Hauptstamm können durch den Blattbräune-Erreger *Apiognomonia veneta* und durch *Fusarium*-Arten verursacht werden. An stark geschwächten Bäumen können größere, streifenförmige Nekrosen am Hauptstamm von *Splanchnonema platani* verursacht werden, vereinzelt auch von dem ebenfalls wärmeliebenden Pilz *Botryodiplodia dothidea*. In einigen Nachbarländern und in Südeuropa kommt die meldepflichtige Platanenwelke *(Ceratocystis platani)* vor, auch Platanenkrebs genannt. Es handelt sich um eine tödlich verlaufende Gefäßkrankheit, die zu sommerlicher Welke, streifigen Rindennekrosen sowie zu einer Bläue des Splintholzes führt.

Abb. 8.11. Hochthronender Schüppling (Pholiota aurivellla) an Platane, eine lokale Weißfäule im Bereich alter Astungswunden verursachend.

Ältere Platanen und insbesondere Bäume mit großen Astungswunden zeigen oft Befall durch den Zottigen Schillerporling *(Inonotus hispidus)*, wobei die Platane mit diesem Erreger recht gut umgehen kann. Der Schillerporling ist ein Wundparasit und Krebserreger, der im Umfeld des Befalls auch größere Rinden- und Kambiumnekrosen sowie dunklen Schleimfluss auslösen kann. Die Fruchtkörper erscheinen meist im Bereich größerer Astungswunden während Hitzeperioden im Hochsommer, werden schnell schwärzlich und sind dann während der Vegetationsruhe in der Krone noch gut zu sehen. Der Hochthronende Schüppling *(Pholiota aurivella)* hingegen verursacht meist nur lokale, langsam voranschreitende Fäulen an älteren Astungswunden (Abb. 8.11).

8.2.20 Populus tremula

Die zahlreichen Krankheitserreger und Schädlinge an **Pappeln** und ihren Hybriden verursachen mehrheitlich keine lebensbedrohlichen Probleme. Die heimische Aspe ist Hauptwirt für eine Pappelrost-Art, *Melampsora populnea*, die auf der Blattunterseite rostfarbene Sporenlager verursacht und bei starkem Befall zu vorzeitigem Blattfall führt. Aspen sind auch anfällig für die Pollaccia-Krankheit („Triebspitzenkrankheit") durch den Askomyzeten *Venturia macularis* (Nebenfruchtform *Pollaccia radiosa*), bei der es im Frühsommer zur namensgebenden Schwarzfärbung und Welke der Triebspitzen kommt. Junge Aspen werden gerne von Pappelbock-Arten (*Saperda* spec.) befallen, wobei der Larvenfraß zu charakteristischen Anschwellungen und auch zum Windbruch der Triebe führt. Ein auf Pappeln spezialisierter Fäulepilz, der Pappelschüppling *(Pholiota populnea)*, verursacht Weißfäule im Wurzel- und Stockbereich vorwiegend älterer Bäume, aber an Aspe deutlich weniger als an anderen Pappel-Arten. Aspen sind im Gegensatz zu Vertretern der Schwarzpappel-Gruppe auch kaum anfällig für *Cryptodiaporthe populea*, einen Pilz, der in Verbindung mit abiotischen Stressoren zum „Kronensterben" der Schwarz-Pappel, insb. der Pyramiden-Pappel (*Populus nigra* 'Italica') führt.

8.2.21 Prunus avium

Vogel-Kirsche sollte nicht auf schweren, nassen sowie auf zu trockenen Standorten angepflanzt werden, um Krankheiten und Schäden zu vermeiden. Dort kommt es oft zu starkem Gummifluss, auch als Gummosis bezeichnet (Abb. 8.10). Es handelt sich um eine abiotisch-biotische Komplexerkrankung, die zumeist mit Ernährungsstörungen in Zusammenhang steht. Ältere Bäume entwickeln mit der Zeit Kronenschäden und können sukzessive absterben. Der Bakterienbrand durch *Pseudomonas syringae* kann ebenfalls zu Gummifluss und zu Triebschäden führen. Kirsche ist neben anderen Laubgehölzen Wirt für das Kirsch-Blattrollvirus, das zusammen mit anderen Viren vor allem in

Abb. 8.12. Gummosis an Prunus avium, auch durch nichtparasitäre Ursachen.

Ertragsobstplantagen der Süß-Kirsche wirtschaftliche Schäden verursacht. An Blättern treten diverse auffällige Blatterkrankungen auf, z. B. die Schrotschusskrankheit (Haupterreger *Wilsinomyces carpophila*) oder die Sprühfleckenkrankheit *(Blumeriella jaapii)*. Triebschäden können durch das Monilia-Triebsterben *(Monilinia laxa*, Nebenfruchtform *Monilia laxa)* entstehen. Die Symptome sind ähnlich wie bei Feuerbrand, der jedoch an Kirsche kaum eine Rolle spielt. An Jungbäumen tritt im Frühjahr an den frischen Trieben oft starker Lausbefall auf, z. B. durch Schwarze Kirschläuse (*Myzus*-Arten), der zur Deformation und auch zum Absterben von Triebspitzen führen kann. An älteren Bäumen kommt es zur Braunfäule des Kerns durch den Schwefelporling *(Laetiporus sulphureus)*. Um alte Astungswunden herum und an absterbenden Ästen sind die unregelmäßig knolligen Fruchtkörper des Pflaumen-Feuerschwamms *(Phellinus tuberculosum)* zu finden, der eine langsam voranschreitende Weißfäule des Splints und ggf. auch des Kerns verursacht. Weißfäule, Ernährungsstörungen und Absterbe-Erscheinungen werden auch vom Erreger des „Bleiglanzes“, *Stereum purpureum*, verursacht. *Prunus avium* ist relativ empfindlich gegen Hallimaschbefall (*Armillaria mellea* s. l.).

8.2.22 Pyrus communis

Birnbäume sind je nach Sorte mehr oder weniger anfällig für den Birnengitterrost. Diese Krankheit mit ihrem vorzeitigen Blattfall und Fruchtbefall führt oft zum Verzicht auf den Anbau von Birnbäumen im urbanen und privaten Grün. Der Erregerpilz, *Gymnosporangium fuscum,* vollführt einen Wirtswechsel mit bestimmten *Juniperus*-Arten und -Sorten, nicht jedoch mit *Juniperus communis* (Abb. 8.13). Geschwächte, vor allem unter Wassermangel leidende Bäume werden gerne vom Obstbaum-Splintkäfer *(Scolytus mali)* und vom Birnbaum-Prachtkäfer *(Agrilus sinuatus)* befallen. *Pyrus communis* ist wie eine Reihe andere Rosaceen hoch anfällig für den meldepflichtigen Feuerbrand *(Erwinia amylovora)*, aber bei den Obstsorten der Birne ist die Erkrankungsanfälligkeit sortenabhängig. Über größere Astungswun-

Abb. 8.13. Befall durch Birnengitterrost (Gymnosporangium fuscum) an Blättern der Birne.

den an älteren Bäumen dringt oft der Schwefelporling *(Laetiporus sulphureus)* ein, der eine Braunfäule des Kernholzes verursacht.

8.2.23 Quercus robur ssp. robur und ssp. sessiliflora (= Q. robur und Q. petraea), Q. rubra

Die heimischen **Eichen** sind insgesamt noch als gut verwendbar im urbanen Raum und als Straßenbaum einzuschätzen. Für die Rot-Eiche gilt dies eingeschränkt. Sorgen bereitet bei den heimischen Eichen derzeit die zunehmende Ausbreitung des Eichenprozessionsspinners (EPS). Die blattfressenden Raupen von *Thaumatopoea processionae* bevorzugen bei uns die heimische Stiel- und Trauben-Eiche. Im Vordergrund steht hier weniger der Schaden durch den Laubfraß, sondern das Gesundheitsrisiko für den Menschen, denn die Gifthaare der Raupen lösen starke Hautallergien und Hautentzündungen aus. Der EPS ist ein wärmeliebendes Insekt, das sich im Zeichen des Klimawandels beständig nach Norden und Osten ausbreitet und in wintermilden Gebieten inzwischen zu einer Dauergradation neigt. Daher verzichten manche Kommunen in sensiblen Bereichen (Schwimmbäder, Kindergärten, Schulen etc.) auf das Anpflanzen von heimischen Eichen.

Auf Kalkböden kommt es bei *Q. rubra* (und *Q. palustris*) häufig zur Chlorose (Abb. 8.14). Eichen-Jungbäume leiden nach der Pflanzung oft an Rindenbrand durch Schwächeparasiten wie *Fusicoccum quercus* und *Nectria cinnabarina* (Rotpustel-Pilz), z. B. nach vorangegangener Frosttrocknis bzw. nach „Pflanzschock" auf sandig-trockenen Böden. Der Eichensplintkäfer *(Scolytus intricatus)* befällt gerne an Trockenstress leidende Jungbäume, meist im Bereich des Kronenansatzes, besiedelt aber auch geschwächte Altbäume. Es kommt zu den typischen kreisrunden Ein- und Ausbohrlöchern in der Rinde und zu einem charakteristischen Brutbild unter der Rinde. Bei warmer Sommerwitterung wird mehr als eine Käfergeneration ausgebildet, während die Larven in kühlen Jahren im Baum überwintern und sich erst im nächsten Frühjahr verpuppen. Daher kann sich der Befall je nach Witterung sehr schnell oder zunächst unbemerkt über Jahre entwickeln.

Nach vorangegangenem Kahlfraß der Blätter durch diverse Schmetterlingsraupen kann starker Befall der Johannistriebe durch den Eichenmehltau *(Erisyphe alphitoides,* Synonym *Microsphaera alphitoides)* Triebschäden und verringerte Reservestoffbildung verursachen. Bei wiederholten starken Fraßschäden kommt es im Verlauf von Jahren zu Totholzbildung, Befall durch Sekundärschädlinge wie dem Zweipunkt-Eichenprachtkäfer *(Agrilus biguttatus)* und zum Tod von Bäumen. Im Wald werden solche komplexen Schadverläufe als „Eichensterben" bezeichnet, aber auch in der Stadt können chronische Vitalitätsverluste zu einem sukzessiven Absterben von Altbäumen führen. Auf urbanen Standorten kann dabei auch Befall des Wurzelsystems mit *Phytophthora*-Arten wie *P. quercina* eine Rolle spielen.

Ältere Rot-Eichen zeigen gelegentlich eine sog. Krebsfäule durch den Runzeligen Schichtpilz *(Stereum rugosum)*, der eine Weißfäule des Splints um Astungs- oder Stammwunden auslöst. Der Eichenfeuerschwamm *(Phellinus robustus)* verursacht an Eiche eine relativ langsam voranschreitende, gelblich erscheinende Weißfäule des Splints verbunden mit Kambiumschäden. Im Kern liegt bei Alteichen oft eine Braunfäule durch den Schwefelporling *(Laetiporus sulphureus)* vor. Der Eichenwirrling *(Daedalea quercina)* kann an Astungswunden auch in größeren Stammhöhen vorkommen, eher bei *Q. ru-*

Abb. 8.14. Chlorose durch Ernährungsstörung mit Eisen/Mangan-Mangel einiger nichtheimischer Eichenarten (hier Sumpf-Eiche) auf Kalkböden.

Abb. 8.15. Tropfender Schillerporling (Inonotus dryadeus) an Eiche, eine Weißfäule der Wurzeln und des unteren Stockbereichs verursachend.

bra als bei den heimischen Arten. Im Kernholz der Stammbasis älterer Eichen verursacht der Klapperschwamm *(Grifola frondosa)* eine langsam aufsteigende Weißlochfäule. Im Splintholz der Starkwurzeln und im Stockbereich kann der Tropfende Schillerporling *(Inonotus dryadeus)* eine ebenfalls langsam voranschreitende, aber nach längerer Befallszeit möglicherweise problematische Weißfäule auslösen (Abb. 8.15). Der Leberpilz *(Fistulina hepatica)* verursacht eine langsam vom Stammfuß aufsteigende „Hartröte" und später Moderfäule. Bei Alleebäumen mit Schnittwunden in der Krone kommt es durch diesen Erreger auch zu isoliertem Befall in höheren Kronenbereichen. Im Stammfußbereich verursachen Lackporlinge *(Ganoderma australe, G. lipsiense, G. pfeifferi* und *G. lucidum)* Weißfäule und Kambiumschäden. Sie sind generell an Rot-Eiche problematischer als an den heimischen Arten, ebenso wie der Hallimasch (*Armillaria* spec.). In den letzten Jahren nimmt Befall durch den Spindeligen Rübling *(Collybia fusipes)* zu, der vor allem an älteren Rot-Eichen im warmen Klimabereich und auf sehr trockenen und sehr nassen Standorten eine gefährliche Weißfäule der Wurzel mit Standsicherheitsproblemen verursacht.

8.2.24 Robinia pseudoacacia

Die **Robinie**, welche auch in vielen Sorten als Stadtbaum verwendet wird, hat in zahlreichen Fällen nicht die in sie gesetzten Erwartungen erfüllt. Weder die – trotz späten Austriebs – hohe Spätfrostanfälligkeit noch diverse Blattpilze *(Phloeospora robiniae* und *Phyllosticta advena)* oder Miniermottenbefall *(Phyllonorycter robiniella)* sind dabei das Problem. Vielmehr kam es in der Vergangenheit durch Verwendung ungeeigneter, starkwüchsiger Sorten auf ungeeigneten Standorten bzw. in zu engen Baumgruben zu Wurzelproblemen und Problemen mit der Standsicherheit. Ein Indiz für ungeeignete Standorte ist bereits bei Jungbäumen Rotpustelbefall *(Nectria cinnabarina)*, insbesondere nach kalt-trockener Winterwitterung. Eingesenkte Rindennekrosen und Krebse am Hauptstamm werden gelegentlich auch durch andere *Nectria*- bzw. *Neonectria*-Arten verursacht und zeigen eben-

Abb. 8.16. Befall mit Fäulepilzen im Wurzelsystem, hier Sparriger Schüppling (Pholiota squarrosa), infolge zu enger Pflanzgruben an Robinie.

falls eine Schwächung des Baumes an. In jüngster Zeit entstehen auffällige Blattdeformationen durch die aus Nordamerika stammende Robiniengallmücke *(Obolodiplosis robiniae)*, vor allem in klimamilden Gebieten.

Starkwüchsige Sorten wie 'Monophylla' in zu engen Pflanzgruben sind besonders anfällig für Wurzelfäulen, oft durch Sparrigen Schüppling (*Pholiota squarrosa*, Abb. 8.16) oder Eschenbaumschwamm *(Perenniporia fraxinea)*. Beide Pilze verursachen eine Weißfäule der Wurzeln und des Wurzelstocks, aber im Vergleich ist der Eschenbaumschwamm deutlich aggressiver und auf Grund der späten und oft fehlenden Fruchtkörperbildung auch schwieriger zu diagnostizieren. Typisch für den Befall ist das charakteristische Zurückbleiben des Wachstums in bestimmten Zonen im Bereich des Stammfußes (ähnlich Brandkrustenpilzbefall). Wenn Fruchtkörper gebildet werden, erscheinen diese am ehesten zwischen den Wurzelanläufen an der Stammbasis befallener Bäume. Auch Hallimaschbefall (*Armillaria* spec.) kommt vermehrt an älteren Bäumen mit Wurzelverletzungen und bei ungeeigneten Bodenverhältnissen vor. Altbäume der Robinie weisen nach Astungswunden oft eine Braunfäule des Kerns durch den Schwefelporling *(Laetiporus sulphureus)* auf. Je nach Splintbreite des Baumes kann dabei die Restwandstärke gefährlich verringert sein. Befall durch Schwefelporling ist daher, vor allem im Bereich von Vergabelungen, Anlass für eine Überprüfung der Bruchsicherheit.

8.2.25 Salix alba, S. × rubens

Ebenso wie **Pappeln** haben Weiden und ihre zahlreichen Hybriden viele Krankheiten und Schädlinge. In den meisten Fällen kommt es zu auffälligen, aber nicht lebensbedrohlichen Symptomen. An *Salix alba* und ihren Sorten kann die Marssonina-Krankheit *(Drepanopeziza sphaeroidea*, Nebenfruchtform *Marssonina salicicola)* zur schwarzen Blattfleckung, zu vorzeitigem Blattfall sowie zu charakteristischen, schwarzen Nekrosen an jungen Trieben führen, besonders bei den

Abb. 8 17. Fruchtkörper des Gemeinen Feuerschwamms (Phellinus igniarius) als Hinweis auf mögliche Bruchgefahr durch Weißfäule.

Hängeformen von *Salix alba*. Ein ausgeprägtes Triebsterben wird von dem Askomyzeten *Cryptodiaporthe salicella* verursacht. Das Splintholz im unteren Stammbereich wird gelegentlich von den Larven des Weidenbohrers *(Cossus cossus)* befallen. An älteren Weiden ist Befall durch Schwefelporling *(Laetiporus sulphureus)* häufig, wobei die Braunfäule hier, im Gegensatz zu Baumarten mit dunklem Farbkern, nicht auf den zentralen Holzkörper beschränkt ist. Besonders Fruchtkörper, die direkt auf abgestorbener Rinde erscheinen, sind daher ein deutlicher Hinweis auf erhöhte Bruchgefahr. Fruchtkörper des Gemeinen Feuerschwamms oder „Falschen Zunderschwamms" *(Phellinus igniarius)*, der an älteren Weiden zum Teil weit oben in der Krone eine Weißfäule verursacht, signalisieren ebenfalls die Gefahr von Kronenbrüchen oder Astausbrüchen (Abb. 8.17).

8.2.26 Sophora japonica

Bislang hat sich der **Schnurbaum** zumindest in milderen Gegenden als stadtgeeignet erwiesen, mit wuchsbedingten Einschränkungen im Hinblick auf die Verwendung als Straßenbaum. *Sophora japonica* ist in der Jugend spätfrostanfällig und leidet auch unter Frühfrösten sowie sehr kalter, trockener Winterwitterung. In seiner Heimat und inzwischen auch in Europa und Nordamerika gibt es diverse Blatt- und Triebkrankheiten, die jedoch nichts an der Einschätzung als stadtklimafeste Baumart ändern. Der Schnurbaum ist generell gegen *Verticillium* anfällig und wird gerne von der Maulbeerschildlaus *(Pseudaulacaspis pentagona)* befallen. Auf Grund von letzterem Schädling sind künftig Trieb- und Zuwachsschäden insbesondere im süddeutschen Raum zu erwarten. Ältere Bäume weisen an stärkeren Ästen und am Stamm öfters Befall durch den Zottigen Schillerporling *(Inonotus hispidus)* auf, der an *Sophora* ebenso wie an *Fraxinus* und *Sorbus* aggressiver als an *Platanus* ist und zu größeren Problemen mit der Bruchsicherheit führen kann. Der Sparrige Schüppling *(Pholiota squarrosa)* tritt gerne im Bereich des Stammanlaufs auf, verursacht aber eine eher langsam voranschreitende Weißfäule der Wurzeln und des unteren Stockbereichs, sodass die Standsicherheit noch längere Zeit gegeben sein kann.

8.2.27 Sorbus intermedia

Die **Schwedische Mehlbeere** hat sich im Gegensatz zur heimischen Eberesche insgesamt als gut verwendbare Stadtbaumart erwiesen. *S. intermedia* ist nicht so anfällig wie *S. aucuparia* gegen eine Reihe von Pilzerkrankungen der Blätter und daher für die Stadt besser geeignet. Dennoch kann es vereinzelt zum vorzeitigen Blattverlust durch Pilzarten wie *Sphaceloma sorbi* oder *Venturia inaequalis* (auch als Apfelschorf bekannt) kommen. *Sorbus intermedia* ist wie eine Reihe anderer Rosaceen anfällig für Feuerbrand *(Erwinia amylovora)*, aber in Städten ist der Infektionsdruck dieser meldepflichtigen Erkrankung generell geringer als z. B. in Obstbaugebieten. Der Befall durch den Zottigen Schillerporling *(Inonotus hispidus)* im Bereich von Stamm- und Astwunden ist an *Sorbus* deutlich gefährlicher als z. B. an Platane und führt oft zu Problemen mit der Verkehrssicherheit. An älteren Bäumen entstehen Weißfäulen im Wurzel- und Wurzelanlaufbereich durch den Sparrigen Schüppling *(Pholiota squarrosa)*, durch Lackporlinge (*Ganoderma* spec.) und seltener auch durch den Riesenporling *(Meripilus giganteus)*. Vor allem durch die beiden letzteren kann die Standsicherheit stark beeinträchtigt sein. Erwähnenswert ist, dass ein neuer, gefährlicher Quarantäneschädling, der Rundköpfige Apfelbaumbohrer *(Saperda candida)*, zum ersten Mal in Europa 2008 auf der Insel Fehmarn an *Sorbus intermedia* gefunden wurde, die neben anderen Rosaceen zu den bevorzugten Wirten zählt.

8.2.28 Taxus baccata

Insgesamt ist die **Eibe** ein sehr robustes, auch schnittfähiges Gehölz, das bislang i. d. R. ohne größere Schäden geblieben ist. Frisch gepflanzte Eiben sind allerdings sehr empfindlich gegen Staunässe. Daher muss vor allem in schweren Böden mit Bedacht gegossen werden, zumal Eibe anfällig für *Phytophthora*-Arten ist, die besonders durch zeitweilige Vernässung gefördert werden. Saugschäden durch die Eiben-Napfschildlaus *(Parthenolecanium pomeranicum)* an den Nadeln oder Deformationen der Knospen und Nadeln durch die Eiben-Gallmilbe *(Cecidophyopsis psilaspis)* sind gelegentlich zu beobachten. Ebenso kommt es durch verschiedene, im Einzelfall zu klärende Ursachen in letzter Zeit häufiger zum Absterben einzelner Seitentriebe mit entsprechender Beeinträchtigung der Ästhetik. Von den Nadelpilzen haben zwei Arten ein höheres Schadpotenzial, zum einen der imperfekte Pilz *Cryptocline taxicola*, zum anderen der Askomyzet *Guignardia philoprina* (Nebenfruchtform *Phyllosticta concentrica*). In beiden Fällen kommt es bei Vorliegen hoher Luftfeuchtigkeit bzw. Dauerfeuchte (z. B. durch häufiges Rasensprengen in der Nähe von *Taxus*-

Hecken) zu Nadelverbräunungen und Triebsterben. Ältere Eibennadeln reagieren auf Rückschnitt mit Rötung und Absterben, ebenso kann es nach trocken-kalter und strahlungsintensiver Winterwitterung zur Rötung ganzer Kronen kommen. Die Regenerationsfähigkeit der Eibe führt aber i. d. R. zur Wiederbegrünung geschädigter Bäume. Ältere Eiben mit Stammschäden und Astungswunden werden gerne vom Schwefelporling *(Laetiporus sulphureus)* befallen. Auch der Kiefern-Feuerschwamm *(Phellinus pini)*, der einen an mehreren Nadelhölzern auftretenden Artenkomplex bildet, befällt Eibenkernholz und verursacht eine langsam voranschreitende Weißlochfäule sowie gelegentlich auch auffällige Stammkrebse.

8.2.29 Tilia cordata, T. platyphyllos, T. × vulgaris

Trotz vereinzelter, meist standortbedingter Probleme sind die **heimischen Lindenarten** nach wie vor als Stadtbaum gut geeignet. Linde als besonders guter Abschotter belegt durch ihre Langlebigkeit, dass sie mit Krankheiten und Schäden im Prinzip gut umgehen kann.

In warmen Innenstadtlagen und nach warm-trockenen Witterungsphasen kommt es an den Blättern oft zu starken Saugschäden, Blattaufhellungen und zum vorzeitigen Abfallen von Blättern durch die Lindenspinnmilbe *(Eotetranychus tiliarum)*. Blattlausbefall und damit die Absonderung von Honigtau ist bei *Tilia × europaea* und *T. platyphyllos* ausgeprägter als bei *T. cordata* und vielen anderen Lindenarten. Blattflecken werden von verschiedenen pilzlichen Erregern verursacht, u. a. von *Apiognomonia tiliae, Asteromella tiliae, Cercospora microsora* und *Didymosphaeria petrakiana*. Seit einigen Jahren breitet sich die aus Asien stammende Lindenminiermotte *(Phyllonorycter issikii)* aus, die zu typischen Blattminen führt, aber auf Grund von Gegenspielern vermutlich keine hohe Bedeutung erlangen wird. Die Larven der Kleinen Lindenblattwespe *(Caliroa annulipes)* verursachen einen Schabe- und Fensterfraß auf der Blattunterseite, der in starken Befallsjahren zu einer weitgehenden Entlaubung junger Bäume führen kann. Stark besonnte untere Stammpartien auf der Stamm-Südseite werden bei vorgeschädigten und an Trockenheit leidenden Bäumen gerne vom wärmeliebenden Lindenprachtkäfer *(Lampra rutilans)* befallen. Die Wollige Napfschildlaus *(Pulvinaria regalis)* bevorzugt neben Ahorn und Rosskastanie die Linde.

An Jungbäumen kommt es in den ersten Jahren nach der Pflanzung wie bei Ahorn, Rosskastanie und anderen Laubgehölzen öfter zu Rindenrissen und Rindennekrosen, weswegen Stammschutz empfohlen wird. Nach umfangreicheren Stammschäden an Jungbäumen wird das Holz oft vom Spaltblättling *(Schizophyllum commune)* befallen, was zur Bruchanfälligkeit führen kann (Abb. 8.18). Probleme gibt es seit etwa 2006 auf trockenen, verdichteten, kontinental beeinflussten Standorten, wo nach kalten Wintern das von dem Pilz *Stigmina pulvi-*

Abb. 8.18. Abiotisch bedingte Rindenschäden an der Südseite einer jungen Straßenlinde mit Sekundärbefall und Weißfäule durch den Spaltblättling (Schizophyllum commune).

nata ausgelöste Stigmina-Triebsterben auftritt. Dieses wird zunächst in der äußeren Krone sichtbar und umfasst ein bis mehrere Jahrestriebe. Im Verlauf des Sommers kommt es je nach Vitalität des Baumes zu mehr oder weniger kräftigen Regenerationstrieben aus inneren Kronenpartien und damit zu einer Verbuschung der Krone. Die unterschiedlichen Lindenarten und -sorten sind offenbar unterschiedlich anfällig; Sommerlinden und Sorten mit geringerer Frost- und Trockenheitstoleranz scheinen etwas stärker befallen zu werden als Winterlinden. Die Erfahrungen der letzten Jahre zeigen aber, dass auf Standorten, die für die Linde ungeeignet sind bzw. die zu wenig durchwurzelbares Bodenvolumen aufweisen, beide Arten erkranken können.

An älteren Astungs- und Stammwunden verursacht der Hochthronende Schüppling *(Pholiota aurivella)* eine meist lokale, langsam voranschreitende Weißfäule. Problematischer ist Befall durch den Schuppigen Porling *(Polyporus squamosus)*, vor allem im Bereich von Vergabelungen und Stammköpfen. Linden können weniger gut als andere Bäume Befall durch den Brandkrustenpilz *(Kretzschmaria deusta)* kompartimentieren, weswegen dessen Fruchtköper stets Anlass für eine kritische Überprüfung der Stand- und Bruchsicherheit sein sollten. Im Gegensatz zur landläufigen Meinung kommt Befall durch

Brandkrustenpilz nicht immer nur im Stammfußbereich vor, sondern gelegentlich auch isoliert weiter oben, z. B. im Bereich alter Stammköpfe. Fruchtkörper von Lackporlingen (*Ganoderma* spec.) im Bereich des Stammfußes können ebenfalls auf Probleme mit der Standsicherheit hindeuten.

8.2.30 Ulmus glabra, U. laevis, U. × hollandica

Prinzipiell sind die **heimischen Ulmen**-Arten und auch -Hybriden für verschiedene Standorte im urbanen Raum und an Straßen gut geeignet. Dominierender Faktor im Hinblick auf die weitere Verwendung heimischer Ulmen ist die Ulmenwelke. Verursacher ist *Ophiostoma ulmi* bzw. seit Ende der 1960er Jahre der noch aggressivere *O. novo-ulmi*, Gefäßparasiten, die seit Beginn des 20. Jahrhunderts einen Seuchenzug unter den europäischen und nordamerikanischen Ulmenarten ausgelöst haben. Als Vektor (Überträger) fungieren Borkenkäfer-Arten, die im absterbenden Holz befallener Bäume brüten und den Pilz beim Reifungsfraß auf gesunde Bäume übertragen. Daher kommt dem Totholz-Management bei heimischen Ulmen höchste Priorität zu. Auch über das Wurzelsystem sowie durch Schnittverletzungen wird der Erreger übertragen. Höchst anfällig sind bei uns Feld- und Berg-Ulme, während die Flatter-Ulme weniger anfällig ist bzw. von den Vektoren weniger angeflogen wird. Asiatische Ulmen wie die Sibirische Ulme *(U. pumila)* sind resistent. Die Resistenzzüchtungen heimischer Ulmen aus der Mitte des 20. Jahrhunderts sind z. T. anfällig gegen die aggressivere Form des Pilzes, aber neuere Züchtungen besitzen den sehr hohen Resistenzgrad ihrer asiatischen Eltern und können im urbanen Raum ohne weiteres verwendet werden. Neuerdings werden Blattschäden an *Ulmus* spec. durch die eingeschleppte japanische Ulmenblattwespe *(Aproceros leucopoda)* verursacht, die sowohl heimische als auch fremdländische Ulmen befällt und noch ohne wesentliche Gegenspieler ist. Die Larven verursachen einen zickzack-artigen Fraß in der Blattspreite, danach häufig Kahlfraß. Durch nachfolgende Generationen des Schädlings kann auch der Wiederaustrieb der Bäume befressen werden.

9 Lebewesen auf Bäumen: Misteln

(unter Mitarbeit von Britt Grundmann und Ulrich Pietzarka)

In jüngerer Zeit fällt ein ansonsten eher wenig beachtetes Gehölz auf vielen Baumarten durch seine anscheinend massenhafte Ausbreitung insbesondere in Städten auf (Abb. 9.1): die Weißbeerige Mistel (*Viscum album* L.). In der Vergangenheit verehrt und vielseitig genutzt, wird sie heute eher als störender Parasit empfunden. In einigen deutschen Großstädten werden sogar Bekämpfungsstrategien entwickelt, um den Stadtbaumbestand zu schützen. Um dieses eigentlich faszinierende Gehölz überhaupt handhaben zu können, muss man sich näher mit seiner Biologie und Ökologie beschäftigen.

Viscum album wird auf Grund ihrer Wirtsspezifität und geringer äußerlicher Unterschiede in drei Unterarten unterteilt: *V album* ssp. *album* (Laubholz-Mistel), *V. album* ssp. *austriacum* (Kiefern-Mistel) und *V. album* ssp. *abietis* (Tannen-Mistel). Die Mistelunterarten ste-

Abb. 9.1. Absterbende Hybrid-Pappel mit Laubholz-Misteln.

Abb. 9.2. Mistelbüsche in der Krone eines Kultur-Apfels.

hen teilweise auf den Roten Listen einiger Bundesländer, z. B. die Laubholz-Mistel in Mecklenburg-Vorpommern und Schleswig-Holstein, die Tannen-Mistel in Bayern, Sachsen und Thüringen, die Kiefern-Mistel in Mecklenburg-Vorpommern und Brandenburg. Die Mistel (*V. album* incl. Unterarten) ist in Deutschland jedoch keine geschützte Art, denn Rote Listen dienen bisher nur der Dokumentation des Gefährdungsgrades, sind hingegen keine Verzeichnisse geschützter Arten.

Die Laubholz-Mistel (im Folgenden kurz als Mistel bezeichnet) ist die einzige für Stadtbäume bedeutsame der drei Unterarten.

Die Mistel ist ein immergrüner, kugeliger Strauch in der Krone von Bäumen, sie kann einen Durchmesser von 1–1,5 m erreichen und etwa 30 Jahre alt werden (Abb. 9.2). Die Ausbreitung in der Wirtskrone ist auch durch vegetative Vermehrung möglich und so ein Alter von bis zu 70 Jahren erreichbar. An der Basis können die Sprosse 5–8 cm dick und Jahrestriebe bis zu 15 cm lang werden. Die ältesten Langtriebe (nahe am Wirtsast) sind i. d. R. die längsten, zur Peripherie der Mistelkrone werden die Triebe kürzer und auch dicker. Die Triebe der Mistel sind grün, rund und kahl. Sie bilden keine Borke und sind somit bis ins hohe Alter befähigt, Photosynthese zu betreiben.

Die wintergrünen derb-ledrigen **Blätter** erreichen ein durchschnittliches Alter von 17 Monaten und werden meist nach dem Auswachsen der neuen Blätter des Folgejahres im Spätsommer bis Frühherbst abgeworfen, bisweilen mit massivem Blattabwurf innerhalb weniger Tage.

Die **Früchte** der Mistel sind weiße bis gelbliche Beeren, am Aufbau der Fruchtwand ist die Blütenachse beteiligt. Die weiße Farbe scheint ein Schutz vor Erwärmung zu sein, durch den eine zu frühzeitige Keimung verhindert wird. Die mittlere Fruchtwand besteht aus viscinhaltigem Schleim, welcher wichtig für die Verbreitungsstrategie der Mistel ist: dieser sorgt für ein Festkleben des Samens an einem Wirtsast. Im November/Dezember reifen die Früchte, obwohl die Samen in den

Abb. 9.3. Mistelsamen mit Schleimhülle an Spitz-Ahorn.

Abb. 9.4. Mistelkeimling am Ast einer Hybrid-Pappel.

noch grünen unreifen Früchten im Herbst bereits keimfähig sind. Eine Frucht der Laubholz-Mistel kann bis zu fünf Embryonen enthalten, die sich alle zu selbstständigen Pflanzen entwickeln können. So kann es vorkommen, dass aus mehreren Einzelindividuen große Mistelbüsche entstehen.

Ab März/April beginnen die Mistelsamen bei Temperaturen von 8–10 °C zu keimen, die optimale Temperatur liegt bei 15–20 °C. Eine wesentlich größere Rolle spielen jedoch ausreichende Lichtverhältnisse. Sogar noch innerhalb der am Zweig hängen gebliebenen Früchte beginnen sie zu wachsen, wobei der **Keimling** die Fruchtwand allerdings nicht selbständig durchdringen kann. Die Mistel ist in ihrer Ausbreitung auf die Unterstützung durch Vögel angewiesen, die den Samen von der äußeren Fruchtwand befreien und ihn gegebenenfalls auf einer geeigneten Keimunterlage hinterlassen. Klebt ein Samen mit dem viscinhaltigen Schleim an einem Wirtsast (Abb. 9.3), wächst die Keimlingswurzel durchschnittlich 5–6 mm weit, bis sie sich negativ phototrop zur Wirtsrinde hinbiegt (Abb. 9.4). Auf Grund seines hohen Fettgehalts ist der Keimling frosttolerant bis zu −15 °C. Bei Kontakt mit einer geeigneten Keimgrundlage drückt sich die leicht geschwollene Wurzelspitze an die Wirtsrinde und verbreitert sich zu einer Haftscheibe. Es wird eine viskose Flüssigkeit abgeschieden, die als Klebstoff dient, verhärtet und den Keimling an der Unterlage festhält. Dieser Prozess dauert bis zu 60 Tage. Anschließend ist die äußerlich sichtbare Entwicklung der Mistelpflanze für das erste Jahr i. d. R. abgeschlossen.

Während der Ausdehnung und Verbreiterung der Haftscheibe wird das äußere Gewebe der Wirtsrinde auseinandergerissen, und die äußeren Schichten des Wirtsbastes werden durchdrungen. Neben dieser rein mechanischen Aktivität tritt auch eine enzymatische Auflösung der Zellen hinzu. Das Eindringen erfolgt auch im Bereich von Lenticellen, Seitenknospen oder Blattachseln.

Der **Primärsenker** (Primärhaustorium) dringt aktiv durch den Bast bis zum Kambium des Wirtsastes vor. Dies geschieht etwa zeitgleich mit der Entfaltung der Primärblätter. Dort angekommen synchronisiert sich die Zellteilungsaktivität des Mistelsenkers mit der des Wirtskambiums. Es wird ein Sekundärkambium auf Höhe des Wirtskambiums gebildet, um das Mitwachsen der Mistel mit dem Radialwachstum des Astes zu gewährleisten und eine wachstumsinduzierte Trennung der beiden Gewebe zu verhindern. Die Mistel passt sich somit hier an das jahreszeitliche Wachstum des Wirtes an. Bis zu diesem Entwicklungsstadium geschieht die Aufnahme von Wasser und Nährsalzen über die Oberfläche des Keimlings und im Wirtsgewebe durch Osmose. Die Verbindung der wasserleitenden Systeme des Wirtes und der Mistel (Abb. 9.5) geschieht durch ein aktives Vorwölben der Misteltracheiden in die Tracheen und Tracheiden des Wirtes. Somit ist eine kontinuierliche Verbindung zwischen dem Wasserleitsystem des Wirtes und den Blättern der Mistel hergestellt. Der Primärsenker dringt nun nicht weiter in das Wirtsholz vor, sondern wird von diesem umwachsen.

Ausgehend vom Primärsenker bilden sich parallel und senkrecht zur Achse des Wirtsastes Rindenstränge. Diese verlaufen im Rinden- und Phloemgewebe des Wirtes und bilden jährlich 2–3 Sekundärsenker, die genau wie das Primärhaustorium bis zum Kambium wachsen und anschließend vom Wirtsast umwachsen werden. Die stammwärtige Entwicklung der Rindenstränge ist häufig stärker ausgeprägt. Die äußeren Zellen an der Spitze des Rindenstranges zeigt eine funktionale Parallele zu der Wurzelhaube autotropher Pflanzen, es besteht jedoch keine Homologie mit echten Wurzeln. Netzförmig umspannen die Rindenstränge den Wirtsast (Abb. 9.6) und bilden so mit dem Primärsenker das haustoriale System. Das Wachstum der Rindenstränge ist kontinuierlich und beträgt etwa 7–10 mm pro Jahr, sie erreichen mittlere maximale Längen von 10 cm und sind chlorophyllhaltig. Sie verfügen über eigene Xylem- und Phloembahnen, wobei aber keine Verbindung zwischen dem Phloemparenchym der Mistel und des Wirtes besteht. Durch das haustoriale System kommt es zum Anschwellen des Wirtsastes (Abb. 9.7). An den Sekundärsenkern können sich Adventivsprosse bilden, sodass sich die Mistel ortsgebunden vegetativ ausbreiten kann, insbesondere bei Verlust des Primärsprosses z. B. nach dessen Abschneiden. Auch über Proventivknospen kann die Mistel wieder austreiben.

Die Etablierung einer Mistel geschieht nicht ohne **Gegenreaktionen des Wirtsbaumes**. Diese Gewebeveränderungen können das Eindringen des Primärhaustoriums erschweren oder sogar verhindern. Dabei ist die Stärke der Reaktion des Baumes abhängig von Faktoren wie Vitalität, Alter und genetischen Voraussetzungen. Wie die Wirtsempfänglichkeit ist auch die Infektiösität von *V. album* unterschiedlich. Grundsätzlich gilt, dass ein sehr vitaler wüchsiger Wirtsbaum weniger von Misteln betroffen ist als ein geschwächter.

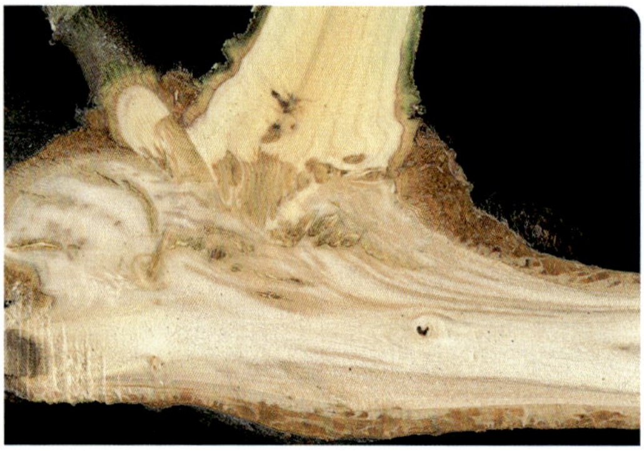

Abb. 9.5. Verbindungsstelle Laubholz-Mistel im Ast einer Hybrid-Pappel.

Abb. 9.6. Mistel-Rindenstränge an Hybrid-Pappel.

Der Degenerationsprozess der Mistel erstreckt sich über einen langen Zeitraum (etwa 10–15 Jahre). Durch den strikt dichasialen Verzweigungsmodus werden jedes Jahr etwa doppelt so viele terminale Sprosselemente gebildet wie im Jahr zuvor, dementsprechend nimmt die Anzahl der neu gebildeten Laubblätter exponentiell zu. So setzt der Prozess der Degeneration ein, wenn die Transportkapazitäten der Leitbahnen an ihre Grenzen geraten. Darüber hinaus können auch mechanische Probleme entstehen. Es kommt sukzessive zum Verlust von Sprossteilen, bis zuletzt der Primärspross der Mistel abstirbt. Entferntere Teile des Haustoriums und Sekundärsprosse können jedoch noch Jahrzehnte weiter leben.

9.1 Mistel/Wirt-Interaktion

Ursprünglich wahrscheinlich aus Wurzelparasiten entstanden, ist *V. album* ein epiphytischer Sprossparasit. Da die Mistel zur Photosynthese befähigt ist, gilt sie als **Hemiparasit**. Im Gegensatz zu anderen Halbparasiten ist die Mistel jedoch zur Bildung des ersten Blattpaares vollständig auf einen Wirt angewiesen (obligater Parasit). Durch den direkten Anschluss an die Xylembahnen des Wirtes bezieht die Mistel Wasser und darin gelöste Nährsalze (Nährsalzparasit). Je nach artspezifischem Mineralgehalt des Wirtsbaumes entnimmt die Mistel ihrem Wirt bedeutende Mengen an Mineralstoffen. So entzieht eine Laubholz-Mistel dem Wirtsbaum Pappel 9 g Mineralien je 100 kg Trockensubstanz. Die Laubholz-Mistel ist in dieser Hinsicht nachteiliger für ihren Wirt als die Nadelholz-Misteln. Zwischen dem Phloem der Mistel und des Wirtes besteht keine Verbindung, und es findet kein nennenswerter Austausch von Assimilaten statt. Bei Untersuchungen des Mineralstoffhaushaltes der Mistel im Vergleich zu ihrem Wirt fällt auf, dass *V. album* größere Mengen an Kalium akkumuliert (etwa 3-mal so viel wie der Wirt). Der Transport von Kalium über die Xylem- sowie die Phloembahnen führt zu einer Umverteilung und Anreicherung des Kaliums innerhalb der Mistel. Calcium wird dagegen nur über die Xylemleitungen transportiert. Unterschiedliche Calciumge-

Abb. 9.7. Anschwellung der Mistel-Ansatzstelle am Ast einer Eberesche.

halte in Mistel und Wirt geben daher Aufschluss über die verschiedenen Transpirationsraten. Die Mistel hat gegenüber ihrem Wirt stets eine **erhöhte Transpirationsrate**. Diese hohen Raten werden wahrscheinlich benötigt, um den Stickstoffbedarf der Mistel zu decken, denn wachsen Misteln auf stickstofffixierenden Wirten wie z. B. Robinie, haben sie etwa die gleiche Transpirationsrate wie der Wirt. Stickstoff ist der wichtigste limitierende Wachstumsfaktor der Misteln. Bereits in den 1960er Jahren wurde entdeckt, dass die Mistel selbst nach Laubabwurf des Wirtsbaumes die Leitbahnen des Wirtes noch durch hohe Transpirationsraten zur eigenen Wasserversorgung nutzen kann, bis dies durch Frost verhindert wird.

Das Verbreitungsgebiet der Laubholz-Mistel zeigt einen deutlichen Schwerpunkt in milden, luftfeuchten Gebieten und ist dort im Einzelnen vor allem von der Ökologie der Wirtspflanzen abhängig. Mistelblätter sind im Winter bis zu −20 °C frosthart. Die **Frosthärte**, die im Sommer natürlich nicht ausgeprägt ist, wird über die Konzentration bestimmter Inhaltsstoffe gesteuert.

Als Wirtsgehölze wurden bisher 452 Baumarten/-unterarten aus 96 Gattungen und 44 Familien festgestellt, auf denen *V. album* parasitiert – darunter natürlich auch viele fremdländische Arten, die im Verbreitungsgebiet der Mistel kultiviert werden (Tab. 9.1). Besonders mistelempfänglich sind einige Hybrid-Pappeln, gefolgt von Linde, Weide, weiteren Pappelarten, Apfelbaum, Robinie, Ahorn und Birke. Andererseits gibt es auch wenige Baumarten, die gar nicht besiedelt werden, z. B. die Rot-Buche, oder selten wie Erle, Hainbuche, Ess-Kastanie, Eiche, Ulme, Esche.

Die Früchte und Samen der Mistel sind ein wichtiger Bestandteil der **Winternahrung vieler Vogelarten**. Unter den Vögeln, die sich von Mistelfrüchten ernähren, gibt es eine Gruppe, welche die Samen verbreitet, und eine, welche die Samen vernichtet. Zu der ersteren gehören die Mistel-Drossel, die Mönchs-Grasmücke, die Wacholder-Drossel und der Seidenschwanz. Samenvernichtende Arten finden sich vor allem unter den Meisen: die Tannen-, die Blau- und die

Sumpf-Meise sowie auch der Kleiber. Andererseits ist die Mistel für ihre Ausbreitung auf Vögel angewiesen. Eine Darmpassage der Samen ist für die Keimung aber nicht notwendig. Vielmehr ermöglicht das Aufreißen der äußeren Fruchtwand durch Anpicken oder Verschlucken der Früchte durch Vögel das erfolgreiche Keimen der Mistelsamen. Die Mistel-Drossel ist der wichtigste Vektor für die Mistelausbreitung in Mitteleuropa. Eine Drossel kann etwa 6–10 Früchte pro Mahlzeit verzehren. Bei entsprechenden Witterungsbedingungen und Nahrungsangeboten überwintert sie in großer Zahl. Aber auch regelmäßige Invasionen von Zugvögeln tragen zur Ausbreitung bei. Alle 10–11 Jahre kommt es in Mitteleuropa zu größeren Invasionen von Seidenschwänzen, was sehr wahrscheinlich abhängig vom heimischen Futterangebot im nordischen Überwinterungsgebiet ist. Die Mistel bietet dagegen von Jahr zu Jahr etwa ähnliche Beerenmengen und stellt daher ein geeignetes Ausweichfutter dar. Diese Seidenschwanz-Invasionen werden in Bayern z. T. für Ausbreitungswellen der Mistel verantwortlich gemacht.

Tab. 9.1: Wirtsbäume von Viscum album (nach Nierhaus-Wunderwald & Lawrence 1997).

Unterarten der Mistel	häufig besiedelte Baumarten	selten besiedelte Baumarten	sehr selten oder gar nicht besiedelte Baumarten
Tannen-Mistel (Viscum album ssp. abietis)	**Weiß-Tanne** (Abies alba)	–	–
Föhren-Mistel (Viscum album ssp. austriacum)	**Wald-Kiefer** (Pinus sylvestris) **Schwarz-Kiefer** (Pinus nigra) **Aufrechte Berg-Kiefer** (Pinus uncinata)	–	**Fichte** (Picea abies)
Laubholz-Mistel (Viscum album ssp. album)	**Linde** (Tilia spec.) **Weide** (Salix spec.) **Pappel** (Populus spec., vor allem einige Hybriden) **Apfel** (Malus spec.) **Mehlbeere** (Sorbus spec.) **Weißdorn** (Crataegus spec.) **Robinie** (Robinia pseudoacacia) **Ahorn** (Acer spec.) **Birke** (Betula spec.) u. a.	**Rot-Eiche** (Quercus rubra) **Erle** (Alnus spec.) **Haselnuss** (Corylus avellana) **Hainbuche** (Carpinus betulus) **Gemeine Hopfenbuche** (Ostrya carpinifolia) **Nussbaum** (Juglans spec.) **Zürgelbaum** (Celtis spec.) **Birnbaum** (Pyrus communis) **Mispel** (Mespilus germanica) **Felsenbirne** (Amelanchier spec.) **Prunus** spec. (z. B. Vogel-Kirsche) **Rosskastanie** (Aesculus hippocastanum) u. a.	**Buche** (Fagus sylvatica) **Edel-Kastanie** (Castanea sativa) **Eiche** (Quercus spec.) **Ulme** (Ulmus spec.) **Esche** (Fraxinus spec.) u. a.

Eine Veränderung der **Lebensweise einzelner Vogelarten** kann ebenfalls zu erhöhter Mistelausbreitung führen. So wird seit einigen Jahren beobachtet, dass die Sing-Drossel, eigentlich ein Zugvogel, zunehmend häufiger im Winter als Standvogel in Mitteleuropa bleibt und in den Mistelfrüchten eine willkommene Nahrung gefunden hat.

Freistehende oder lichtdurchflutete Randbäume werden von Vögeln bevorzugt, sodass diese oft stärkeren Mistelbewuchs zeigen. Mistel-, Wacholder-Drossel und Seidenschwanz verschlucken die Früchte im Ganzen und scheiden sie auf Grund ihres sehr kurzen Verdauungstraktes schnell wieder aus. Beim Seidenschwanz sind dies nur 7–15 Minuten, bei der Drossel maximal eine halbe Stunde. Rast- und Schlafplätze der Vögel zeigen häufig sehr hohe Misteldichten. Aus der Verweildauer und der Fluggeschwindigkeit (Drossel 35–45 km/h) lässt sich so ein Ausbreitungsradius von im Extrem maximal 20 km errechnen.

Oft werden die Samen mit dem Schnabel am Ast abgestrichen. Mitunter hängen lange Vogelkotfäden mit den klebrigen Samen von den Ästen. Die Mönchs-Grasmücke frisst lediglich die Fruchtwand und den daran haftenden leicht süßlichen Schleim. Der unverletzte Samen verbleibt mit dem Restschleim nahe der Futterstelle. Zurückgebliebene, von der Fruchtwand befreite und an den Zweigen haftende Mistelsamen werden häufig von kleineren Singvögeln wie den Meisen zerkleinert und gefressen. Sie picken insbesondere nach dem grünen, saftigen und nahrhaften Embryo, wobei es i. d. R. zu seiner Zerstörung kommt. Die Aktivität der Samen fressenden Vögel ist stark abhängig von der Jahreszeit. Im Dezember bis Februar werden auf Grund des mangelnden Nahrungsangebotes vermehrt Mistelsamen verzehrt. Auch das ausgekeimte Keimwürzelchen wird gerne von Meisen gefressen, da es vermutlich auf Grund seiner gebogenen Form einer grünen Spannerraupe ähnelt. So dienen mistelfressende Vögel auch als regulierender Faktor für die Ausbreitung der Mistel.

9.2 Nutzung, Mythologie und Brauchtum

V. album besitzt eine Vielzahl an medizinisch und pharmazeutisch interessanten Inhaltsstoffen. In Deutschland sind in etwa 40 Fertigarzneimitteln Mistelzubereitungen in Kombination mit anderen Auszügen aus z. B. Weißdorn oder Knoblauch enthalten. **Mistelpräparate** finden auch Anwendung bei Keuchhusten, Asthma und gewissen Formen von Krämpfen. In der empirischen Volksmedizin wird Misteltee bei Bluthochdruck, Schwindelgefühl und Gelenkerkrankungen verwendet. Auch in der Homöopathie findet die Mistel Anwendung. Besondere Bedeutung erlangte die Mistel in der anthroposophisch orientierten Medizin als Krebstherapeutikum bei der Behandlung verschiedener Krebserkrankungen sowie in der komplementärmedizinischen Krebsbehandlung.

Ein weiterer wirtschaftlicher Nutzen liegt in dem **weihnachtlichen Brauch**, Mistelzweige aufzuhängen. Zur Weihnachtszeit ist der Export von Mistelzweigen nach England bedeutsam.

Plinius der Ältere (23–79 n. Chr.) berichtet erstmalig von einem intensiv betriebenen **Mistelkult** der in der Eisenzeit (ca. 800 v. Chr.) lebenden Kelten. Obwohl Plinius nicht selbst in dieser Zeit lebte, schildert er jedoch sehr detailliert die keltische Verehrung der Mistel. So formuliert er darin, dass für „die Druiden (keltische Priester) nichts heiliger wäre als die Mistel und der Baum, auf dem sie wächst“ (Becker & Schmoll 1986). Insbesondere Eichen wurden bei den Volksgruppen der Kelten als besonders heilige Bäume angesehen. Die darauf siedelnde Mistel gab es zwar äußerst selten, fand man sie aber, dann galt sie als spezielle Himmelsgabe mit heilender Wirkung. Daraus hat sich die traditionelle Zeremonie der druidischen Mistelernte entwickelt.

Auch heute noch ist die Mistel mit einer hohen **symbolischen Bedeutung** verbunden, die sich in verschiedenen traditionellen Bräuchen widerspiegelt. Einerseits wird sie durch ihre immergrüne Erscheinung als Kälte und Dunkelheit überstehendes Lebenselixier verstanden, andererseits existieren aber auch zahlreiche sinnverwandte Worte und regional verbreitete Begriffe, wie Hexenbesen oder Druidennest, die auf etwas Mystisches, Magisches und teilweise sogar Bedrohliches hinweisen. Vielerorts werden auch heute noch Mistelzweige zum Schutz vor Dämonen und Geistern aufgehängt.

Noch bis zu Beginn des 20. Jahrhunderts glaubte man, dass die Mitnahme von Misteln in Zügen Entgleisungen verhindere. Auch meinte man, dass diese Pflanze vor Blitzeinschlägen und Feuer schütze. Einer ostpreußischen Überlieferung zufolge glaubte man sogar, dass an der Stelle, wo ein Baum-Hasel mit einer Mistel wuchs, ein Schatz vergraben sei.

Bis heute haben sich zahlreiche **Bräuche** und verschiedenartige Traditionen rund um die Mistel erhalten. Nach wie vor betrachtet und verehrt man sie als Wunder- und Heilpflanze, vor allem aber als Glücksbringer. Dies spiegelt sich nicht zuletzt in der in England weitverbreiteten Redensart „no mistletoe, no luck“ wieder. Von England und Frankreich ausgehend, wo der weihnachtliche Kult um die Mistel weitaus älter ist als der Weihnachtsbaum, verbreitete sich im 19. Jahrhundert der Brauch, Mistelzweige aufzuhängen. Traditionell darf jedes Mädchen, das darunter steht, geküsst werden.

9.3 Schäden am Wirtsbaum und ihre Verhinderung/Beseitigung

Nach dieser Übersicht zur Biologie, Ökologie und Nutzung der Mistel sollen nun abschließend die nachfolgenden häufigsten Fragen der Praxis zum Mistelbefall beantwortet bzw. diskutiert werden. Die Antworten ergeben sich z. T. bereits aus den obigen Ausführungen.

- Wie, wo, wann und mit welchen Folgen schädigt die Mistel ihren Wirtsbaum?
- Wird die Vitalität des Wirtsastes/-baumes durch die Mistel vermindert?
- Schadet die Mistel dem Wirtsbaum durch Wasser-/Nährstoffentzug?
- Kommt es im Bereich des Mistelansatzes zur Holzfäule?
- Ergeben sich Astbruchrisiken aus dem Gewicht der Mistel?
- Nimmt die Ausbreitung der Misteln derzeit zu?

Tritt die Mistel massenhaft auf, so kann sie zu Schädigungen an Einzelbäumen oder Baumbeständen führen. Stadtbaumbestände sind lokal (vor allem an einigen Hybrid-Pappeln) besonders starkem Mistelbefall ausgesetzt, durch den ihre Vitalität abnehmen kann bis hin zum Absterben von Ästen, Kronenteilen und ganzen Bäumen. Nachteilig dabei ist, dass die meisten Stadtbäume (z. B. Linde, Ahorn, Pappel, Robinie) besonders mistelhold sind, i. d. R. stärkerem Stress als Waldbäume ausgesetzt sind, durch Schnittmaßnahmen lichtere Kronen aufweisen und oft durch ihren Freistand beliebte Schlaf- und Rastplätze für Vögel darstellen.

Bei überalterten und schlecht gepflegten Streuobstwiesen tritt gelegentlich ein massiver Mistelbefall an Apfelbäumen auf, der mit zum vorzeitigen Absterben der Bäume beitragen kann.

Verbreitet herrscht derzeit der Eindruck, dass der Mistelbefall an Stadtbäumen zunimmt. Ob dies zutrifft, ist allerdings bisher nicht sicher geklärt. Ursachen dafür könnten z. B. sein:

- eine geringere Nutzung der Misteln als früher;
- eine Konkurrenzstärkung der Misteln durch stärker verlichtete Baumkronen infolge Stress oder Schnittmaßnahmen;
- eine Konkurrenzstärkung der Misteln durch geschwächte Wirtsbäume infolge von z. B. Trockenstress;
- eine Konkurrenzstärkung der Misteln infolge wärmerer Winter durch die immergrünen Blätter;
- veränderte Lebensgewohnheiten der Mistel verbreitenden Vögel, z. B. häufigeres Überwintern in den Städten.

Der Wasser- und Nährstoffbedarf der Mistel bedeutet einen gewissen Verlust für den Ast/Baum. Solange ausreichend Wasser und Nährstoffe vorhanden sind und der Mistelbfall moderat ist (eine Mistel pro Zweig bzw. bis zu 5–10 pro Baum), dürften diese Verluste aber vernachlässigbar sein. Bei starkem Befall, Trockenstress oder Nährstoffmangel allerdings wird es nicht mehr nebensächlich bleiben.

Eigene Untersuchungen zeigen, dass Äste/Bäume mit Misteln oft eine schlechtere Vitalität zeigen als unbefallene Äste desselben Baumes bzw. unbefallene Bäume (Abb. 9.1). Zu berücksichtigen ist dabei allerdings, dass auch die geringere Vitalität eines Baumes (Astes) zum verstärkten Mistelbefall führen kann und nicht der Mistelbefall die Ursache der schlechteren Vitalität sein muss. Bäume/Äste uneingeschränkter Vitalität können sich mit moderatem Mistelbfall lange Zeit arrangieren.

Eine Untersuchung des Astzuwachses hat ergeben, dass Äste mit Mistelbesatz z. T. einen erhöhten Durchmesserzuwachs aufweisen. Dies kann mit dem erhöhten Wasserbedarf oder dem zusätzlichen Gewicht durch die Mistel zu erklären sein.

Nennenswerte Fäulen im Bereich der Ansatzstelle der Mistel am Ast wurden nicht festgestellt (nur bei sehr starkem Befall mit absterbenden Ästen). Es kann zudem als unwahrscheinlich angesehen werden, dass die Misteln alleine durch ihr Gewicht zu Astbrüchen führen, denn die Etablierung auf dem Ast erfolgt ja sehr allmählich, sodass sich der Ast anpassen kann (vergleichbar einem zusätzlichen Seitenast). Lediglich Nassschnee kann ein erhöhtes Risiko zur Folge haben.

Die entstehenden Kosten einer Mistelbeseitigung sind nicht unerheblich, sodass nur durch die rechtzeitige Vorsorge bei noch geringem Befall der Stadtbaumbestand geschützt werden kann. Befallene Äste sollten bis 10 cm unterhalb der Befallsstelle abgeschnitten werden, um das Austreiben von Rindensträngen zu verhindern. Nach 2–3 Jahren ist ein Wiederholungsschnitt einzukalkulieren, um übersehene Misteln zu entfernen. Bei mittlerem Befall (5–10 vom Boden aus sichtbare Misteln pro Baum) sind meist einmalige Wiederholungsschnitte notwendig. Auf Grund der Kosten dieser Maßnahmen sind sie allerdings nur sinnvoll bei besonders wertvollen Bäumen. Der Erfolg von Schnittmaßnahmen ist i. d. R. auch von der Baumart abhängig. So kann der Mistelbefall bei Eschen und Hainbuchen durch Schnitte erfolgreich eingedämmt werden, während dies bei einigen Hybrid-Pappeln häufig ohne Erfolg bleibt, da sie besonders anfällig für Mistelbewuchs sind (Seiche 2009). Die effektivste Maßnahme bei starkem Mistelbefallrisiko ist die Pflanzung von standortgerechten Baumarten, die nur wenig oder nicht mistelanfällig sind (s. Tab. 9.1).

9.4 Fazit

Die Mistel ist ein ungemein faszinierendes Gehölz, vielleicht das ungewöhnlichste heimische überhaupt. Alleine dies kann uns einen gewissen Respekt vor ihrer Lebensweise und etwas mehr Toleranz gegenüber ihren Schäden an Wirtsbäumen abverlangen. Während die Mistel in früheren Zeiten verbreitet eine verehrte und wertvolle Pflanze war, gibt es heute in einigen deutschen Großstädten schon sog. „Mistelbekämpfungsstrategien“. Hier stellt sich die Frage, ob die Verhältnismäßigkeit noch gewahrt bleibt. Man kann zunächst davon ausgehen, dass die Mistel eher selten ihren Wirt umbringen wird, denn damit entzieht sie sich selbst die Lebensgrundlage. Wirklich kritisch wird es eigentlich nur bei einigen Hybrid-Pappeln, bei denen sich aber sowieso die Frage stellt, ob sie die geeigneten Stadtbaumarten sind.

Wer sich intensiv mit der Bedeutung in Medizin und Kunst sowie der (früheren) Verehrung der Mistel befasst hat, wird wegen der dadurch entstehenden Achtung vor diesem Gehölz wohl nicht mehr über Bekämpfungsstrategien nachdenken, sondern höchstens über eine begrenzte Nutzung. Eine interessante Möglichkeit der Konfliktentschärfung könnte der Schutz (der Bäume) durch Nutzung (der Mistel) sein: „Schützen durch Nützen“: Misteln lassen sich für medizinisch-naturheilkundliche Zwecke nutzen und in der Vorweihnachtszeit sehr erfolgreich verkaufen (s. oben). Auf diese Weise kann man zumindest einen Teil der Beseitigungskosten refinanzieren und die Mistelpopulation im Griff behalten. Beeindruckend ist die eigene Erfahrung, in welcher Geschwindigkeit geschnittene Mistelzweige verschwinden (durch Bürger/innen), wenn man sie im November oder Dezember nur einige Stunden frei zugänglich liegen lässt. Dies zeigt die enorme Wertschätzung der Art in der Bevölkerung.

10 Dank

Dieses Buch wäre nicht zustande gekommen ohne die vielfältige und wertvolle Unterstützung verschiedener Ämter, Institutionen und Einzelpersonen. Dafür bedanke ich mich sehr.

Als erstes sind hier die direkt an der Erarbeitung von Teilen des Buches Beteiligten Prof. Dr. Rolf Kehr (Göttingen) sowie Dr. Sten Gillner, Frau Dr. Britt Grundmann, Frau Dr. Sandra Korn und Dr. Ulrich Pietzarka (TU Dresden) zu nennen.

Besonders danken möchte ich weiter meiner gesamten Institutsmannschaft (insbesondere meiner Sekretärin Frau Andrea Haupt), verschiedenen Grünflächenämtern (vor allem dem Amt für Stadtgrün und Abfallwirtschaft der Stadt Dresden), sowie Herrn Jochen A. Pfisterer (Baden-Baden) für seine Hinweise zum Schnitt und Herrn Dr. Josef V. Herrmann (Veitshöchheim) für seine Zuarbeit zur Mykorrhizierung.

Dem Ulmer-Verlag danke ich für die hervorragende Kooperation bei der Umsetzung des Manuskriptes zum Buch, insbesondere Herrn Werner Baumeister, Herrn Thomas Eisele und Frau Karin Fricker.

Service

Literatur

Weiterführende Literatur (Kapitel 2)

BREIDBACH, O. (HRSG.) (1997): natur der ästhetik – ästhetik der natur. Springer, Wien/New York.

BRUNNER, M. (2007): Bedeutende Linden. Haupt, Bern/Stuttgart/Wien.

BUCHECKER, M. (2008): Welche Ansprüche hat die Bevölkerung an ihre Wohnumgebung? Forum f. Wissen 2008, 43–54.

BUCUR, V. (2006): Urban Forest Acoustics. Springer, Berlin/Heidelberg.

DEMANDT, A. (2002): Über allen Wipfeln – Der Baum in der Kulturgeschichte. Böhlau, Köln.

DGGL (DT. GES. F. GARTENKUNST U. LANDSCHAFTSKULTUR) (HRSG.) (2008): Garten und Gesundheit. DGGL-Jahrbuch 2008, 1–109.

DÖSER, M.; KUNERT, G. (2006): Vom Mythos alter Bäume. Ellert & Richter, Hamburg.

DONOVAN, R.; HEWITT, S. O.; OWEN, S.; MCKENZIE, R.; BRETT, H. (2011): The Development of an Urban Tree Air Quality Score (UTAQS). Müller, Saarbrücken.

FLORINETH, F. (2004): Pflanzen statt Beton – Handbuch zur Ingenieurbiologie und Vegetationstechnik. Patzer, Berlin/Hannover.

FORUM DIE GRÜNE STADT (HRSG.) (2008): Bäume und Pflanzen lassen Städte atmen. Ned.Work, Düsseldorf.

FREY, D.; HOYOS, C. G. (HRSG.) (2005): Psychologie in Gesellschaft, Kultur und Umwelt. Beltz, Weinheim/Basel.

GEBHARD, U. (1998): Stadtnatur und psychische Entwicklung. In: H. Sukopp, R. Wittig (Hrsg.): Stadtökologie. Fischer, Stuttgart et al., 105–124.

GÖVERT, F.-G. (2008): Bürgerbäume in Münster. Stadt+Grün 10, 52–53.

HANSMANN, R.; HUG, S.-M.; SEELAND, K. (2007): Restoration and stress relief through physical activities in forests and parks. Urb. For. Urb. Green. 6, 213–225.

HARDIN, P. J.; JENSEN, R. R. (2007): The effect of urban leaf area on summertime urban surface kinetic temperatures: a Terre Haute case study. Urb. For. Urb. Green. 6, 63–72.

HELLBRÜCK, J.; FISCHER, M. (1999): Umweltpsychologie. Hogrefe, Göttingen et al.

HELLER, E. (2004): Wie Farben wirken. Rowohlt, Reinbek.

KOCH, K. (1976): Der Baumtest – der Baum-Zeichenversuch als psychodiagnostisches Hilfsmittel. Huber, Stuttgart/Wien.

KONIJNENDIJK, C. C. (2008): The Forest and the City. Springer, Berlin/Heidelberg.

KONIJNENDIJK, C. C.; NILSSON, K.; RANDRUP, T. B.; SCHIPPERIJN, J. (2005): Urban Forests and Trees. Springer, Berlin/Heidelberg.

LAUDERT, D. (2009): Mythos Baum. 7. Aufl. BLV, München.

MADER, G.; NEUBERT-MADER, L. (2004): Bäume – Gestaltungsmittel in Garten, Landschaft und Städtebau. Komet, Köln.

MARTENS, D.; BAUER, N. (2008): Die Wirkung urbaner Wälder auf das psychische Wohlbefinden. Forum f. Wissen 2008, 81.

MCPHERSON, E. G.; SIMPSON, J. R. (2002): A comparison of municipal forest benefits and costs in Modesto and Santa Monica, California. Urb. For. Urb. Greening 1, 61–74.

NOHL, W. (2001): Landschaftsplanung. Patzer, Berlin/Hannover.

NOWAK, D. J.; CRANE, D. E.; STEVENS, J. C. (2006): Air pollution removal by urban trees and shrubs in the United States. Urb. For. Urb. Green.5, 115–123.

PRICE, C. (2003): Quantifying the aesthetic benefits of urban forestry. Urb. For. Urb. Green. 1: 123–133.

SANESI, G.; LAFORTEZZA, R.; BONNES, M.; CARRUS, G. (2006): Comparison of two different approaches for assessing the psychological and social dimensions of green spaces. Urb. For. Urb. Green. 5, 121–129.

SCHMEER, G. (2002): Heilende Bäume – Baumbilder in der psychotherapeutischen Praxis. 3. Aufl. Klett-Cotta, Stuttgart.

STÖLB, W. (2005): Waldästhetik. Kessel, Remagen.

THÖNNESSEN, M.; HELLACK, B. (2005): Staubfilterung durch Gehölzblätter. Stadt+Grün 12, 10–15.

TROWBRIDGE, P. J.; BASSUK, N. L. (2004): Trees in the Urban Landscape. Wiley, Hoboken New Jersey.

VDE (DT. VERBD. DER ERGOTHERAPEUTEN) (2007): Gartentherapie. Schulz-Kirchner, Idstein.

VELARDE, M. D.; FRY, G.; TVEIT, M. (2007): Health effects of viewing landscapes – landscape types in environmental psychology. Urb. For. Urb. Green. 6, 199–212.

VOLLMAR, K. (2005): Das große Handbuch der Farben. Königsfurt Verlag, Krummwisch.

WITTMANN, R.; ZWISSELI, J. (2008): Hofbäume. Ulmer, Stuttgart.

WÖBSE, H. H. (2002): Landschaftsästhetik. Ulmer, Stuttgart.

WOELM, E. (2006): Mythologie, Bedeutung und Wesen unserer Bäume. MV-Verlag, Münster.

Weiterführende Literatur (Kapitel 3)

GAIDA, W.; GROTHE, H. (2000): Gehölze – Handbuch für Planung aund Ausführung. Patzer, Berlin/Hannover.

KRÜSSMANN, G. (1970): Taschenbuch der Gehölzverwendung. Parey, Berlin/Hamburg.

ROLOFF, A.; WEISGERBER, H.; LANG, U. M.; STIMM, B. (HRSG.) (2012): Enzyklopädie der Holzgewächse. Wiley-VCH, Weinheim.

SOMMER, N. (2007): Gehölzsortimente und ihre Verwendung. Österr. Agrarverlag, Wien.

Weiterführende Literatur (Kapitel 4)

ASCHE, N. (2002): Standortgerechte Baumartenwahl für Nordrhein-Westfalens Wälder. LÖBF-Mitteilungen 2, 20–24.

BÄRTELS, A. (1991): Gartengehölze. Verlag E. Ulmer, Stuttgart.

DIETZE, P.; BEER, H.; BOHNE, B.; DIETZE, S. (2000): Gehölze für Garten und Landschaft. Ulmer, Stuttgart (CD + Handbuch).

ELLENBERG, H.; WEBER, H. E.; DÜLL, R.; WIRTH, V.; WERNER, W.; PAULISSEN, D. (1991): Zeigerwerte von Pflanzen in Mitteleuropa. Scripta Geobotanica 18, 1–248.

ELLENBERG, H.; LEUSCHNER, C. (2010): Vegetation Mitteleuropas mit den Alpen – in ökologischer, dynamischer und historischer Sicht. Ulmer, Stuttgart.

GAIDA, W.; GROTHE, H. (2000): Gehölze – Handbuch für Planung und Ausführung. Patzer, Berlin/Hannover.

GALK (GARTENAMTSLEITERKONFERENZ) (2012): GALK-Straßenbaumliste – AK Straßenbäume. www.galk.de [1.7.2012].

KIERMEIER, P. (1993): Die Lebensbereiche der Gehölze. Bund deutscher Baumschulen, Pinneberg.

KRÜSSMANN, G. (1970): Taschenbuch der Gehölzverwendung. Parey, Berlin/Hamburg.

ROLOFF, A.; BÄRTELS, A. (2008): Flora der Gehölze – Bestimmung, Eigenschaften, Verwendung. 3. Aufl. Ulmer, Stuttgart.

ROLOFF, A.; WEISGERBER, H.; LANG, U. M.; STIMM, B. (HRSG.) (2012): Enzyklopädie der Holzgewächse. Wiley-VCH, Weinheim.

SOMMER, N. (2007): Gehölzsortimente und ihre Verwendung. Österr. Agrarverlag, Wien.

WARDA, H.-D. (2001): Das große Buch der Garten- und Landschaftsgehölze. Bruns Pflanzen Export, Bad Zwischenahn.

Weiterführende Literatur (Kapitel 5)

BÄRTELS, A.; SCHMIDT, P.A. (2013): Enzyklopädie der Gartengehölze. Ulmer, Stuttgart.

BORCHARDT, W. (2010): Handbuch der Pflanzen im Garten- und Landschaftsbau. Patzer, Berlin/Hannover.

DUJESIEFKEN, D.; JASKULA, P.; KOWOL, T.; WOHLERS, A. (2005): Baumkontrolle unter Berücksichtigung der Baumart. Thalacker Medien, Braunschweig.

GAIDA, W.; GROTHE, H. (2000): Gehölze – Handbuch für Planung und Ausführung. Patzer, Berlin/Hannover.

GALK (Gartenamtsleiterkonferenz) (2012): GALK-Straßenbaumliste – AK Straßenbäume. www.galk.de [1.7.2012].

Krüssmann, G. (1970): Taschenbuch der Gehölzverwendung. Parey, Berlin/Hamburg.

Meyer, F.H. (Hrsg.) (1982): Bäume in der Stadt. Ulmer, Stuttgart.

Pfisterer, J.A.; Roloff, A. (2010): Katalog zur Kronenarchitektur von Gehölzen der temperierten Zone. Mitt. Dt. Dendrol. Ges. 95, 23–46

Roloff, A.; Bärtels, A. (2008): Flora der Gehölze – Bestimmung, Eigenschaften, Verwendung. Ulmer, Stuttgart.

Roloff, A.; Weisgerber, H.; Lang, U.M.; Stimm, B. (Hrsg.) (2012–1994): Enzyklopädie der Holzgewächse. Wiley-VCH, Weinheim.

Sommer, N. (2007): Gehölzsortimente und ihre Verwendung. Österr. Agrarverlag, Wien.

Wagenführ, R.(2007): Holzatlas. Fachbuchverlag, Leipzig.

Weiterführende Literatur (Kapitel 6)

Bärtels, A., 2001: Enzyklopädie der Gartengehölze. Ulmer, Stuttgart.

Bernhofer, C.; Franke, J.; Goldberg, V.; Küchler, W., 2007: Stadtklima- Klimaänderung: Was ist zu erwarten? In: Roloff, A., Thiel, D., Weiß, H. (Hrsg.): Urbane Gehölzverwendung im Klimawandel und aktuelle Fragen der Baumpflege. Forstwissenschaftliche Beiträge Tharandt Beiheft 6, 10–14.

Böll, S.; Körber, K.; Schönfeld, P. (2010): Zur Auswahl von Baumarten unter dem Aspekt des Klimawandels: Das Projekt „Stadtgrün 2021“. In: Dujesiefken, A. (Hrsg.): Jahrbuch der Baumpflege 2010, Heymarket Media, Braunschweig, 300–305.

GALK (Gartenamtsleiterkonferenz), 2012: GALK-Straßenbaumliste – AK Straßenbäume. www.galk.de [1.7.2012].

Heinze, W.; Schreiber, D., 1984: Eine neue Kartierung der Winterhärtezonen für Gehölze in Mitteleuropa. Mitt. Dt. Dendrol. Ges. 75, 11–56.

INKA-BB (Innovationsnetzwerk Klimaanpassung Brandenburg Berlin) (2012): Alleen der Zukunft, TP09. www.inka-bb.de [1.7.2012].

Kiermeyer, P., 1995: Die Lebensbereiche der Gehölze. Verlagsges. Grün ist Leben, Pinneberg.

Roloff, A., 2006: Bäume in der Stadt – was können sie fernab des Naturstandortes ertragen? Forst u. Holz 61, 350–355.

Roloff, A.; Bärtels, A., 2008: Flora der Gehölze – Bestimmung, Eigenschaften, Verwendung. Ulmer, Stuttgart.

Roloff, A.; Rust, S., 2007: Reaktionen von Bäumen auf die Klimaänderung und Konsequenzen für die Verwendung. In: Roloff, A.; Thiel, D.; Weiß, H. (Hrsg.): Urbane Gehölzverwendung im Klimawandel und aktuelle Fragen der Baumpflege. Forstw. Beitr. Tharandt Beiheft 6, 16–28.

Roloff, A.; Weisgerber, H.; Lang, U.M.; Stimm, B. (Hrsg.), 2012–1994: Enzyklopädie der Holzgewächse. Wiley-VCH, Weinheim.

Universität Wageningen (2012): Het gebruikswaardeonderzoek Straat- en Laanbomen. www.straatboomen.nl [1.7.2012].

Warda, H.-D., 2001: Das große Buch der Garten- und Landschaftsgehölze. Bruns Pflanzen, Bad Zwischenahn.

Weeks, S.S.; Weeks, H.P.; Parker, G.R., 2005: Native Trees of the Midwest – Identification, Wildlife Values, and Landscaping Use. Purdue University Press, West Lafayette.

Wittig, R., 1991: Ökologie der Großstadtflora – Flora und Vegetation der Städte des nordwestlichen Mitteleuropas. Fischer, Stuttgart.

Weiterführende Literatur (Kapitel 7)

Borghetti, M.; Grace, J.; Raschi, A. (1993): Water Transport in Plants under Climatic Stress. Cambridge University Press, Cambridge.

Bréda, N.; Huc, R.; Granier, A.; Dreyer, E. (2006): Temperate forest trees and stands under severe drought: a review of ecophysiological responses, adaptation processes and long-term consequences. Ann. For. Sci. 63, 625–644.

Bresinsky, A.; Körner, C.; Kadereit, J.W., Neuhaus, G., Sonnewald, U. (2008): Strasburger Lehrbuch der Botanik. 36. Aufl. Spektrum Akademischer Verlag, Heidelberg/Berlin.

GILLNER, S., 2012: Stadtbäume im Klimawandel – Dendrochronologische und physiologische Untersuchungen zur Identifikation der Trockenstressempfindlichkeit häufig verwendeter Stadtbaumarten in Dresden. Diss. Fachr. Forstwissenschaften TU Dresden.

GRIMSHAW, J.; BAYTON, R. (2009): New Trees. Royal Botanic Gardens, Kew.

HESS, D. (2008): Pflanzenphysiologie. 11. Aufl. Ulmer, Stuttgart.

KRAMER, P. J.; BOYER, J. S. (1995): Water Relations of Plants and Soils. Academic Press, San Diego et al.

LAMBERS, H.; CHAPIN, F. S.; PONS, T. L. (1998): Plant Physiological Ecology. Springer, New York.

LARCHER, W. (2001): Ökophysiologie der Pflanzen. 6. Aufl. Ulmer, Stuttgart.

LÖSCH, R. (2003): Wasserhaushalt der Pflanzen. 2. Aufl. Quelle & Meyer, Heidelberg.

LÜTTGE, U., KLUGE, M., BAUER, G. (2005): Botanik. 5. Aufl. Wiley-VCH, Weinheim.

MATYSSEK, R.; FROMM, J.; RENNENBERG, H.; ROLOFF, A. (2010): Biologie der Bäume. Ulmer, Stuttgart.

NULTSCH, W. (2002): Allgemeine Botanik. 12. Aufl. Thieme, Stuttgart/New York.

RAVEN, P. H.; EVERT, R. F.; EICHHORN, S. E. (2006): Biologie der Pflanzen. 4. Aufl. de Gruyter, Berlin/New York.

ROLOFF, A. (2010): Bäume – Lexikon der Angewandten Baumbiologie. Wiley-VCH, Weinheim.

ROLOFF, A.; BÄRTELS, A. (2008): Flora der Gehölze – Bestimmung, Eigenschaften, Verwendung. 3. Aufl. Ulmer, Stuttgart.

ROLOFF, A.; RUST, S. (2007): Reaktionen von Bäumen auf die Klimaänderung und Konsequenzen für die Verwendung. In: Roloff, A.; Thiel, D.; Weiß, H. (Hrsg.): Urbane Gehölzverwendung im Klimawandel und aktuelle Fragen der Baumpflege. Forstwiss. Beitr. Tharandt Beiheft 6, 16–28.

ROLOFF, A.; WEISGERBER, H.; LANG, U. M.; STIMM, B. (HRSG.) (2012): Enzyklopädie der Holzgewächse. Wiley-VCH, Weinheim.

SAKAI, A.; LARCHER, W. (1987): Frost Survival of Plants. Springer, Berlin et al.

SANCHEZ-DIAZ, M.; TAPIA, C.; ANTOLIN, M. C. (2008): Abscisic acid and drought response of Canarian laurel forest tree species growing under controlled conditions. Environm. Experim. Botany 64, 55–161.

SCHULZE, E.-D.; BECK, E.; MÜLLER-HOHENSTEIN, K. (2002): Pflanzenökologie. Spektrum Akademischer Verlag, Heidelberg/Berlin.

WITTIG, R. (2002): Siedlungsvegetation. Ulmer, Stuttgart.

Weiterführende Literatur (Lehrbücher, Bild- und Bestimmungswerke, Kapitel 8)

ALFORD, D. V. (1997): Farbatlas der Schädlinge an Zierpflanzen. Enke, Stuttgart.

BRAUNS, A. (1991): Taschenbuch der Waldinsekten. 4. Aufl. Fischer, Stuttgart.

BUTIN, H. (2011): Krankheiten der Wald- und Parkbäume. 4. Aufl. Ulmer, Stuttgart.

BUTIN, H.; NIENHAUS, F.; BÖHMER, B. (2010): Farbatlas Gehölzkrankheiten. 4. Aufl. Ulmer, Stuttgart.

DUJESIEFKEN, D.; JASKULLA, P.; KOWOL, T.; WOHLERS, A. (2005): Baumkontrolle unter Berücksichtigung der Baumart. Thalacker Medien, Braunschweig.

EBNER, S.; SCHERER, A. (2003): Die wichtigsten Forstschädlinge. 2. Aufl. Stocker, Graz.

ERWIN, D. C.; RIBEIRO, O. K. (1996): Phytophthora Diseases Worldwide. APS Press, St. Paul, Minnesota, USA.

GALK (GARTENAMTSLEITERKONFERENZ) (2012): GALK-Straßenbaumliste – AK Straßenbäume. www.galk.de [1.7.2012].

HARTMANN, G.; NIENHAUS, F.; BUTIN, H. (2007): Farbatlas Waldschäden. 3. Aufl. Ulmer, Stuttgart.

HOFFMANN, G. M.; NIENHAUS, F.; PÖHLING, H.-M. (1994): Lehrbuch der Phytomedizin. 3. Aufl. Blackwell, Berlin.

JAHN, H. (1979): Pilze die an Holz wachsen. Busse, Herford.

JOHNSON, W. T.; LYON, H. H. (1994): Insects that feed on trees and shrubs. 2. Aufl. Comstock Publishing, Cornell University Press, Ithaca/London.

KREISEL, H. (1979): Die phytopathogenen Großpilze Deutschlands. Reprint J. Cramer, Vaduz.

LÖSING, H. (2008): Schadbilder an Gehölzen. AV-Verlag, Wien.

REINARTZ, H.; SCHLAG, M. (2005): Pilze an Bäumen. Patzer, Berlin.

SCHMIDT, O. (1994): Holz- und Baumpilze. Springer, Berlin.

SCHWARZE, F.W.M.R.; ENGELS, J.; MATTHECK, C. (1999): Holzzersetzende Pilze in Bäumen. Rombach, Freiburg.

SCHWENKE, W. (HRSG.) (1972–1985): Die Forstschädlinge Mitteleuropas. Fünf Bände, Parey, Hamburg/Berlin.

SCHWERDTFEGER, F. (1981): Waldkrankheiten. 4. Aufl. Parey, Hamburg/Berlin.

SINCLAIR, W.A.; LYON, H.W. (2005): Diseases of trees and shrubs. 2. Aufl. Comstock Publishing, Cornell University Press, Ithaca/London.

STROUTS, R.G.; WINTER, T.G. (1994): Diagnosis of ill health in trees. HMSO Publications Centre, London.

WEBER, K.; MATTHECK, C. (2001): Taschenbuch der Holzfäulen im Baum. Forschungszentrum Karlsruhe, Karlsruhe.

WERMELINGER, B.; FORSTER, B., GODET, J.-D. (2007): Borkenkäfer – alle forstlich wichtigen Rinden- und Holzbrüter. Ulmer, Stuttgart.

WOHLERS, A.; KOWOL, T.; DUJESIEFKEN, D. (2001): Pilze bei der Baumkontrolle. Thalacker, Braunschweig.

Weiterführende Literatur (Kapitel 9)

BARTELS, H. (1993): Gehölzkunde. Ulmer Verlag, Stuttgart.

BECKER, H.; SCHMOLL, H. (1986): Mistel – Arzneipflanze, Brauchtum, Kunstmotiv im Jugendstil. Wissenschaftliche Verlagsgesellschaft, Stuttgart.

GRUNDMANN, B.M.; PIETZARKA, U.; ROLOFF, A. (2010): Viscum album L. (Weißbeerige Mistel). Enzyklopädie der Holzgewächse 56, 1–23.

HARTMANN, T. (1994): Anatomische und morphologische Untersuchungen zum Wechselverhältnis von Mistelpflanzen und ihren Wirtsgehölzen am Beispiel der Tannenmistel (Viscum abietis) und der Kiefernmistel (Viscum laxum). Diss., TU Berlin.

HARTMANN, T. (1997): Ein Plädoyer für die Misteln im Naturhaushalt – Kiefernmistel contra ökologischem Waldbau? Allg. Forstztschr./Der Wald 52, 52–53.

HEGI, G. (1981): Illustrierte Flora von Mitteleuropa. Vol. 3, Verlag Paul Parey, Hamburg, Berlin.

HILKER, N.; RIGLING, A.; DOBBERTIN, M. (2005): Mehr Misteln wegen der Klimaerwärmung? Wald und Holz 3, 39–42.

HINCHA, D.K.; PFÜLLER, U.; SCHMITT, J.M. (1997): The concentration of cryoprotective lectins in mistletoe (Viscum album L.) leaves is correlated with leaf frost hardiness. Planta 203, 140–144.

HOFSTETTER, M. (1988): Über die Verbreitung der Mistel in der Schweiz. Schweiz. Z. Forstwesen 139, 97–127.

IVERSEN, J. (1944): Viscum, Hedera and Ilex as climate indicators. A contribution to the study of the post-glacial temperature climate. Geologiska Föreningen Förhandlingar 66, 463–483.

LUTHER, P.; BECKER, H. (1986): Die Mistel – Botanik, Lektine, medizinische Anwendung. VEB Verlag Volk und Gesundheit, Leipzig.

MATYSSEK, R.; FROMM, J.; RENNENBERG, H.; ROLOFF, A. (2010): Biologie der Bäume. Ulmer Verlag, Stuttgart.

NIERHAUS WUNDERWALD, D.; LAWRENZ, P. (1997): Zur Biologie der Mistel. Merkbl. Praxis 28, 1–8.

STOPP, F. (2001): Unsere Misteln. Westarp Wissenschaften, Hohenwarsleben.

TUBEUF V., K. (1923): Monographie der Mistel. Verlag Oldenbourg, Berlin.

WANGERIN, W. (1937): Loranthaceae. In: O. Kirchner v., E. Loew, C. Schroeter (Hrg.): Lebensgeschichte der Blütenpflanzen Mitteleuropas. Ulmer Verlag, Stuttgart, 953–1146.

ZUBER, D. (2004): Biological flora of central Europe: Viscum album L. Flora 199, 181–203.

Bildquellen

Titelfoto: Andreas Roloff
Alle anderen Abbildungen stammen, wenn nicht anders vermerkt, vom Autor.

Sachregister

Die Autoren

Prof. Dr. Andreas Roloff
Institut für Forstbotanik und Forstzoologie der TU Dresden
Pienner Str. 7
01737 Tharandt
Tel.035203/3 83 12 02, Fax 3 83 12 72
Email: roloff@forst.tu-dresden.de
www.tu-dresden.de/forstbotanik

Prof. Dr. Rolf Kehr
HAWK Hochschule für Angewandte Wissenschaft und Kunst
Fakultät Ressourcenmanagement
Büsgenweg 1a
37077 Göttingen
Tel. 0551/5 03 21 52, Fax 5 03 22 99
Email: kehr@hawk-hhg.de
www.hawk-hhg.de

Dr. Sten Gillner
Dr. Britt Grundmann,
Dr. Sandra Korn,
Institut für Forstbotanik und Forstzoologie der TU Dresden
Pienner Str. 7
01737 Tharandt

Dr. Ulrich Pietzarka
Forstbotanischer Garten Tharandt der TU Dresden
Pienner Str. 8
01737 Tharandt

Die in diesem Buch enthaltenen Empfehlungen und Angaben sind vom Autor mit größter Sorgfalt zusammengestellt und geprüft worden. Eine Garantie für die Richtigkeit der Angaben kann aber nicht gegeben werden. Autor und Verlag übernehmen keinerlei Haftung für Schäden und Unfälle.

Bibliografische Information der Deutschen Nationalbibliothek
Die Deutsche Nationalbibliothek verzeichnet diese Publikation in der Deutschen Nationalbibliografie; detaillierte bibliografische Daten sind im Internet über http://dnb.d-nb.de abrufbar.

Wollgrasweg 41, 70599 Stuttgart (Hohenheim)
E-Mail: info@ulmer.de
Internet: www.ulmer.de
Lektorat: Werner Baumeister
Herstellung: Thomas Eisele
Umschlagentwurf: Atelier Reichert, Stuttgart
Satz: pagina GmbH, Tübingen
Druck und Bindung: Graph. Großbetrieb Friedrich Pustet, Regensburg
Printed in Germany

ISBN 978-3-8001-7598-7